职业教育·通用课程教材

机械基础

赵秀华　马爱静　主　编
吴　谦　戈立江　赵国霞　副主编
　　　　苏国胜　主　审

人民交通出版社股份有限公司
北　京

内 容 提 要

本书为职业教育通用课程教材、校企合作开发的项目式教材,其主要内容包括机械工程材料及其选用、构件的静力学分析、零件的变形及强度计算、平面机构的结构分析、常用机构的运动分析、常用机械传动的运动分析、支承零部件的应用、常用机械连接装置的应用共8个项目。

本书为适应目前教学改革的需要,将机械工程材料、工程力学、机械设计基础的内容有机地结合在一起,突出应用性,加强与实际应用的联系。项目在内容编排上是按照案例导学、任务引入、学习内容、任务分析、巩固与自测的顺序编写。内容中穿插"想一想""做一做""练一练"等小栏目,引领学生在学习这些内容的过程中加深对知识的理解和掌握。任务后设有"巩固与自测",检查学习效果。

本书可作为职业院校轨道交通类、机械类相关专业的教学用书,也可供有关工程技术人员参考。

为便于教学,本书配套了电子教案、电子课件、视频、动画、图片、巩固与自测参考答案等资源,部分在书中以二维码的形式体现,帮助学生理解教材中的重点及难点,满足教师教学和学生自主学习的需要。任课教师可加入职教轨道教学研讨群(QQ群:129327355)免费获取课件资源。

图书在版编目(CIP)数据

机械基础/赵秀华,马爱静主编. —北京:人民交通出版社股份有限公司,2023.5
ISBN 978-7-114-18662-2

Ⅰ.①机… Ⅱ.①赵…②马… Ⅲ.①机械学—职业教育—教材 Ⅳ.①TH11

中国国家版本馆 CIP 数据核字(2023)第 040329 号

职业教育·通用课程教材
Jixie Jichu

书　　名:	机械基础
著 作 者:	赵秀华　马爱静
责任编辑:	杨　思
责任校对:	赵媛媛　龙　雪
责任印制:	刘高彤
出版发行:	人民交通出版社股份有限公司
地　　址:	(100011)北京市朝阳区安定门外外馆斜街3号
网　　址:	http://www.ccpcl.com.cn
销售电话:	(010)59757973
总 经 销:	人民交通出版社股份有限公司发行部
经　　销:	各地新华书店
印　　刷:	北京虎彩文化传播有限公司
开　　本:	880×1230　1/16
印　　张:	16.875
字　　数:	393千
版　　次:	2023年5月　第1版
印　　次:	2024年6月　第2次印刷
书　　号:	ISBN 978-7-114-18662-2
定　　价:	49.00元

(有印刷、装订质量问题的图书,由本公司负责调换)

前言 PREFACE

本教材是结合职业教育的特色和职业教育教学改革实践经验，本着"理论知识必需够用为度、重在技术应用"的原则编写的。本书的编写是以切实培养和提高职业院校学生的职业技能为目的，突出实用性和针对性，不拘泥于理论研究，注重理论与实际应用相结合，强调应用能力的培养。可作为职业院校轨道交通类专业、机械类相关专业的通用教材。

本教材内容涵盖工程力学、工程材料、机械设计基础等课程的主要知识。教材共8个项目，每个项目包含多个任务。

教材主要有以下创新点：

(1) 每个项目的"案例导学"和各任务的"任务引入"中的实例涉及轨道交通、汽车、桥梁、电梯等多个领域，以达到让学生"知其理论""熟悉应用"的目的，同时提高学生综合运用多学科知识，解决实际问题的能力；

(2) 按"任务引入—任务分析—巩固与自测"的顺序组织教材内容，让学生以任务为导向，展开任务型学习，通过学习解决实际问题，完成任务；

(3) 及时全面准确地在教材中落实党的二十大精神，将"人物榜样""技术创新""新技术、新工艺""中国古代发明""历史事件"等作为思政元素融入教材，突显教材以德树人特色；

(4) 教材内容中设置了"想一想""做一做""练一练"等小栏目，让学生"做中学""学中练"，引领学生在学习内容的过程中加深对知识的理解和掌握；

(5) 与教材配套开发了丰富的数字资源，包含视频、动画、图片等，扫码即可观看，帮助学生理解教材中的重点及难点，满足教师教学和学生自主学习的需要；

(6) 教材编写全程体现了"工学结合、校企合作"的理念，由行业企业专家、学者全面参与本教材的编审；

(7) 教材中涉及的专业名词术语、元件标记、图纸等资料均采用最新国家标准；

(8) 教材采用大16开设计，图文并茂，版式活泼，便于学生笔记，符合教学规律。

本书由山东职业学院赵秀华、马爱静担任主编并负责统稿,齐齐哈尔技师学院吴谦,山东职业学院戈立江、赵国霞任副主编,山东交通职业学院董雪、山东职业学院吕震宇、中车山东机车车辆有限公司孙立华、青岛地铁运营有限公司袁腾参与了编写。全书由齐鲁工业大学苏国胜主审。在本书编写过程中,济南创程机电设备有限公司总经理赵敬伟提出了宝贵意见和建议,在此表示衷心感谢。

由于编者水平有限,本书难免存在纰漏和不足之处,在此恳请广大读者批评指正。

编 者
2023 年 1 月

目录 CONTENTS

动画资源清单 ········· I

课程导学 ········· 001
  0.1 课程的性质和任务 ········· 001
  0.2 课程的主要内容 ········· 001
  0.3 课程的基本学习要求 ········· 002

项目一 机械工程材料及其选用 ········· 003
  任务 1.1 金属材料的性能及热处理 ········· 004
  任务 1.2 常用机械工程材料的选用 ········· 016

项目二 构件的静力学分析 ········· 046
  任务 2.1 物体的受力分析 ········· 047
  任务 2.2 平面力系的平衡分析 ········· 057
  任务 2.3 空间力系的平衡分析 ········· 070
  任务 2.4 自锁现象分析 ········· 073

项目三 零件的变形及强度计算 ········· 079
  任务 3.1 轴向拉伸和压缩的实用计算 ········· 080
  任务 3.2 剪切与挤压的实用计算 ········· 090
  任务 3.3 圆轴扭转的实用计算 ········· 095
  任务 3.4 直梁弯曲时的实用计算 ········· 101
  任务 3.5 弯扭组合时的强度计算 ········· 109
  任务 3.6 交变应力作用下零件的疲劳失效分析 ········· 112

项目四 平面机构的结构分析 ········· 115
  任务 4.1 机器和机构的判别 ········· 116

  任务 4.2 平面机构运动简图的绘制 …………………………………… 118

  任务 4.3 平面机构自由度的计算 ……………………………………… 123

项目五 常用机构的运动分析 ………………………………………………… 130

  任务 5.1 平面连杆机构的运动分析 …………………………………… 131

  任务 5.2 凸轮机构的运动分析与设计 ………………………………… 141

  任务 5.3 其他常用机构的分析与应用 ………………………………… 151

项目六 常用机械传动的运动分析 …………………………………………… 165

  任务 6.1 带传动的运动分析 ………………………………………… 166

  任务 6.2 链传动的运动分析 ………………………………………… 175

  任务 6.3 齿轮传动的运动分析 ……………………………………… 180

  任务 6.4 蜗杆传动的运动分析 ……………………………………… 199

  任务 6.5 齿轮系的功用分析 ………………………………………… 206

项目七 支承零部件的应用 ………………………………………………… 215

  任务 7.1 轴的结构分析 ……………………………………………… 216

  任务 7.2 轴承的选择、安装与维护 ………………………………… 222

项目八 常用机械连接装置的应用 …………………………………………… 239

  任务 8.1 轴毂连接的选用 …………………………………………… 240

  任务 8.2 螺纹连接的应用 …………………………………………… 248

  任务 8.3 联轴器和离合器的选用 …………………………………… 254

参考文献 …………………………………………………………………………… 262

动画资源清单

本教材配套动画资源,可通过以下方法使用:

1. 扫描封面二维码(注意每个码只可激活一次);
2. 关注"交通教育"微信公众号;
3. 公众号弹出"购买成功"通知,点击"查看详情",进入后即可查看资源;
4. 也可进入"交通教育"微信公众号,点击下方菜单"用户服务—图书增值",选择已绑定的教材进行观看。

动画资源清单如下。

页码	资源名称	页码	资源名称
052	铰链	133	机车车轮联动机构
053	固定铰链	133	车门启闭机构
053	中间铰链	133	双摇杆机构
087	抗拉强度不足	133	鹤式起重机
087	抗压强度不足	134	铰链四杆机构取不同构件作机架时得到不同的机构
099	圆轴扭转变形	137	飞机起落架-利用死点
102	梁的弯曲变形	137	夹具-利用死点
118	内燃机连杆	137	变转动副为移动副
119	转动副①	137	对心曲柄滑块机构
119	转动副②	137	偏置式曲柄滑块机构
120	低副	138	对心曲柄滑块机构取不同构件作机架
120	高副	138	牛头刨床主运动机构
124	平面内单个构件的自由度	139	椭圆仪
124	转动副的自由度	143	靠模车削机构
124	移动副的自由度	143	自动机床走刀机构
124	凸轮高副的自由度	144	尖顶从动件凸轮机构
125	齿轮高副的自由度	144	滚子从动件凸轮机构
132	曲柄摇杆机构	144	平底从动件凸轮机构
132	雨刷机构	144	摆动从动件凸轮机构
132	双曲柄机构	145	凸轮工作过程
132	惯性筛机构	147	反转法原理

续上表

页码	资源名称	页码	资源名称
147	反转原理求位移线图	197	浸油润滑-带油轮
148	对心尖顶从动件盘形凸轮机构廓线设计	197	喷油润滑
149	对心滚子从动件盘形凸轮机构廓线设计	199	蜗杆传动的类型
153	外啮式棘轮机构	200	蜗杆传动的特点
154	翻转变向棘轮机构	203	蜗轮的结构
154	回转变向棘轮机构	204	蜗杆受力方向判断
155	单圆销外啮合槽轮机构工作原理	204	蜗轮转向的判定
155	双圆销外啮合槽轮机构工作原理	204	蜗杆传动散热方法
156	外啮合不完全齿轮机构	207	定轴轮系
156	内啮合不完全齿轮机构	208	平面定轴轮系公式推导
172	弹性滑动	209	画箭头的方法
172	定期张紧	212	轮系应用-相距较远的两轴间传动
172	自动张紧	212	轮系应用-三星轮换向机构
172	张紧轮张紧	213	轮系应用-变速器
175	链传动	228	滚动轴承的构成
183	渐开线的生成	229	滚动轴承内部径向载荷分布
184	渐开线直齿圆柱齿轮各部分名称	229	滚动轴承的失效形式
186	公法线测量	235	滑动轴承整体式
187	渐开线齿轮啮合	235	滑动轴承剖分式
189	直齿轮连续传动条件-重合度	242	滑键-双钩头
191	斜齿轮传动的重合度	242	滑键1单钩头
194	齿轮传动轮齿的失效形式	249	普通螺栓连接和铰制孔螺栓连接
197	浸油润滑		

课程导学

❖ **学习要点**
1. 了解该课程的性质和任务。
2. 了解该课程的主要内容。
3. 了解该课程的学习要求。

0.1 课程的性质和任务

该课程是职业教育院校轨道交通类、机械类及工程技术类相关专业的一门专业基础课。其任务是掌握必备的机械基础知识和技能,懂得机械的工作原理,了解机械工程材料的类型、性能和应用,会对机械中的零件进行受力分析和强度计算,会正确操作和维护机械设备。培养机械设备的原理分析、调试、维护、使用与管理等方面的基本职业能力,构建职业院校专业基础课程的全程、全方位育人体系,培养发现问题、分析问题、解决工程问题的能力,提升学生的素养。

0.2 课程的主要内容

若要使用、维护和维修机械设备,要做到知道设备中各零件所用材料,会对各零件进行受力分析和强度计算,熟悉设备的工作原理。

该课程主要研究各类机械中零件的材料、强度计算及机械运动的原理。这涵盖了原有机械工程材料、工程力学、机械设计基础三门课程的主要内容。该课程不仅与材料、力学、机械密切相关,又紧密联系于广泛的工程实际。

(1)机械工程材料:主要介绍机械工程材料的组织、成分、性能及应用,金属材料的热处理以及如何合理地选择机械工程材料。

(2)工程力学:主要介绍静力学和材料力学两部分内容。静力学研究物体处于平衡状态的问题,材料力学研究杆、轴、梁等构件的强度、刚度问题,在既安全又经济的条件下,为合理选择和使用材料提供理论依据。

(3)机械设计基础:主要介绍机械中常用机构和通用零件的工作原理、运动特性、结构特点等。同时,简要地介绍标准零部件的选用原则,以及零部件的使用与维护方法。

0.3 课程的基本学习要求

通过该课程的学习,学生能够具备以下能力:

(1)了解常用工程材料的种类、牌号、性能及应用;会合理选用常用零件的材料,会正确选定零件的热处理方法。

(2)能够熟练运用力学平衡条件求解简单力系的平衡问题;掌握常用零部件的受力分析和强度计算方法。

(3)熟悉通用零件的工作原理、特点、应用及其结构和标准,掌握通用零件的选用方法。

(4)具备应用标准、手册、图册等有关技术资料查阅所需数据和知识的能力;会分析和处理一般机械运行过程中发生的问题,具备使用及维护一般机械的能力。

项目一 机械工程材料及其选用

❈ 案例导学

城市轨道交通车辆车体材料可分为耐候钢、铝合金和轻量不锈钢三种。

普通碳素钢车体在使用中腐蚀严重,为了提高车体的耐腐蚀性、延长车体的使用寿命,现在较多应用的是含铜或含镍铬等合金元素的耐腐蚀低合金钢(耐候钢)。

采用轻量不锈钢车体(图1.0.1),免除了车体内壁涂覆防腐蚀涂料和表面油漆,在保证强度、刚度的前提下,板厚可减小,同时也提高了使用寿命。一般不锈钢车体自重比普通碳素钢车体轻1~2t(10%~20%)。

为了进一步实现车体轻量化,新型地铁车辆和轻轨车辆采用铝合金车体。轻量化车体结构不仅能提高列车行驶速度和能源利用率,还能有效减轻轮轨间的磨损和冲击,提升列车的抗振性和防噪性,降低车辆寿命周期成本。

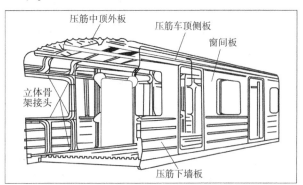

图1.0.1 轻量化不锈钢车体

> ▶ **新技术、新工艺**
>
> ### 国家体育场用钢全部国产
>
> 国家体育场(鸟巢)总用钢量达到11万t,其中外部钢结构(图1.0.2)的钢材用量为4.2万t,全部采用中国自主创新的Q460E钢材。Q460E的最大厚度一般为100mm,而"鸟巢"在建设时,使用的钢板厚度达到110mm。Q460E钢不仅在钢材厚度和使用范围上前所未有,而且具有良好的抗震性、抗低温性、可焊性等特点。Q460E钢材是撑起"鸟巢"的"钢筋铁骨",而且还使得"鸟巢"主体结构的设计使用年限达到100年,耐火等级一级,抗震设防烈度8度。此钢种的研发问世,填补了我国这一领域的空白。
>
>
>
> 图1.0.2 国家体育场外部钢结构

任务1.1 金属材料的性能及热处理

知识目标

1. 了解材料在社会发展中的地位和作用,了解新型材料及其应用。
2. 掌握金属材料强度、塑性、硬度、韧度、疲劳极限等力学性能指标的含义。
3. 掌握钢的热处理的种类、方法及应用。
4. 知道热处理的一般原理及其工艺,了解热处理工艺在实际生产中的应用。

能力目标

1. 能够区分材料强度、塑性和刚度等性能。
2. 具有分析常用金属材料性能的能力。
3. 能够根据材料类型选择合适的热处理方法。
4. 能够制定典型零件的热处理工艺路线。

素质目标

1. 具备利用网络、图书馆等资源查阅材料、拓展相关资料的能力。
2. 通过分析低碳钢的拉伸曲线及典型零件的热处理工艺路线,培养分析问题的能力。

任务引入

作为城市轨道交通车辆传动系统的重要组成部分,齿轮具有工作效率高、使用寿命长、工作可靠性高等特点。城市轨道交通车辆服役工况多变,传动齿轮极易受到轻载、重载等多种载荷的交替作用,加大了其传动齿轮齿根部出现弯曲疲劳并发生断裂失效的概率,严重影响行车安全。为了提高齿轮的性能,保证其高可靠性和超长寿命,某城市轨道交通车辆传动系统选用渗碳钢作为传动齿轮的材料。请为该种齿轮选择合适的热处理方法,并分析热处理之后齿轮所具有的性能。

一、金属的力学性能分析

金属材料是机械工业中应用最广泛的材料。为了正确合理地选用金属材料,必须了解其性能。**金属材料的性能包括使用性能和工艺性能**。使用性能是指材料在使用过程中所表现出来的性能,主要有力学性能、物理性能和化学性能;工艺性能是指金属材料在加工过程中所表现出来的性能,主要有铸造性能、锻造性能、焊接性能、热处理性能和切削加工性能等。**在选用零件材料时,一般以力学性能作为主要依据**。力学性能是指金属在外力作用下所表现出来的特性,常用的力学性能指标有强度、塑性、硬度、韧性和疲劳强度等。

(一)强度与塑性

1. 强度

强度是指材料抵抗塑性变形和断裂的能力,可通过拉伸试验测得。塑性变形是指金属在外力作用下发生不能恢复原状的变形,也称永久变形。

1)低碳钢的拉伸试验

把一定尺寸和形状的低碳钢拉伸试样(图1.1.1)装在拉伸试验机上,然后对试样逐渐施加拉伸载荷,直至把试样拉断。根据拉伸过程中试样承受的力和伸长量之间的关系,可以绘出该金属的 F-Δl 曲线(图1.1.2)。

图1.1.1 拉伸试样　　图1.1.2 低碳钢的力-伸长量曲线

由图1.1.2可见,当拉伸力由零逐渐增加到 F_e 时,试样的伸长量与拉伸力呈正比例增加,试样随拉伸力的增大而均匀伸长。此时,若去除拉伸力,试样能恢复到原来的形状和尺寸,即试样在 Ob 段处于**弹性变形阶段**。当拉伸力超过 F_e 之后,试样除产生弹性变形外,还开始出现微量的塑性变形。当拉伸力增大到 F_s 时,曲线上出现水平(或锯齿形)阶段,即表示拉伸力不增加,试样却继续伸长,此现象称为**屈服**。拉伸力超过 F_s 后,试样产生大量的塑性变形,直到最大拉伸力为 F_b 时,试样横截面发生局部收缩,此现象称为**缩颈**(图1.1.3)。此后,试样的变形局限在缩颈部分,所承受的拉伸力迅速减小,直至试样被拉断。

通过对低碳钢的 F-Δl 曲线分析可知,**试样在拉伸过程中经历了弹性变形(Ob段)、塑性变形(be段)和断裂(e点)三个阶段**。

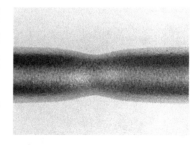

图1.1.3 缩颈现象

在弹性变形阶段,作用在试样上的拉力和试样的伸长量始终呈正比,符合胡克定律,图中线段 Ob 的斜率就是材料的弹性模量。去除外力后,试样能恢复到原来的形状和尺寸。

在塑性变形阶段,试样产生的变形是不可恢复的永久变形。根据变形发生的特点,该阶段又分为屈服阶段(bc段)、强化阶段(cd段)和缩颈阶段(de段)。

2）强度的主要指标

金属材料的强度是用应力来度量的。**单位截面积上的内力称为应力，用符号 σ 表示。**

（1）弹性极限 σ_e。材料产生完全弹性变形时所能承受的最大应力称为弹性极限，用符号 σ_e 表示，单位为 MPa。

$$\sigma_e = \frac{F_e}{S_0} \qquad (1.1.1)$$

式中：F_e——试样产生完全弹性变形时的最大拉伸力，N；

S_0——试样原始横截面积，mm^2。

（2）屈服强度 σ_s。在拉伸过程中，力不增加材料仍能继续伸长时的应力，称为屈服强度。用符号 σ_s 表示，单位为 MPa。

$$\sigma_s = \frac{F_s}{S_0} \qquad (1.1.2)$$

式中：F_s——试样产生屈服时的拉伸力，N。

有些材料在拉伸时没有明显的屈服现象，无法测定屈服点 σ_s。对于没有明显屈服现象的材料，以去掉拉伸力后，材料标距部分的残余伸长量达到固定原始标距长度 0.2% 时的应力，作为该材料的条件屈服点，用符号 $\sigma_{r0.2}$ 表示，如图 1.1.4 所示。

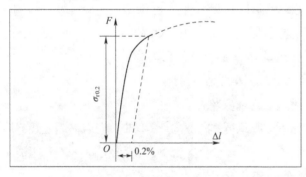

图 1.1.4 脆性材料的屈服强度

σ_s 和 $\sigma_{r0.2}$ 是表示材料抵抗微量塑性变形的能力。零件工作时一般不允许产生塑性变形。因此，σ_s 是设计和选材时的主要参数。

（3）抗拉强度 σ_b。抗拉强度是指材料被拉断前所能承受的最大拉应力，用符号 σ_b 表示，单位为 MPa。

$$\sigma_b = \frac{F_b}{S_0} \qquad (1.1.3)$$

式中：F_b——试样被拉断前的最大拉伸力，N。

2. 塑性

塑性是指金属材料在断裂前产生塑性变形的能力，可通过拉伸试验测得。塑性指标有断后伸长率 δ 和断面收缩率 ψ。

1）断后伸长率 δ

$$\delta = \frac{l_k - l_0}{l_0} \times 100\% \qquad (1.1.4)$$

式中：l_0——试样原始标距长度，mm；

l_k——试样被拉断后的标距长度，mm。

2）断面收缩率 ψ

$$\psi = \frac{S_0 - S_k}{S_0} \times 100\% \qquad (1.1.5)$$

式中：S_k——试样被拉断处的横截面积，mm^2。

一般 δ 和 ψ 值越大，材料塑性越好。

（二）硬度

硬度是指材料抵抗局部塑性变形、压痕、划痕的能力。硬度是衡量金属材料软硬程度的指标，材料的硬度是通过硬度试验测得的。**常用的硬度试验方法有布氏硬度试验、洛氏硬度试验和维氏硬度试验三种。**

1. 布氏硬度试验

布氏硬度试验的原理如图 1.1.5 所示，用一定直径的硬质合金球作压头，以规定的试验力 F 压入待测表面，保持规定时间后去除试验力，在被测表面上留下一直径为 d 的压痕。用工具测出压痕直径 d，然后根据测出的数值查表即可获得布氏硬度值，用符号 HBW 表示。

布氏硬度一般不标注单位，其表示方法为在符号 HBW 前写出硬度值，例如 280HBW 表示布氏硬度值为 280。

布氏硬度试验法压痕面积大，能反映出较大范围内材料的平均硬度，测得的结果较准确、稳定。但布氏硬度试验法操作费时，且压痕大，故不宜测试薄件或成品件。布氏硬度试验法适于

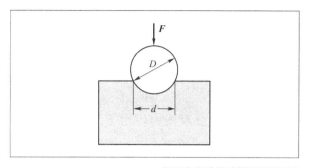
图1.1.5 布氏硬度试验原理

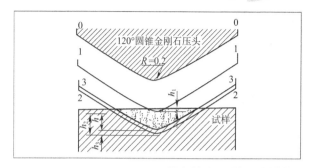
图1.1.6 洛氏硬度试验原理

常用洛氏硬度的试验条件和应用范围　　　　表1.1.1

硬度符号	压头类型	总试验力(N)	硬度值有效范围	应用举例
HRA	120°金刚石圆锥	588.4	70~88	硬质合金、表面淬火钢、渗碳钢等
HRB	φ1.588mm 钢球	980.7	20~100	有色金属、退火钢、正火钢等
HRC	120°金刚石圆锥	1471.1	20~70	淬火钢、调质钢、钛合金等

测量硬度值小于650HBW的材料。

2. 洛氏硬度试验

洛氏硬度试验原理如图1.1.6所示,用顶角为120°的金刚石圆锥体或直径为1.588mm的淬火钢球或硬质合金球作压头,在规定载荷作用下压入被测金属表面,由压头在金属表面所形成的压痕深度 h_1 来衡量硬度高低。其硬度值在硬度计上可直接读出,洛氏硬度用符号HR表示。

为使同一硬度计能测试不同硬度范围的材料,可采用不同的压头和试验力。按压头和试验力的不同,洛氏硬度的标尺有11种,常用的有HRA、HRB、HRC三种,其中HRC应用最广泛。洛氏硬度表示方法为:在符号前面写硬度值,如62HRC、85HRA等。洛氏硬度的试验条件和应用范围见表1.1.1。

洛氏硬度试验法操作简单,测量硬度范围大,压痕小,不损伤被测件表面,可直接测量成品或较薄件。但因压痕小,对内部组织和硬度不均匀的材料,所测结果不够准确。常取不同部位多次测量取平均值。不同标尺的洛氏硬度之间没有直接的对应关系,故不同标尺的硬度值不能比较。

3. 维氏硬度试验

维氏硬度试验原理与布氏硬度试验原理相似。二者区别在于维氏硬度的压头是两个相对面夹角为136°的金刚石正四棱锥,如图1.1.7所示。维氏硬度用符号HV表示。根据测得的压痕对角线长度平均值,查表即可获得维氏硬度值。维氏硬度的表示方法为:在符号HV前面写出硬度值,如640HV。

维氏硬度试验法所用试验力小,压痕深度浅,数值准确可靠,故广泛用于测量金属镀层、薄片材料和化学热处理后的表面硬度。因其试验力可在很大范围内选择(49.03~980.7N),所以可测量从很软到很硬的材料。但维氏硬度试验操作麻烦,不适于成批生产的常规试验。

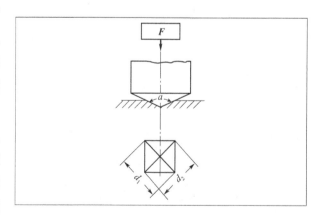
图1.1.7 维氏硬度试验原理

硬度试验所用设备简单,操作简便、迅速,可直接在半成品或成品上进行试验而不损坏被测件,并且还可以根据硬度值估计出材料近似的强度和耐磨性。因此,硬度在一定程度上反映了材料的综合力学性能,应用很广,常将硬度作为技术条件标注在零件图样或写在工艺文件中。

(三) 韧性

很多零件是在冲击载荷的作用下工作的,如锻锤的锤杆。对这类零件,不仅要满足在静载荷作用下的强度、塑性、硬度等性能指标,还应具有足够的韧性。

韧性是指材料在冲击载荷作用下抵抗破坏的能力。 韧性的指标是通过冲击试验确定的,常用的方法是摆锤一次冲击试验法,它是在摆锤试验机上进行的,试验原理如图 1.1.8 所示。将带有缺口(U 形或 V 形缺口)的试样缺口背向摆锤冲击方向放在试验机支座上,质量为 m 的摆锤从高度 h_1 的位置自由落下,冲断试样后,摆锤升至高度 h_2,摆锤冲断试样消耗掉的能量称为冲击吸收功,用 A_k 表示,单位为 J。

$$A_k = mg(h_1 - h_2) \quad (1.1.6)$$

A_k 的值可由冲击试验机刻度盘上直接读出。冲击试样缺口底部单位横截面积上的冲击吸收功,称为冲击韧度,用 α_k 表示,单位为 J/cm^2。

$$\alpha_k = A_k/S \quad (1.1.7)$$

式中:S——试样缺口底部横截面积,cm^2。

冲击吸收功越大,材料韧性越好。冲击吸收功与温度有关,A_k 随温度降低而减小。冲击吸收功还与试样的尺寸、表面粗糙度、内部组织和缺陷等有关。因此,冲击吸收功一般作为选材的参考,而不能直接用于强度计算。

冲击试验时,冲击吸收功只有一部分消耗在试样缺口的截面上,其余部分消耗在冲断试样前缺口附近体积内的塑性变形上,所以,冲击韧度 α_k 不能真正代表材料的韧性,而用冲击吸收功 A_k 作为材料韧性的指标。

(四) 疲劳强度

许多零件如轴、齿轮等是在交变应力作用下工作的。**零件在交变应力作用下,在一处或几处产生局部永久性累积损伤,经一定循环次数后产生裂纹或突然发生完全断裂的过程,称为疲劳(疲劳断裂)。** 疲劳断裂前无明显塑性变形,因此危险性很大,常引发严重事故。

试验证明,金属材料能承受的交变应力 σ 与断裂前的应力循环次数 N 之间的关系如图 1.1.9 所示。由图可知,当 σ 低于某一值时,曲线与横坐标轴平行,表示材料经无限次应力循环而不断裂的最大应力,此应力称为**疲劳强度**,它表示材料抵抗疲劳断裂的能力。光滑试样的对称弯曲疲劳强度用 σ_{-1} 表示。

一般来说,交变应力越小,断裂前所能承受的循环次数越多;交变应力越大,循环次数越少。工程上用的疲劳强度是指在一定的循环次数下不发生断裂的最大应力,通常规定:钢材的循环次数一般取 $N=10^7$,有色金属的循环次数一般取 $N=10^8$。

二、铁碳合金

铁碳合金是以铁和碳为基本组元组成的合金,是碳钢和铸铁的统称。不同成分的铁碳合金具有不同的组织和性能。

(一) 铁碳合金的基本相

铁碳合金中,铁(Fe)和碳(C)在不同的成分含量、不同的温度条件下,可以形成固溶体、化合

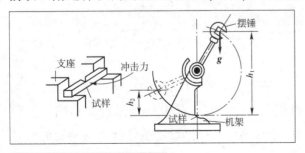

图 1.1.8 摆锤一次冲击试验原理

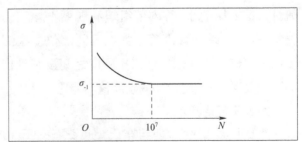

图 1.1.9 钢铁材料的疲劳曲线

物、机械混合物等组织形态,不同的组织形态形成了铁碳合金不同的性能。铁碳合金的基本相有铁素体、奥氏体和渗碳体。

1) 铁素体(F)

铁素体室温时的性能与纯铁相似,强度、硬度低(σ_b = 180～270MPa,σ_s = 100～170MPa,50～80HBW),塑性和韧性好(δ = 30%～50%,Ψ = 70%～80%,A_k = 128～160J)。

2) 奥氏体(A)

奥氏体有一定的强度和硬度(σ_b = 400MPa,170～220HBW),而塑性、韧性良好(δ = 40%～50%)。变形抗力低,生产中锻件常在奥氏体状态下进行锻造。

3) 渗碳体(Fe_3C)

渗碳体是铁和碳的化合物。碳的含量超过其在铁中的溶解度时,多余的碳和铁以一定的比例形成化合物 Fe_3C。渗碳体的碳含量为6.69%,熔点为1227℃。渗碳体坚硬而且很脆(约1000HV),塑性、韧性几乎为零,一般不能成为独立存在的组织,而是与钢和铸铁共存,是钢和铸铁的主要强化成分。

除上述基本相外,铁碳合金中还有由基本相组成的复相组织珠光体(P)和莱氏体(L_d)。

(二)铁碳合金的分类

按碳的质量分数的不同,铁碳合金分为工业纯铁($w_C \leq 0.0218\%$)、钢($0.0218\% < w_C \leq 2.11\%$)及白口铸铁($2.11\% < w_C \leq 6.69\%$)三种类型。

三、钢的热处理

钢的热处理是指钢在固态下通过加热、保温和冷却,改变钢的组织结构,获得所需性能的工艺方法。为简明表示热处理的基本工艺过程,通常用温度-时间坐标绘出热处理工艺曲线,如图1.1.10所示。

热处理是一种重要的加工工艺,广泛应用于制造业。在机床制造中60%～70%的零件要经过热处理,在汽车、拖拉机制造业中需热处理的零件达70%～80%,模具、滚动轴承100%的零件需经过热处理。总之,重要零件都需适当热处理后才能使用。

根据加热、冷却方式及钢组织性能变化特点不同,热处理工艺分类如图1.1.11所示。

根据在加工中所处位置的不同,热处理可分为预备热处理和最终热处理。预备热处理可消除坯料、半成品中的某些缺陷,为后续冷加工、最终热处理做组织准备。最终热处理是为了满足成品的使用性能。机械零件的一般加工工艺为:毛坯(铸、锻)→预备热处理→机加工→最终热处理。退火、正火一般属于预备热处理,但在零件使用性能要求不是很高时,也可作为最终热处理。

(一)钢的退火和正火

想一想

将直径为24mm的铜棒拉拔成φ0.15mm的电缆线,如何消除拉拔过程中的硬化现象?切削件的硬度在170～230HBW范围内,切削性能较好,切削件的硬度如何调整?

退火和正火是钢的基本热处理工艺,其目的主要是消除钢材经加工所引起的某些缺陷,或者为后续的加工做好准备,所以,退火和正火是预

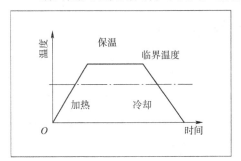

图1.1.10 热处理工艺曲线

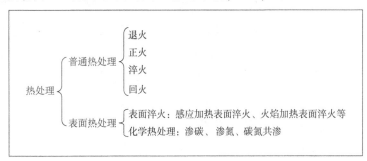

图1.1.11 热处理工艺分类

备热处理。

1. 钢的退火

钢的退火是将钢加热到固态相变温度以上某一温度范围,保温一定时间,然后缓慢冷却(随炉冷却或埋入灰中冷却)的热处理方法。退火的主要目的是:

(1)降低硬度,改善切削加工性。经铸、锻、焊或冷加工变形后的钢件,一般硬度偏高,需经退火降低硬度,以利于切削加工或继续冷变形。

(2)细化晶粒,调整组织,消除组织缺陷。热加工后的钢件往往存在组织粗大等缺陷,需经退火进行重结晶,以消除组织缺陷,改善钢的性能,并为以后的淬火等最终热处理做好组织准备。

(3)消除残余应力,稳定尺寸,减少变形与裂纹倾向。钢件在冷、热加工过程中往往会产生内应力,如不及时消除,将会引起变形甚至开裂。退火可消除内应力,稳定工件尺寸,防止变形与开裂。

(4)均匀材料组织和成分,改善材料性能或为以后热处理做组织准备。

根据退火工艺与目的的不同,退火分为完全退火、等温退火、球化退火、均匀化退火、去应力退火。

完全退火是将钢件完全奥氏体化,保温后缓慢冷却,获得接近平衡组织的退火工艺。完全退火主要用于亚共析钢的铸件、锻件、焊接件等。完全退火的缺点是所需时间很长,特别是对于某些比较稳定的合金钢,往往需要几十个小时。生产中为提高生产率,一般随炉冷至600℃左右,将工件出炉空冷。

等温退火是将钢件加热到一定温度,保温一定时间后,先以较快的速度冷却,等温保持一段时间,再出炉空冷的退火工艺。

球化退火是将钢件加热到一定温度,保温一定时间后,然后缓慢冷却的一种退火工艺。其目的是球化渗碳体(或碳化物),以降低硬度,改善切削加工性,并为淬火做好组织准备。球化退火主要用于共析钢或过共析成分的碳钢和合金钢。

均匀化退火是把铸锭、铸件或锻坯加热到高温(钢熔点以下100~200℃),并在此温度长时间保温(10~15h),然后缓慢冷却,以达到化学成分和组织均匀化目的的退火工艺。均匀化退火后,钢的晶粒过分粗大,因此还要进行完全退火或正火。均匀化退火时间长,耗费能量大,成本高,主要用于要求质量高的合金钢铸锭和铸件。

去应力退火是为了去除工件塑性变形加工、切削加工或焊接造成的应力以及铸件内存在的残留应力而进行的退火。它是将钢件加热至500~600℃,保温后,随炉缓冷至300~200℃出炉空冷的退火工艺。由于加热温度低于相变点,因此在去应力退火过程中无组织变化。去应力退火主要用于消除工件中的残留应力,一般可消除50%~80%应力,对形状复杂及壁厚不均匀的零件尤为重要。

2. 钢的正火

正火是把工件加热到适当的温度,然后在空气中冷却的热处理工艺。与退火相比,正火冷却速度稍快,因此,正火后的组织比较细,强度、硬度比退火高一些。正火操作简便,生产周期短,成本较低。对于低碳钢和低碳合金钢,经正火后,可提高硬度,改善切削加工性能(170~230HBW范围内金属切削加工性能较好);对于中碳结构钢制作的较重要件,可作为预备热处理,为最终热处理做好组织准备;对于过共析钢,可消除二次渗碳体,为球化退火做好组织准备;对于使用性能要求不高的零件,以及某些大型或形状复杂的零件,当淬火有开裂危险时,可采用正火作为最终热处理。

几种退火与正火的加热温度范围及热处理工艺曲线如图1.1.12所示。

(二)钢的淬火和回火

1. 钢的淬火

淬火是将钢件加热到相变点以上30~50℃,保温一定时间,然后采用冷却介质快速冷却的热处理工艺。淬火需和适当的回火工艺相配合,才能使钢具有不同的力学性能,以满足各类零件或工具、模具的使用要求。

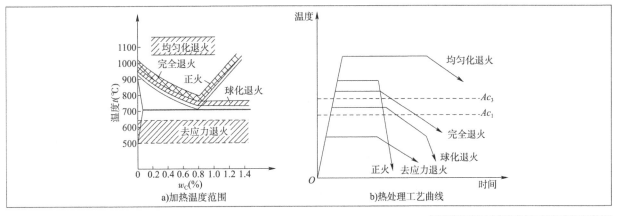

a) 加热温度范围 b) 热处理工艺曲线

图 1.1.12 几种退火与正火工艺示意图

1) 淬火目的

淬火的目的是：对于碳含量较低的亚共析组织的一般结构件，可提高强度，并与韧性合理匹配；对于碳含量较高的过共析组织的工具钢或耐磨零件，可提高其硬度和耐磨性。

2) 淬火冷却介质

为保证工件淬火后得到所需组织，又要减小变形和防止开裂，必须正确选用冷却介质。生产中，常用的冷却介质有水、油、碱或盐类水溶液。

3) 淬火方法

常用的淬火方法有单液淬火、双液淬火、分级淬火和等温淬火，如图 1.1.13 所示。

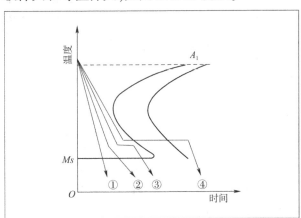

图 1.1.13 常用的淬火方法
①—单液淬火；②—双液淬火；③—分级淬火；④—等温淬火

(1) 单液淬火是将钢件在单一的淬火介质中连续冷却至室温的一种淬火方法。单液淬火操作简单，易实现机械化和自动化，应用广泛。缺点是水淬变形开裂倾向大；油淬冷却慢，容易产生硬度不足或硬度不均匀现象。通常形状简单、尺寸较大的碳钢件在水中淬火，合金钢件及尺寸很小的碳钢件在油中淬火。

(2) 双液淬火是将钢件先在冷却能力较强的介质中冷至一定温度，再快速转入冷却能力较弱的介质中冷却。例如先水后油、先水后空气等。双液淬火如果能控制好在水中停留的时间，可有效防止淬火变形和开裂，但要求有较高的操作技术，主要用于形状复杂的高碳钢件和尺寸较大的合金钢件。

(3) 分级淬火是将钢件淬入一定温度的盐浴中，保持一定时间，直到工件内外温度接近后取出，然后在空气中冷却。分级淬火比双液淬火容易控制，能减小应力和变形，防止开裂，硬度也比较均匀。主要用于尺寸较小（直径或厚度 < 12mm）、形状复杂工件的淬火。

(4) 等温淬火是将钢件淬入一定温度的盐浴中，等温保持足够的时间，获得所需组织。此种方法淬火后，工件的应力和变形很小，但生产周期长、效率低，主要用于形状复杂，尺寸要求精确，并要求有较高强韧性的小型工具及弹簧的淬火。

2. 钢的回火

将淬火钢重新加热到相变点以下某一温度，保温一定时间，然后冷却到室温的热处理工艺，称为回火。回火一般紧接着淬火进行。

按回火温度不同，回火可分为低温回火、中温回火和高温回火三种。

1）低温回火（150～250℃）

这种方法可降低内应力，减少脆性，保持淬火后的高硬度（一般达58～64HRC）和高耐磨性。低温回火广泛应用于表面要求具有高硬度、高耐磨性的工件，如刀具、量具、滚动轴承、渗碳件及表面淬火件。

2）中温回火（350～500℃）

这种方法可获得较高的弹性极限和屈服强度，同时具有一定的韧性和硬度（一般达35～45HRC）。中温回火主要应用于各种弹簧、发条、热锻模、冲击工具等。

3）高温回火（500～650℃）

这种方法可使工件具有强度、硬度（一般达25～35HRC）、塑性和韧性都好的综合力学性能。**生产中，淬火+高温回火的热处理工艺称为"调质"。**高温回火广泛用于机床、汽车、拖拉机等机械中的重要结构件，如各种轴、齿轮、连杆、螺栓等。

（三）钢的表面热处理

在生产中，有些零件不但承受冲击载荷而且在高磨损状态下工作，如飞机和汽车的传动齿轮、内燃机的凸轮轴、内燃机曲轴、机床主轴等。这类工件要求表面有高的硬度和耐磨性，而心部有一定的强度和足够的韧性。此时采用普通的热处理工艺无法达到这种要求，需要进行表面热处理，以达到强化表面的目的。

表面热处理分为两类：一类是只改变表面组织而不改变表面化学成分的热处理，称为**表面淬火**。另一类是同时改变表面化学成分及组织的热处理，称为**化学热处理**。

图片：感应加热表面淬火①

图片：感应加热表面淬火②

1. 钢的表面淬火

表面淬火是将钢件的表层淬透到一定深度，而心部仍保持未淬火状态的一种局部淬火方法。它是通过快速加热，使钢件表层快速达到淬火温度，在热量来不及传到中心的情况下快速冷却，使工件达到表硬心韧的目的。按照加热方法的不同，表面淬火有感应加热表面淬火和火焰加热表面淬火。

1）感应加热表面淬火

感应加热表面淬火是利用感应电流通过工件所产生的热量，使工件表层、局部或整体加热并快速冷却的淬火方法。

如图1.1.14所示，在一个感应圈中通过一定频率的交流电，在感应圈周围就产生一个频率相同的交变磁场，将工件置于磁场中，它就会产生与感应圈频率相同、方向相反的感应电流，这个电流叫作涡流，它主要集中分布在工件表面。电流频率越高，涡流集中的表面层越薄，此现象称为趋肤效应。感应加热表面淬火是依靠感应电流的热效应，使工件表层在几秒内快速加热到淬火温度，然后立即冷却，达到表面淬火目的。

与普通淬火相比，感应加热表面淬火加热速度快，表层硬度比普通淬火硬度高2～3HRC，且有较好的耐磨性和较低的脆性；生产效率高，易实现机械化和自动化，适宜批量生产。

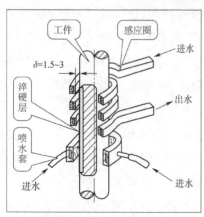

图1.1.14　感应加热表面淬火示意图

感应加热表面淬火多应用于中碳钢和中碳低合金钢工件。电流频率越高，感应电流集中工件的表面层越浅，则淬硬层越薄。在生产中常依据工件要求的淬硬层深度及尺寸大小来选用电流频率，见表1.1.2。

感应加热表面淬火的应用　　　　　　　　表1.1.2

类　别	频率范围	淬硬层深度(mm)	用途举例
高频加热	200～300kHz	0.5～2	中小模数齿轮、中小尺寸的轴类零件
中频加热	2500～8000Hz	2～10	中等模数齿轮、凸轮、曲轴、主轴
工频加热	50Hz	10～20	大型零件如火车车轮等
超音频加热	20～40Hz	稍高于高频	花键轴、链轮等

2）火焰加热表面淬火

火焰加热表面淬火是应用氧-乙炔或其他可燃气体的火焰，对工件表面进行加热，然后快速冷却的淬火工艺，如图1.1.15所示。

火焰加热表面淬火设备简单、成本低、工件大小不受限制。但加热温度不易控制，工件表面易过热，淬火质量不稳定，常取决于操作工人的技术水平和熟练程度。只适合单件、小批量生产以及大型零件的淬火。

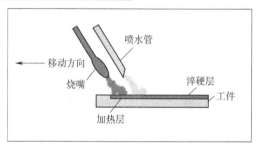

图1.1.15　火焰加热表面淬火示意图

2. 钢的化学热处理

将金属工件放入含有某种活性原子的化学介质中，通过加热使介质中的原子扩散渗入工件一定深度的表层，改变其化学成分和组织并获得与心部不同性能的热处理工艺叫作化学热处理。**根据渗入元素的不同，化学热处理可分为渗碳、渗氮、碳氮共渗等。**

1）钢的渗碳

渗碳是将工件置于渗碳介质中加热并保温，使碳原子渗入表层的热处理工艺。其目的是增加工件表面碳的质量分数。经淬火、低温回火后，使工件表层具有高硬度（58～64HRC）和耐磨性，而心部仍具有良好的塑性、韧性和足够的强度。

渗碳用钢一般选用 w_C 为0.10%～0.25%的碳钢或低合金钢，渗碳温度一般为900～950℃，渗碳时间根据工件所要求的渗碳层深度来确定，渗碳时间越长，渗碳层越厚。**渗碳后应进行淬火和低温回火。**

※ **任务分析**

任务1.1中城市轨道交通车辆传动系统中选用渗碳钢作为传动齿轮的材料，在对齿轮进行热处理时，应先进行渗碳，然后进行淬火和低温回火。热处理之后，传动齿轮轮齿表面具有高的硬度和耐磨性，齿根部具有足够的弯曲疲劳强度和接触疲劳强度，齿轮的心部具有高的韧性。

2)钢的渗氮

渗氮是在一定温度下使活性氮原子渗入工件表面的热处理工艺。渗氮的目的是提高工件表层的硬度、耐磨性、疲劳强度、耐热性和耐蚀性。

与渗碳相比较,渗氮的温度低(500~570℃),因此,工件变形小,渗氮表层具有更高的硬度(950~1200HV)和耐磨性,因此渗氮后无须再进行淬火。氮原子的渗入使渗氮层内形成残留压应力,可提高疲劳强度(一般提高25%~35%),渗氮层表面由致密、连续的渗氮物组成,使工件具有很高的耐蚀性。但渗氮层薄而脆,不能承受冲击。因生产周期长(例如0.3~0.5mm的渗氮层需要30~50h)、设备和渗氮用钢价格高,故生产成本高。

渗氮主要适用于表面要求耐磨、耐高温、耐腐蚀的精密零件,如精密齿轮、精密机床主轴、汽缸套、阀门等。

3)钢的碳氮共渗

碳氮共渗是将碳、氮原子同时渗入工件表面,并以渗碳为主的化学热处理工艺。主要目的是提高工件表面的硬度和耐磨性。

碳氮共渗是渗碳与渗氮的综合,兼有二者的优点。碳氮共渗后要进行淬火、低温回火。渗层深度一般为0.3~0.8mm。碳氮共渗用钢大多为低碳或中碳的碳钢及合金钢。与渗碳相比,碳氮共渗表面硬度高(58~63HRC),耐磨性更好,疲劳强度高,耐蚀性也较好,变形小,生产时间短,效率高。碳氮共渗主要用于形状复杂、要求变形小的小型耐磨零件,如齿轮、轴、链条等。

(四)钢的淬透性和淬硬性

1. 钢的淬透性

钢的淬透性是指钢在一定条件下淬火,获得淬透层深度的能力。淬透层越深,表明钢的淬透性越好。钢的淬透性对热处理后的力学性能影响很大,是选材和制定热处理工艺规程时的主要依据。例如,当工件整个截面被淬透时,回火后表面和心部的组织和性能均匀一致,如图1.1.16a)所示。否则,工件表面和心部组织不同,回火后整个截面上的硬度虽然近似一致,但未淬透部分的屈服点和韧性却显著降低,如图1.1.16b)、c)所示。对于承受轴向拉伸和压缩的连杆、螺栓等零件,常要求表面和心部的力学性能一致,故应选用淬透性好的钢;对于承受弯曲、扭转应力的零件(如轴类零件)以及表面要求耐磨并承受冲击力的零件(如变速器齿轮),因应力主要集中在工件表层,因此不要求全部淬透,可选用淬透性较差的钢;受交变应力和振动的弹簧,为避免因心部未淬透,工作时易产生塑性变形而失效,应选用淬透性好的钢。

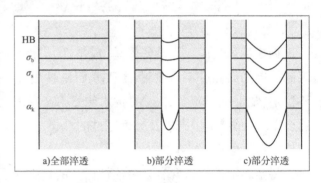

图1.1.16 淬透性对钢回火后力学性能的影响

2. 钢的淬硬性

钢的淬硬性是指钢在理想条件下进行淬火硬化所能达到的最高硬度的能力。淬硬性的高低主要取决于钢中碳含量。钢中碳含量越高,则淬硬性越好。所以,淬硬性与淬透性是两个不同的概念。淬硬性好的钢,其淬透性不一定好;反之,淬透性好的钢,其淬硬性不一定好。如碳素工具钢淬火后的硬度虽然很高(淬硬性好),但淬透性却很低;而某些低碳成分的合金钢,淬火后的硬度虽然不高,但淬透性却很好。

巩固与自测

一、填空题

1. 金属材料的力学性能主要包括强度、_____、_____、_____、_____等;_____和_____可以用拉伸试验来测定。

2. 金属塑性的指标主要有_____和_____两种。

3. 低碳钢拉伸试验的过程可以分为弹性变形、_____和_____三个阶段。

4. 常用测定硬度的方法有_____、_____和维氏硬度测试法。

5. 钢的普通热处理方法有_____、_____、_____、_____。

6. 钢的化学热处理方法有_____、_____和_____三种。

7. 按回火温度的不同,回火可分为_____、_____和_____三种。

8. 习惯上把淬火+高温回火的热处理工艺称作为_____。

9. 热处理是指采用适当方式对金属材料或工件进行_____、_____和_____,以获得预期组织结构与性能的工艺方法。

二、选择题

1. 表示金属材料屈服强度的符号是(   )。
   A. σ_b B. σ_e C. σ_s D. σ_{-1}

2. 表示金属材料弹性极限的符号是(   )。
   A. σ_{-1} B. σ_s C. σ_b D. σ_e

3. 在测量薄片工件的硬度时,常用的硬度测试方法的表示符号是(   )。
   A. HB   B. HR   C. HV   D. HS

4. 金属材料在载荷作用下抵抗塑性变形和破坏的能力叫(   )。
   A. 强度   B. 硬度   C. 塑性   D. 弹性

5. 正火是将工件加热到一定温度,保温一段时间,然后采用的冷却方式是(   )。
   A. 在水中冷却   B. 在油中冷却   C. 在空气中冷却   D. 随炉冷却

6. 碳钢的淬火工艺是将工件加热到一定温度,保温一段时间,然后(   )的冷却方式。
   A. 随炉冷却   B. 在空气中冷却   C. 在风中冷却   D. 在水中冷却

7. 为了改善T10A钢的切削加工性能,一般应采用(   )作为预备热处理。
   A. 淬火   B. 球化退火   C. 正火   D. 完全退火

8. 为了改善25钢的切削加工性能,一般应采用(   )。
   A. 淬火   B. 正火   C. 退火   D. 回火

9. 钢与铸铁碳含量的分界点为(   )。
   A. 2%   B. 2.11%   C. 2.06%   D. 2.2%

10. 感应加热表面淬火时,电流频率越高,则获得的淬硬层深度(   )。
    A. 越浅   B. 越深
    C. 基本相同   D. 以上都不对

三、判断题

1. 渗氮处理是将活性氮原子渗入工件表层,然后再进行淬火和低温回火的

一种热处理方法。（ ）

2. 表面淬火既能改变钢的表面化学成分,也能改善心部的组织和性能。
（ ）

3. 一般钢淬火冷却速度越快,零件越容易产生变形和开裂。（ ）

4. 渗碳零件一般应选择低碳成分的钢。（ ）

5. 材料在一定的淬火介质中能被淬透的淬硬层深度越大,表示淬透性越好。（ ）

四、简答题

1. 说明下列力学性能指标符号所表示的意思：σ_s、$\sigma_{r0.2}$、HRC、σ_{-1}、σ_b、δ、HBS、A_k、Ψ。

2. 题图1.1.1中为三种不同材料的力-变形量拉伸曲线（试样尺寸相同）。这三种材料中,哪种材料是脆性材料？哪种材料的抗拉强度最大？哪种材料的塑性最好？哪种材料的刚度最好？

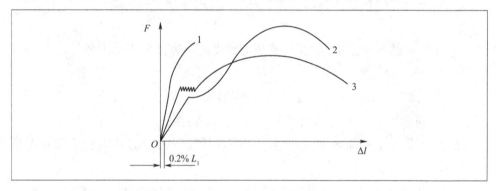

题图1.1.1　三种不同材料的 F-ΔL 拉伸曲线

3. 什么是金属的力学性能？金属的力学性能主要有哪些内容？

4. 什么是热处理？常用的热处理方法有哪些？

5. 退火与正火的主要区别是什么？生产中如何选用退火和正火？

6. 某厂用20钢制造齿轮,其加工路线为：下料→锻造→正火→粗加工、半精加工→渗碳→淬火、低温回火→磨削,说明各热处理工序的作用。

任务1.2　常用机械工程材料的选用

知识目标

1. 了解钢的分类、牌号、性能、特点及用途。
2. 熟悉杂质元素和合金元素在钢中的作用。
3. 熟悉工程材料的选材原则及选材的方法和步骤。

能力目标

1. 能够识读金属材料的牌号。
2. 能够根据零件的用途、性能和特点进行选材。
3. 能够根据材料性能分析其对产品质量的影响。

素质目标

1. 通过了解国家体育场用钢全部国产化,领略中国发展的成就。
2. 通过学习零件的失效形式,将技术创新应用于零件的失效预防,激发探索未知领域的创新意识。

任务引入

> 为了提高任务 1.1 中城市轨道交通车辆传动系统齿轮的性能、可靠性和超长寿命,齿轮材料采用 17CrNiMo6。请分析该牌号的含义,确定它的钢种类型,分析其具有的性能。同时请查阅相关资料,熟悉我国城市轨道交通车辆齿轮材料及热处理技术的发展现状与趋势。

金属材料是人类生产和生活的重要物质基础。它包括黑色金属和有色金属。黑色金属是铁和以铁为基本成分的合金,即铁碳合金;有色金属包括铜及铜合金、铝及铝合金等。钢铁材料在工程上应用最广,占全部结构材料、零件材料和工具材料的 70% 以上。但是,随着科学技术的发展,金属材料应用的比例将逐步减小,而非金属材料和复合材料的应用比例正在逐步增大。

一、工业用钢

（一）钢的分类

1. 按化学成分分

按化学成分分,钢的分类如图 1.2.1 所示。

- 碳钢:按碳含量分类
  - 低碳钢($0.0218\% < w_C < 0.25\%$)
  - 中碳钢($0.25\% \leq w_C \leq 0.06\%$)
  - 高碳钢($0.6\% < w_C < 2.11\%$)
- 合金钢:按合金含量分类
  - 低合金钢($w_{Me} < 5\%$)
  - 中合金钢($5\% \leq w_{Me} \leq 10\%$)
  - 高合金钢($w_{Me} > 10\%$)

图 1.2.1　按化学成分钢的分类

2. 按质量等级分

钢的质量等级主要以杂质元素硫、磷的质量分数划分。根据硫、磷的质量分数将钢分为普通质量钢（$w_S \leq 0.05\%$，$w_P \leq 0.045\%$）、优质钢（$w_S \leq 0.035\%$，$w_P \leq 0.035\%$）、高级优质钢（$w_S \leq 0.025\%$，$w_P \leq 0.025\%$）和特级优质钢（$w_S \leq 0.025\%$，$w_P \leq 0.015\%$）。

冶炼钢时，由于原料及冶炼工艺的影响，钢中将残留 S、P、Si、Mn 等杂质元素，对钢的性能有很大的影响。

（1）硫和磷。硫和磷都是由矿石和燃料带来的，是钢中的有害元素。FeS 与 Fe 会形成低熔点的共晶体，分布于晶界上。当钢材或钢件在高温（1000～1200℃）加热并进行压力加工时，分布于晶界上的低熔点共晶体出现过热甚至熔化将导致脆性开裂，这种现象叫作热脆性。磷会使钢塑性、韧性下降，尤其在低温时更为严重，这种现象称为冷脆性。

（2）硅和锰。硅和锰来自炼钢脱氧剂，是钢中的有益元素。锰存在于钢中，通过固溶强化提高钢的强度和硬度，并可消除硫的有害作用。硅也是以固溶强化的形式使钢的强度和硬度提高。

3. 按用途分

按用途可将钢分为结构钢、工具钢和特殊性能钢。结构钢包括各种工程构件用钢（主要用于建筑、桥梁、车辆、船舶等）和机器用钢（包括渗碳钢、调质钢、弹簧钢、滚动轴承钢及耐磨钢）；工具钢包括模具钢、刃具钢和量具钢；特殊性能钢是指除了要求力学性能之外，还要求具有其他一些特殊性能的钢，如不锈钢、耐热钢、耐磨钢、低温用钢等。

4. 按金相组织分

按平衡组织可将钢分为亚共析钢（$0.0218\% < w_C < 0.77\%$）、共析钢（$w_C = 0.77\%$）和过共析钢（$0.77\% < w_C < 2.11\%$）。

5. 按脱氧方法分

按冶炼时脱氧程度的不同，钢可分为特殊镇静钢、镇静钢、沸腾钢和半镇静钢。沸腾钢在冶炼时脱氧不充分，浇铸时碳和氧反应发生沸腾，这类钢一般为低碳钢，其成本低，成材率高，但组织不致密，主要制造冷冲压件。镇静钢脱氧充分，组织致密，但成材率低。

（二）结构钢

工程结构用钢，主要使用碳素结构钢及低合金高强度结构钢。这类结构钢冶炼比较简单，成本低，适应工程结构用钢的要求。工程结构用钢一般不再进行热处理。

机械结构用钢，大多是优质结构钢（包括优质碳素结构钢及各种优质和高级优质合金结构钢），以适应机械零件承受动载荷的要求。一般需适当热处理，以发挥材料的性能潜力。

1. 碳素结构钢

碳素结构钢的平均碳质量分数在 0.06%～0.38% 范围内，钢中含有害杂质 S、P 和非金属夹杂物较多，属于普通质量的钢，其性能上能满足一般工程结构及普通零件的要求，应用较广。它通常轧制成钢板或各种型材，如圆钢、方钢、角钢、工字钢、钢带、钢板和钢筋等。

碳素结构钢的牌号由"Q + 最低屈服强度值 + 质量等级符号（A、B、C、D、E）+ 脱氧方法符号（TZ、Z、b、F）"四部分按顺序组成。Q 为屈服强度的"屈"的汉语拼音首字母，质量等级符号反映了钢中有害杂质金属的多少，其中 A 级 S、P 含量最高，质量等级最低。脱氧方法 TZ、Z、b、F 分别表示特殊镇静钢、镇静钢、半镇静钢及沸腾钢，TZ、Z 可省略。例如，Q235AF 表示最低屈服强度不低于 235MPa 的 A 级碳素结构钢（属沸腾钢）。

表 1.2.1 为碳素结构钢牌号、化学成分及用途。由此可看出 Q195、Q215、Q235、Q275 为低碳钢，其中 Q235 因在强度、塑性、韧性和焊接性等方面都良好，故最为常用。

碳素结构钢的牌号、化学成分及用途　　　　表 1.2.1

牌号	等级	化学成分[质量分数(%)]					脱氧方法	用途举例
		C	Mn	Si	S	P		
Q195	—	≤0.12	≤0.50	≤0.30	≤0.035	≤0.040	F、Z	
Q215	A	≤0.15	≤1.20	≤0.35	≤0.045	≤0.050	F、Z	制造小载荷的结构零件,如铆钉、螺栓、垫片、钢丝网等
	B					≤0.045		
Q235	A	≤0.22	≤1.40	≤0.35	≤0.045	≤0.050	F、Z	应用较广。用于制造钢板、钢筋、各种型材、一般工程构件、受力不大的机器零件,如拉杆、连杆、螺栓、销钉等
	B	≤0.20			≤0.045	≤0.045		
	C	≤0.17			≤0.040	≤0.040	Z	
	D				≤0.035	≤0.035	TZ	
Q275	A	≤0.24	≤1.50	≤0.35	≤0.045	≤0.050	F、Z	用于制作承受中等载荷的普通零件,如链轮、拉杆、心轴、键、齿轮、传动轴等
	B	≤0.21			≤0.045	≤0.045	Z	
	C	≤0.22			≤0.040	≤0.040		
	D	≤0.20			≤0.035	≤0.035	TZ	

注:本表引自《碳素结构钢》(GB/T 700—2006)第5.1.1条,有改动。

2. 低合金高强度结构钢

低合金高强度结构钢是在碳素结构钢的基础上加入少量合金元素而制成。钢中 w_C ≤ 0.2%,常加入的合金元素由硅、锰、钛、铌、钒等,其总量 w_{Me} <3%。

钢中碳含量低是为了获得良好的塑性、焊接性和冷变形能力。合金元素硅、锰主要溶于铁素体中,起固溶强化作用。钛、铌、钒等在钢中形成细小碳化物,起细化晶粒和弥散强化的作用,从而提高钢的强韧性。

低合金高强度结构钢一般在热轧、正火状态下使用,使用时一般不再进行热处理。

低合金高强度结构钢的强度高、塑性和韧性好,焊接性和冷成型性良好,耐蚀性好,成本低,适用于冷成型和焊接。

低合金高强度结构钢的牌号由"Q+最低屈服强度值+交货状态代号+质量等级符号(B、C、D、E、F)"四部分按顺序组成。交货状态为热轧时,交货状态号 AR 或 WAR 可省略;交货状态为正火或正火轧制状态时,交货状态号均用 N 表示。例如,Q355ND 表示最低屈服强度不低于355MPa、质量等级为 D 级的正火或正火轧制状态的低合金高强度结构钢。

常用的牌号有 Q355、Q390、Q420、Q460。被广泛用于桥梁、船舶、车辆、建筑、锅炉、高压容器、输油输气管道等。其中,Q345 是我国发展最早,产量最大,各种性能配合较好的低合金高强度结构钢,故应用最广。

3. 优质结构钢

根据化学成分,优质结构钢可分为优质碳素结构钢与合金结构钢。

优质碳素结构钢的牌号用两位数字表示。两位数字表示钢中平均碳质量分数的万分数。例如45钢表示平均 w_C =0.45% 的优质碳素结构钢。钢中锰的质量分数较高(w_{Mn} =0.7%~1.2%)时,在数字后面加符号"Mn",如:65Mn 钢表示平均 w_C = 0.65%,含有较多锰的优质碳素结构钢。在两位数字后面加"A"表示高级优质钢,加"E"表示特级优质钢。在两位数字后加"F",表示沸腾钢,加"b"表示半镇静钢,镇静钢 Z 可省略。例如:08F 表示平

均 $w_C=0.08\%$ 的沸腾钢。

合金结构钢的牌号用"两位数字+元素符号+数字"表示。两位数字表示钢中平均碳质量分数的万分数,元素符号代表钢中含的合金元素,其后面的数字表示该元素平均质量分数的百分数。若为高级优质钢,则在牌号后加 A。如 50CrVA 表示 $w_C=0.50\%$、$w_{Cr}<1.5\%$、$w_V<1.5\%$ 的高级优质合金结构钢。

结构钢按用途及工艺特点分为渗碳钢、调质钢、弹簧钢和滚动轴承钢。

1）渗碳钢

渗碳钢通常是指经渗碳、淬火、低温回火后使用的钢。用于制造要求表面硬而耐磨,心部韧性较好的零件。如承受较大冲击载荷,同时表面有强烈摩擦、磨损的齿轮、轴等零件。经渗碳处理后有表面硬、心部韧的特点。

渗碳钢一般为低碳钢和低碳合金钢（$w_C=0.1\%\sim0.25\%$），主要加入的合金元素有铬、锰、镍、硼等。渗碳钢的热处理采用渗碳后淬火、低温回火。

常用的碳素渗碳钢有 15 钢、20 钢等,由于淬透性低,仅能在表面获得高硬度,而心部得不到强化,故只用于形状简单、受力小的渗碳件。

常用的合金渗碳钢有 20Cr、20CrMnTi 等,合金元素的加入,提高了钢的淬透性,细化了钢的晶粒,其表面具有高的硬度、耐磨性及接触疲劳强度,使零件表面能够承受强烈摩擦和接触交变应力,心部具有较高的屈服点和韧性,使零件不致发生脆性断裂。

常用渗碳钢的牌号、力学性能及用途见表 1.2.2。

常用渗碳钢的牌号、力学性能及用途　　　　表 1.2.2

类别	牌号	力学性能					用途举例
		σ_b(MPa)	σ_s(MPa)	δ_5(%)	Ψ(%)	A_K(J)	
低淬透性	15	≥375	≥225	≥27	≥55	—	形状简单、强度要求不高的耐磨件,如小轴套筒、链条等
	20	≥410	≥245	≥25	≥55	—	
	15Cr	≥735	≥490	≥11	≥45	≥55	截面不大、心部要求较高强度和韧性、表面承受磨损的零件,如齿轮、凸轮、活塞、活塞环、联轴器、轴等
	20Cr	≥835	≥540	≥10	≥40	≥47	截面在 30mm² 以下,形状复杂、心部要求较高强度、工作表面承受磨损的零件,如机床变速器齿轮、凸轮、蜗杆等
	20MnV	≥785	≥590	≥10	≥40	≥55	高压容器、大型高压管道等较高载荷的焊接结构件,亦可用于冷拉、冷冲压件,如活塞销、齿轮等
中淬透性	20CrMnTi	≥1080	≥850	≥10	≥45	≥55	截面在 30mm² 以下,承受高速、中或重载荷以及受冲击、摩擦的重要渗碳件,如齿轮、轴、齿轮轴、蜗杆等
	20MnVB	≥1080	≥885	≥10	≥45	≥55	模数较大、载荷较重的中、小渗碳件,如机床上的齿轮、轴、汽车后桥主动、从动齿轮等
	20CrMnMo	≥1180	≥885	≥10	≥45	≥55	大截面渗碳件,如大型拖拉机齿轮、活塞销等
	20MnTiB	≥1130	≥930	≥10	≥45	≥55	20CrMnTi 的代用钢,制造汽车、拖拉机上小截面、中等载荷的齿轮

续上表

类别	牌号	力学性能					用途举例
		σ_b(MPa)	σ_s(MPa)	δ_5(%)	Ψ(%)	A_K(J)	
高淬透性	20Cr2Ni4	≥1180	≥1080	≥10	≥45	≥63	大截面、载荷较高,交变载荷下的重要渗碳件,如大型齿轮、轴等
	18Cr2Ni4WA	≥1180	≥835	≥10	≥45	≥78	大截面、高强度、良好韧性以及缺口敏感性低的重要渗碳件,如大截面的齿轮、传动轴、曲轴、花键轴、活塞销等

> ※ **任务分析**
>
> 任务1.2中城市轨道交通车辆传动系统中齿轮材料选用渗碳钢17CrNiMo6,17CrNiMo6表示碳的平均质量分数约为0.17%,Cr、Ni的含量均小于1.5%,Mo含量约为6%的渗碳钢。经"渗碳+淬火+低温回火"后,广泛应用于变速器齿轮,具有高的抗弯强度、接触疲劳强度,表面具有高的硬度和耐磨性,心部具有高的硬度和韧性,综合力学性能较高。

2)调质钢

调质钢通常是指经调质后使用的钢。调质钢具有良好的综合力学性能,主要用于制造承受很大交变载荷与冲击载荷或各种复杂应力的零件,如机器中的轴、连杆、齿轮等。

调质钢一般为中碳的优质碳素结构钢和合金结构钢(w_C为0.25%~0.5%),碳含量过低,不易淬硬,回火后强度不够;碳含量过高,韧性差。加入合金元素可提高淬透性,当含量在一定范围时还可提高韧性。主加元素为锰、铬、硅、硼等,附加元素为钼、钨、钒、钛等。

为改善调质钢锻造后的组织、切削加工性能和消除应力,切削加工前应进行退火或正火。最终热处理一般为调质(淬火+高温回火)处理。对某些不仅要求有良好的综合力学性能,而且在某些部位还要求高硬度、高耐磨性和高疲劳强度时,调质后还要进行表面淬火或化学热处理。

调质钢按淬透性高低分为以下三类:

(1)低淬透性调质钢。这类钢含合金元素较少,淬透性较差,经调质后强度比碳钢高,工艺性能较好,主要用于制作中、小截面的零件。

(2)中淬透性调质钢。这类钢含合金元素较多,淬透性较高,调质后强度高,主要用于制作截面较大、承受较大载荷的零件。

(3)高淬透性调质钢。这类钢合金元素含量比前两类调质钢多,淬透性高,调质后强度和韧性好,主要用于制作大截面、承受重载荷的重要零件。

近年来,利用低碳钢和低碳合金钢经淬火加低温回火处理,得到强度和韧性配合较好的钢代替中碳调质钢,在石油、矿山、汽车工业上得到广泛应用,如用15MnVB代替40Cr制造汽车连杆螺栓等,效果很好。

常用调质钢的牌号、热处理、力学性能及用途见表1.2.3。

常用调质钢的牌号、热处理、力学性能及用途　　　　表1.2.3

类别	牌号	热处理[温度(℃)、冷却剂]		力学性能					用途举例
		淬火	回火	σ_b (MPa)	σ_s (MPa)	δ_5 (%)	ψ (%)	A_{KU} (J)	
碳素调质钢	40	840 水冷	600 水冷	≥570	≥335	≥19	≥45	≥47	小截面、中等载荷的调质件,如主轴、曲轴、齿轮、连杆、链轮等
	45	840 水冷	600 水冷	≥600	≥355	≥16	≥40	≥39	
低淬透性钢	40Cr	850 油冷	520 水冷、油冷	≥980	≥785	≥9	≥45	≥47	中载和中速工作下的零件,如汽车后半轴及机床上齿轮、轴、花键、轴、顶尖套等
	40MnB	850 油冷	500 水冷、油冷	≥980	≥785	≥10	≥45	≥47	代替40Cr钢制造中、小截面重要调质件,如汽车半轴、转向轴、蜗杆以及机床主轴、齿轮等
中淬透性钢	35CrMo	850 油冷	550 水冷、油冷	≥980	≥835	≥12	≥45	≥63	重要调质件,如主轴、大电动机轴、曲轴、锤杆等
	40CrMn	840 油冷	550 水冷、油冷	≥980	≥835	≥9	≥45	≥47	在高速、高载荷下工作的齿轮轴、齿轮、离合器等
	40CrNi	820 油冷	500 水冷、油冷	≥980	≥785	≥10	≥45	≥55	截面较大、载荷较大的零件,如轴、连杆、齿轮轴等
高淬透性钢	40CrMnMo	850 油冷	600 水冷、油冷	≥980	≥785	≥10	≥45	≥63	截面较大、要求高强度和高韧性的调质件,如8t载货汽车的后桥半轴、齿轮轴、偏心轴、齿轮、连杆等
	40CrNiMoA	850 油冷	600 水冷、油冷	≥980	≥835	≥12	≥55	≥78	重型机械中高载荷的轴类、直升机的旋翼轴、汽轮机轴、齿轮等

3)弹簧钢

弹簧钢是指用来制造各类弹簧及类似性能的结构件和弹性元件的钢。弹簧一般在交变载荷下工作,受到反复弯曲或拉、压应力,常产生疲劳破坏。因此,弹簧钢应具有高的弹性极限、疲劳强度,足够的韧性,良好的淬透性、耐蚀性等。一些特殊用途的弹簧钢还要求有高的曲强比(σ_s/σ_b)。

碳素弹簧钢的w_C为0.6%~0.9%,合金弹簧钢的w_C为0.5%~0.7%,含碳量低,强度不够;含碳量高,塑性、韧性下降。常加入的合金元素有:锰、硅、铬、钼、钒等,主要提高钢的淬透性、耐回火性,经热处理后有高的弹性和曲强比。

当弹簧直径或板簧厚度大于10mm时,常采用热态下成型,即将弹簧加热至比正常淬火温度高50~80℃进行热卷成型,然后利用余热立即淬火、中温回火,获得硬度为40~48HRC,具有较高弹性极限、疲劳强度和一定塑性和韧性的材料。

当弹簧直径或板簧厚度小于10mm时,常用冷拉弹簧钢丝或弹簧钢带冷卷成型。冷成型弹簧一般只进行去应力退火,不需再经淬火、回火处理。

常用的弹簧钢有 65Mn、60Si2Mn、50CrVA 钢。碳素弹簧钢价格便宜,热处理后具有一定的强度,主要用来制造截面较小、受力不大的弹簧。合金弹簧钢的性能较好,用途更为广泛。60Si2Mn是较为典型的合金弹簧钢材料,广泛用于制造汽车上的板簧和螺旋弹簧等。

常用弹簧钢见表1.2.4。

4）滚动轴承钢

滚动轴承钢主要用于制作滚动轴承的滚动体（滚珠、滚柱、滚针）和内、外套圈等,属于专用结构钢。滚动轴承工作时承受很大的局部交变载荷,滚动体与套圈间接触应力大（3000～5000MPa）,易使轴承工作表面产生接触疲劳破坏和磨损。因此,要求轴承钢具有高的硬度、耐磨性、弹性极限和接触疲劳强度,足够的韧性和耐蚀性。

轴承钢的 w_C 为 0.90%～1.10%,以保证具有高的硬度和耐磨性。w_{Cr} 为 0.40%～1.65%,以提高淬透性,提高钢的强度、硬度、接触疲劳强度、耐磨性和耐蚀性。铬含量不宜过高,否则会降低钢的耐磨性和疲劳强度。从化学成分来看,轴承钢属于工具钢,故也可用于制造耐磨件,如精密量具、冷冲模、机床丝杠等。

轴承钢的热处理是球化退火、淬火和低温回火。球化退火可降低锻造后的硬度,以便于切削加工,并为最终热处理做好组织准备。

轴承钢的牌号由"G（"滚"汉语拼音首字母）+ Cr + 数字（平均铬的质量分数的千分数）"按顺序组成。例如,GCr15 表示平均 w_{Cr} = 1.5% 的轴承钢。若钢中含有其他合金元素,应依次在数字后面写出元素符号,如 GCr15SiMn 表示平均 w_{Cr} = 1.5%、w_{Si} 和 w_{Mn} 均小于 1.5% 的轴承钢。轴承钢均为高级优质钢,但牌号后边不标"A"。

5）铸造碳钢

生产中,有些形状复杂的零件很难用锻压方法成型,用铸铁又难以满足性能要求,此时可采用铸钢件。铸钢的 w_C 为 0.15%～0.60%,强度、塑性、韧性大大高于铸铁。铸钢的铸造性能比铸铁差,熔化温度高、流动性差、收缩率大。工程用铸钢的牌号、力学性能和用途见表1.2.5。

碳素铸钢的牌号由"ZG + 两组数字"组成,第一组数字代表最低屈服强度,第二组数字代表最低抗拉强度。例如 ZG340-640 钢表示最低屈服强度为340MPa,最低抗拉强度为640MPa的碳素铸钢。

常用弹簧钢的牌号、热处理、性能及用途　　　　表1.2.4

牌号	热处理[温度(℃)]		力 学 性 能				用途举例
	淬火	回火	σ_s (MPa)	σ_b (MPa)	δ_{10} (%)	Ψ (%)	
65	≥840	≥500	≥785	≥981	≥9	≥35	截面直径<15mm的小弹簧,如测力弹簧、调压弹簧,一般机械用的螺旋弹簧
85	≥820	≥480	≥981	≥1128	≥6	≥30	火车、汽车的扁形弹簧及圆形螺旋弹簧
65Mn	≥830	≥540	≥785	≥981	≥8	≥30	小截面弹簧,如发条、制动弹簧、弹簧垫圈、离合器簧片等
55Si2Mn	≥870(油冷)	≥480	≥1200	≥1300	≥6	≥30	汽车、机车上的减振弹簧和螺旋弹簧,电力机车用升弓钩弹簧,单向阀弹簧,<250℃使用的耐热弹簧
60Si2Mn	≥870(油冷)	≥480	≥1177	≥1275	≥5	≥25	
50CrVA	≥850(油冷)	≥500	≥1150	≥1300	≥10 (δ_5)	≥40	较大截面的高载荷重要弹簧及工作温度<350℃的阀门弹簧、活塞弹簧、安全阀弹簧等

工程用铸钢的牌号、力学性能和用途　　　　　表1.2.5

牌号	力学性能					用途举例
	$\sigma_S(\sigma_{r0.2})$ (MPa)	σ_b (MPa)	δ (%)	Ψ (%)	A_{KV} (J)	
ZG200-400	≥200	≥400	≥25	≥40	≥30	用于受力不大、要求韧性较好的各种机械零件,如机座、变速器壳
ZG230-450	≥230	≥450	≥22	≥32	≥25	用于受力不大、要求韧性好的各种机械零件,如砧座、外壳、轴承盖、底板、阀体、犁柱等
ZG270-500	≥270	≥500	≥18	≥25	≥22	用作轧钢机架、轴承座、连杆、箱体、曲轴、缸体等
ZG310-570	≥310	≥570	≥15	≥21	≥15	用于载荷较高的零件,如大齿轮、缸体、制动轮、辊子、棘轮等
ZG340-640	≥340	≥640	≥10	≥18	≥10	用于承受重载荷、要求耐磨的零件,如起重机齿轮、轧辊、棘轮、联轴器等

(三)工具钢

工具钢是指用于制造各种刃具用钢、量具用钢和模具用钢的总称。

1. 刃具钢

刃具钢是指用于制作切削刃具(如板牙、丝锥、铰刀等)。刃具工作时,刃部与切屑、毛坯间产生强烈摩擦,使刃部磨损并产生高温(可达500~600℃)。另外,刃具还承受冲击和振动。因此,刃具钢要求具有如下性能:①高的硬度和耐磨性。一般切削加工用刀具的硬度应大于60HRC。耐磨性好坏直接影响刀具的使用寿命,通常硬度越高,耐磨性越好。②高的热硬性。热硬性是指钢在高温下保持高硬度的能力。为保证钢有高的热硬性,通常在钢中加入合金元素。③足够的强度和韧性。以防止受冲击和振动时,刀具突然断裂和崩刃。

常用的刃具钢有碳素工具钢、合金刃具钢和高速工具钢(高速钢)。

1)碳素工具钢

碳素工具钢的牌号用"T"("碳"汉语拼音首字母)和数字组成。数字表示钢的平均碳的质量分数的千分数。含锰量较高的碳素工具钢在数字后面加符号"Mn",如T8Mn钢,表示平均w_C为0.8%、w_{Mn}为0.40%~0.60%的碳素工具钢。高级优质钢牌号末尾加"A",如T10A。

碳素工具钢的w_C为0.65%~1.35%,一般需热处理后使用。这类钢经热处理后具有较高的硬度和耐磨性,主要用于制作低速切削刃具,以及对热处理变形要求低的一般模具、低精度量具等。常用碳素工具钢的牌号、性能及用途见表1.2.6。

碳素工具钢的牌号、性能及用途　　　　　表1.2.6

牌号	退火状态硬度 (HBW)	淬火温度 (℃)	硬度 (HRC)	用途举例
T7 T7A	≤187	800~820	≥62	淬火、回火后,制造承受振动、冲击,在硬度适中情况下有较好韧性的工具,如錾子、冲头、大锤等
T8 T8A	≤187	780~800	≥62	淬火、回火后,制造要求有较高硬度和耐磨性的工具,如冲头、木工工具、剪切金属等的剪刀等
T8Mn T8MnA	≤187	780~800	≥62	性能和用途与T8钢相似,加入锰提高了淬透性,制造截面较大的工具

续上表

牌　号	退火状态硬度（HBW）	淬火温度（℃）	硬度（HRC）	用途举例
T9 T9A	≤192	760～780	≥62	制造要求有一定硬度和韧性的工具，如冲模、冲头、錾岩石用的錾子等
T10 T10A	≤197	760～780	≥62	制造耐磨性要求较高、不受剧烈振动、具有一定韧性及锋利刃口的各种工具，如刨刀、车刀、钻头、丝锥、手锯条、拉丝模、冷冲模等
T11 T11A	≤207			
T12 T12A	≤207	760～780	≥62	制造不受冲击、要求高硬度的各种工具，如丝锥、锉刀、刮刀、铰刀、板牙、量具等
T13 T13A	≤217			

2）合金工具钢

合金工具钢是在碳素工具钢的基础上加入少量合金元素形成的，其 w_C 为 0.80%～1.50%，以保证高硬度和耐磨性。加入合金元素铬、锰、硅等可提高淬透性、耐回火性和改善热硬性；加入钨、钒等可提高钢的热硬性和耐磨性。

这类钢锻造后进行球化退火，以改善切削加工性能。最终热处理为淬火和低温回火，硬度为 60～65HRC。

合金工具钢的牌号表示方法与合金结构钢相似，区别在于：若钢中平均 w_C <1%，牌号前以一位数字表示平均碳的质量分数的千分数；若钢中平均 w_C ≥1%，则牌号前不写数字。例如，9Mn2V 表示钢的平均 w_C =0.9%、w_{Mn} =2%、w_V <1.5%；又如，CrWMn 表示钢的平均 w_C ≥1%（牌号前不写数字），w_C、w_W、w_{Mn} 均小于 1.5%。

平均铬的质量分数 w_C <1% 的合金工具钢，在铬的质量分数（以千分之一为单位）前加数字"0"，如 Cr06 钢。

9SiCr 钢是常用的合金刃具钢，具有高的淬透性和耐回火性，热硬性可达 300～350℃。主要制造变形小的薄刃低速切削刀具（如丝锥、板牙、铰刀等）。CrWMn 钢具有高的淬透性，淬火变形小，适于制造较复杂的低速切削刀具（如拉刀）。常用合金工具钢的牌号、热处理、力学性能及用途见表 1.2.7。

常用合金工具钢的牌号、热处理、力学性能及用途　　表 1.2.7

牌　号	热处理				用途举例
	淬火温度（℃）	硬度（HRC）	回火温度（℃）	交货硬度（HB）	
9SiCr	820～860	≥62	180～200	197～241	板牙、丝锥、铰刀、钻头、搓丝板、冷冲模、冷轧辊等
9Mn2V	780～810	≥62	170～250	≤229	冲模、剪刀、冷压模、量规、样板、丝锥、板牙、铰刀
8MnSi	800～820	≥60	150～160	≤229	木工錾子、锯条、切削工具等
Cr06	780～810	≥64	—	187～241	外科手术刀、剃刀、刮刀、刻刀、锉刀等
Cr2	830～860	≥62	150～170	179～229	车刀、插刀、铰刀、钻套、冷轧辊、量具、样板等
9Cr2	820～850	≥62	—	179～217	木工工具、冷冲模、钢印、冷轧辊等
W	840～860	≥62	130～140	187～229	低速切削硬度较高金属的刀具，如麻花钻、车刀等

3) 高速工具钢

高速钢含有较多合金元素,热硬性高,切削温度高达600℃时,硬度仍保持在55～60HRC以上,故俗称"锋钢"。高速钢分为钨系、钨钼系和超硬系三类。

高速钢的 w_C 为0.70%～1.25%,以保证钢的硬度、耐磨性和热硬性。加入合金元素钨、钼、铬、钒等,提高钢的硬度、耐磨性和热硬性。

高速钢的牌号表示方法与合金工具钢基本相同,主要区别是有些牌号的钢即使 $w_C<1\%$,其牌号前也不标出数字。例如,W18Cr4V 表示平均 $w_W=18\%$、$w_{Cr}=4\%$、$w_V<1.5\%$ 的高速钢,其 w_C 为0.7%～0.8%。合金工具钢和高速钢均为高级优质钢,但牌号后边不标"A"。

高速钢锻造后硬度较高并存在应力,为改善切削加工性能,消除应力,并为淬火做好组织准备,应进行退火。为缩短退火时间,生产中常采用等温退火。为获得优良的性能,高速钢淬火加热时要经过两次预热(第一次为500～600℃,第二次为800～850℃)、三次回火,如图1.2.2所示。为提高热硬性,其淬火温度一般很高(如W18Cr4V钢为1270～1280℃)。

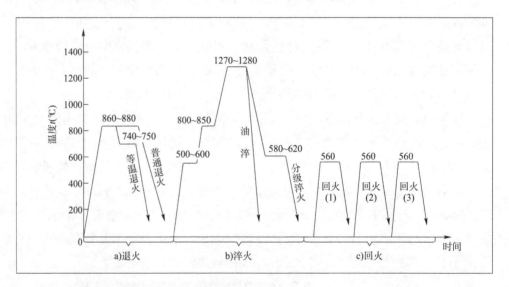

图1.2.2 高速钢(W18Cr4V)的退火、淬火、回火工艺曲线

常用的高速钢有W18Cr4V和W6Mo5Cr4V2钢。W18Cr4V钢发展最早,应用广泛,热硬性高,但韧性较差,主要制作中速切削刀具或结构复杂的低速切削刀具,W6Mo5Cr4V2钢作为W18Cr4V钢的代用品。两者相比,W6Mo5Cr4V2钢耐磨性好,也有较好的韧性,但热硬性略差,主要制作耐磨性和韧性配合较好的刃具,尤其适于制作热加工成型的薄刃刀具(如麻花钻头等)。

各种高速钢均有较高的热硬性(约600℃)、耐磨性、淬透性和足够的强韧性,应用广泛,除制造刃具外,还可制造冷冲模、冷挤压模和要求耐磨性高的零件。

2. 量具钢

量具是机械加工中使用的检测工具,如块规、塞规、板等。量具在使用中常与被测工件接触,受到摩擦与碰撞。要求量具应具有高硬度和高耐磨性,并要求有高的尺寸稳定性。

量具用钢一般可选用碳素工具钢或低合金工具钢。对精度要求较高的量具,在淬火后需立即进行冷处理,在精磨后或研磨前还要进行一次时效处理;即将工件加热至120~150℃左右,较长时间保温后缓冷,以稳定组织,进一步消除残余应力,提高工件尺寸稳定性。

3. 模具钢

模具钢按使用条件不同主要分为冷作模具钢和热作模具钢两种。

1) 冷作模具钢

冷作模具钢是用来制造在冷态下使金属变形的模具。这类模具要求高硬度、高耐磨性、一定的韧性及较好的淬透性。

冷作模具钢一般$w_C > 1\%$,以满足高硬度和耐磨性要求。加入的合金元素有铬、钼、钨、钒等。冷作模具钢的热处理为淬火加低温回火。常用冷作模具钢的牌号、化学成分、热处理及用途见表1.2.8,其中,Cr12是最典型的冷作模具钢。

常用冷作模具钢的牌号、化学成分、热处理及用途 表1.2.8

牌号	交货状态(正火)硬度(HBW)	热处理 淬火温度(℃)	热处理 硬度(HRC)	用途举例
Cr12	217~269	950~1000(油冷)	≥60	耐磨性高、尺寸较大的模具,如冷冲模、冲头、钻套、量规、螺纹滚丝模、拉丝模等
Cr12MoV	207~255	950~1000(油冷)	≥58	截面较大、形状复杂、工作条件繁重的冷作模具及螺纹搓丝板、量具等
Cr4W2MoV	退火≤269	960~980 1020~1040(油冷)	≥60	可替代Cr12、Cr12MoV制作冷冲模、冷挤压模、搓丝板等
CrWMn	207~255	800~830(油冷)	≥62	淬火要求变形很小、长且形状复杂的切削刀具,如拉刀、长丝锥,及形状复杂、高精度的冷冲模
6W6Mo5Cr4V	退火≤269	1180~1200(油冷)	≥60	冲头、冷作凹模、冷挤压模、温挤压模、热剪切模等

2) 热作模具钢

热作模具钢是用来使加热金属(或液态金属)获得所需形状的模具。一般又分为热锤锻模、热挤压模和压铸模等。这类模具要求有足够的高温强度、良好的冲击韧性和耐热疲劳性、一定的硬度和耐磨性。热作模具钢的碳质量分数w_C为0.3%~0.6%,并有铬、镍、锰、钼、钨、钒等合金元素。

常用的热锻模具钢有5CrMnMo、5CrNiMo等,它们有较高的强度、耐磨性和韧性,优良的淬透性和良好的抗热疲劳性能。小型热锻模具选用5CrMnMo,大型热锻模具选用5CrNiMo,常用的压铸模钢为3Cr2W8V。根据我国的资源情况,应尽可能采用5CrMnMo钢。

(四)特殊性能钢

特殊性能钢是指具有特殊物理化学性能并能在特殊环境下工作的钢,特殊性能钢种类很多,机械制造业中主要使用不锈钢、耐热钢、耐磨钢。

1. 不锈钢

碳是不锈钢中降低耐蚀性的元素。因为碳在钢中会形成铬的碳化物,会降低基体金属中的铬含量。因此,从提高钢的抗腐蚀能力来看,希望碳含量越低越好。但碳含量关系到钢的力学性能,应根据情况保留一定的碳含量。

不锈钢和耐热钢的牌号表示方法与合金工具钢基本相同。例如,4Cr13 表示钢中平均 $w_C = 0.4\%$、$w_{Cr} = 13\%$ 的不锈钢。但若钢中 $w_C \leq 0.03\%$ 或 $w_C \leq 0.08\%$ 时,牌号分别以"00"或"0"为首,例如 00Cr17Ni14Mo2 钢、0Cr18Ni11Ti 钢等。

1) 铬不锈钢

常用铬不锈钢的钢号有 1Cr13、2Cr13、3Cr13、3Cr13Mo、7Cr17、8Cr17 等。随着碳含量的增加,钢的强度和硬度增加,而塑性、韧性降低,抗腐蚀能力下降。

这类钢主要用于在弱腐蚀介质中工作的工件。如 1Cr13 和 2Cr13 可用于制造汽轮机叶片、水压机阀等。如 3Cr13 和 3Cr13Mo 可用于制造弹簧、轴承、医疗器械及在弱腐蚀条件下工作而要求硬度较高的耐蚀零件及工具;如 7Cr17 和 8Cr17 等可以制作切片刃具、手术刀片、滚动轴承等高耐磨耐蚀的零件及工具。

2) 镍不锈钢

镍不锈钢是在 $w_{Cr} = 18\%$ 的基础上加入 $w_{Ni} = 9\% \sim 10\%$ 形成的。这类钢碳含量低,镍含量高;无磁性,其耐蚀性、塑性和韧性都较 Cr13 好;并具有良好的焊接性、冷加工性及低温韧性。如 1Cr18Ni9、1Cr18Ni9Ti 等,主要用于制造强腐蚀介质中工作的设备,如吸收塔、储槽、管道及容器等。

想一想

城市轨道交通车辆车体采用不锈钢材料与采用普通碳素钢材料相比,有哪些优点?轻量不锈钢和普通不锈钢的化学元素有什么不同?

2. 耐热钢

耐热钢是指在高温条件下具有热化学稳定性和热强性的钢。耐热钢一般分为抗氧化钢和热强钢两类。

耐热钢中主要含有铬、硅、铝等合金元素。这些元素在高温下与氧作用,在其表面形成一层致密的氧化膜(Cr_2O_3、Al_2O_3、SiO_2),保护钢在高温下不再继续被氧化腐蚀。

抗氧化耐热钢是指在高温环境中工作时具有高温抗氧化能力的合金钢。由于在钢中加入了铬、硅等元素,它们在钢的表面形成致密、高熔点、稳定的氧化膜,与基体金属结合牢固,从而避免了钢的进一步氧化。常用的抗氧化钢有 3Cr18Mn12Si2N、2Cr20Mn9Ni2Si2N、3Cr18Ni25Si2 等,主要用于长期工作在高温下,但强度要求不高的零件,如各种加热炉的炉底板、渗碳用的渗碳箱等。

热强钢是在高温下具有良好抗氧化性,并有较高的高温强度的钢。钢中加入 W、Mo、V 等,用于提高钢的高温强度。常用的热强钢如 15CrMo 是典型的锅炉钢,可制造在 350℃ 以下长期工作的零件;如 1Cr11MoV 和 1Cr12WMoV 有较高的热强性、良好的减振性和组织稳定性,用于制造汽轮机叶片、紧固件等。

3. 耐磨钢

耐磨钢是指在强烈冲击载荷作用下才能发生硬化的高锰钢。

耐磨钢的典型牌号是 ZGMn13,它的主要成分为铁、碳和锰,w_C 为 $1.0\% \sim 1.5\%$,w_{Mn} 为 $11\% \sim 14\%$。高锰钢不易切削加工,而铸造性能较好,故高锰钢零件多采用铸造方法生产。

这类钢多用于制造承受冲击和压力,并要求耐磨的零件,例如铁路道岔、坦克及拖拉机的履带板、挖掘机的铲斗齿、破碎机的颚板及保险箱的钢板等。

二、铸铁

铸铁是碳含量大于 2.11% 并含有较多硅、锰、硫、磷等元素的铁碳合金。铸铁有优良的铸造性能、切削加工性、减磨性及减振性,而且熔炼铸铁的工艺与设备简单、成本低廉,是最重要的铸件材料之一。若按质量百分比计算,在各类机械中,铸铁件约占40%~70%,在机床和重型机械中,则可达60%~90%。

铸铁中的碳以游离碳化物(Fe$_3$C)或石墨(G)的形式存在。根据碳在铸铁中的存在形式,铸铁可分为以下几种:

1. 白口铸铁

这种铸铁中的碳主要以游离碳化物的形式析出,断口呈银白色。由于大量硬而脆的渗碳体存在,白口铸铁硬度高,脆性大,难于切削加工。故工业上很少直接用来制造机械零件,主要用作炼钢原料、可锻铸铁的毛坯以及不需切削加工但要求硬度高、耐磨性好的零件,如轧辊、犁铧及球磨机的磨球等。

2. 灰口铸铁

这种铸铁中的碳大部分或全部以石墨的形式析出,断口呈暗灰色。按石墨形态不同,灰口铸铁又分为灰铸铁、球墨铸铁、可锻铸铁和蠕墨铸铁。此类铸铁是工业上应用很广的铸铁。

3. 麻口铸铁

这种铸铁中的碳部分以游离碳化物形式析出,部分以石墨形式析出,断口灰、白色相间。此类铸铁有较大的硬脆性,工业上很少使用。

(一)灰铸铁

1. 灰铸铁的成分、组织和性能

铸铁中的碳几乎全部或大部分以片状石墨(碳的自由形态或游离形态,即石墨)形态存在,按基体组织的不同分为:铁素体基体灰铸铁、铁素体-珠光体基体灰铸铁、珠光体基体灰铸铁,其显微组织如图1.2.3所示。由于断口呈暗灰色,故称灰铸铁。

灰铸铁的成分一般为:w_C为2.5%~3.6%、w_{Si}为1.0%~2.5%、w_{Mn}为0.5%~1.3%、$w_S \leq$ 0.15%、$w_P \leq 0.30\%$。

组织中的石墨强度几乎为零,可以把石墨看成是"微裂纹",因此,灰铸铁可看作是分布许多微裂纹的钢。这些石墨割裂了金属基体的连续性,在外力的作用下石墨尖端会引起应力集中,所以,灰铸铁的强度、塑性和韧性远不如钢,且石墨数量越多,石墨尺寸越大,分布越不均匀,对机体的割裂作用越严重,灰铸铁的力学性能越差。但石墨对铸铁的抗压强度和硬度影响不大。

由于石墨的存在,同时也使得铸铁获得一系列优良的、钢所不具有的性能。

(1)铸造性能好。由于灰铸铁的碳含量高,熔点低,流动性好,收缩性小,可减少内应力的产生,避免变形和开裂倾向,能够铸造形状复杂的零件。

(2)切削加工性能好。片状石墨切割基体,起着断屑的作用,切削加工性能好。且石墨有减磨作用,减小了刀具的磨损。

(3)减磨性好。石墨有润滑的作用,摩擦面上石墨脱落后能形成许多微孔,吸附储存润滑油,从而保持良好的减磨条件。

(4)减振性好。由于石墨割裂了基体,阻止了振动的传播,且石墨组织松软,能吸收振动能量,阻止振动能量的传递,并转化为热能,有很好的消振能力。

(5)缺口敏感性低。由于石墨的存在,灰铸

a)铁素体基体

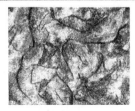
b)铁素体-珠光体基体

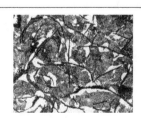
c)珠光体基体

图1.2.3 灰铸铁中的片状石墨

铁中相当于有许多小缺口,因此对铸件表面的外来缺陷、缺口几乎不具有敏感性。

2. 灰铸铁的孕育处理

为了提高灰铸铁的力学性能,必须细化和减少片状石墨,生产中常采用"孕育处理"。孕育处理是采用含 C、Si 较低的铁水,并在铁水中加入孕育剂(硅铁或硅钙合金)造成人工晶核以改变铁水的结晶条件,使其获得细的金属基体组织和细的石墨片。经孕育处理的铸铁称为孕育铸铁或变质铸铁。

3. 灰铸铁的牌号及用途

灰铸铁的牌号用"HT("灰铁"汉语拼音首字母)+数字"组成,数字表示最低抗拉强度 σ_b 值。例如,HT200 表示最低抗拉强度 $\sigma_b = 200\text{MPa}$ 的灰铸铁。常用灰铸铁的牌号、力学性能和用途见表 1.2.9。

4. 灰铸铁的热处理

灰铸铁只能通过热处理改变基体组织,但不能改变石墨的形态、数量、大小和分布,因此,通过热处理提高灰铸铁的力学性能效果不大。目前对灰铸铁进行热处理主要针对以下情况:

(1)去应力退火。退火方法是将灰铸铁件缓慢加热到 500~600℃,保温一定时间,然后随炉冷却至 200℃左右出炉空冷。目的是消除铸件冷却凝固过程中所产生的内应力,稳定尺寸,以防止铸件在随后的机加工或使用过程中变形和开裂。

(2)改善切削加工性能的退火。由于铸件的表层或薄壁冷却速度较快,常出现碳以 Fe_3C 形式存在的白口铸铁,给切削加工带来困难,故需要高温退火来降低硬度。可将铸件加热到 850~900℃,保温一定时间,然后随炉冷却至 400~500℃,出炉空冷,即可消除白口组织,改善切削加工性能。

(3)表面淬火。为提高铸件的表面硬度和耐磨性,可进行表面淬火。如机床导轨、缸体内壁等,可进行感应加热表面淬火或火焰加热表面淬火等。

(二)球墨铸铁

球墨铸铁是液态铁水经球化处理,使石墨大部分或全部呈球状的铸铁。由于石墨呈球状,对基体的割裂作用很小,故球墨铸铁的力学性能比灰铸铁好。

1. 球墨铸铁的成分、组织和性能

球墨铸铁的成分为 w_C 为 3.6%~4.0%,w_{Si} 为 2.0%~2.8%,w_{Mn} 为 0.6%~0.8%,$w_S \leq 0.07\%$,$w_P < 0.1\%$,w_{Re} 为 0.02%~0.04%,w_{Mg} 为 0.03%~0.05%。按基体组织不同,常用球墨铸铁有铁素体球墨铸铁、铁素体-珠光体球墨铸铁、珠光体球墨铸铁,其显微组织如图 1.2.4 所示。

灰铸铁的牌号、力学性能和用途　　　表 1.2.9

类型	牌号	σ_b(MPa)	硬度(HBW)	用途举例
铁素体灰铸铁	HT100	≥100	143~229	承受载荷小、对摩擦和磨损无特殊要求的不重要零件,如防护罩、油盘、手轮、支架、底板、重锤等
铁素体-珠光体灰铸铁	HT150	≥145	163~229	承受中等载荷的零件,如机座、支架、箱体、刀架、床身、轴承座、工作台、带轮、端盖、泵体、阀体、管道、电动机座、飞轮等
珠光体灰铸铁	HT200	≥195	170~241	承受较大载荷和要求一定气密性或耐蚀性等较重要零件,如汽缸、齿轮、机座、飞轮、床身、汽缸体、汽缸套、活塞、齿轮箱、联轴器盘、刹车轮、中等压力阀体等
珠光体灰铸铁	HT250	≥240	170~241	
孕育铸铁	HT300	≥290	187~255	承受高载荷、耐磨和高气密性的重要零件,如重型机床、剪床、压力机、自动车床的床身、机座、机架、高压液压件、活塞环、受力较大的齿轮、凸轮、衬套、大型发动机的曲轴、汽缸体、汽缸套、汽缸盖等
孕育铸铁	HT350	≥340	197~269	

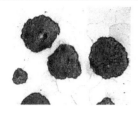 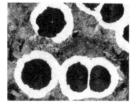 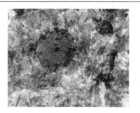

a)铁素体基体　　　　b)铁素体-珠光体基体　　　　c)珠光体基体

图1.2.4　球墨铸铁中的球状石墨

与灰铸铁相比,球墨铸铁有高的强度、一定的塑性和韧性。某些性能还可与钢媲美,如屈服强度比普通碳素钢高。另外,仍具有良好的减振性、减磨性、易切削、铸造性能和对缺口不敏感等。

2. 球墨铸铁的牌号及用途

球墨铸铁的牌号、力学性能及用途见表1.2.10,牌号中的"QT"是"球铁"汉语拼音的首字母,后面的两组数字分别表示最低抗拉强度和最低伸长率。例如,QT600-3表示$\sigma_b \geq 600\text{MPa}$,$\delta \geq 3\%$的球墨铸铁。

球墨铸铁的牌号、力学性能和用途　　　　表1.2.10

类型	牌号	力学性能			硬度（HBW）	用途举例
		σ_b（MPa）	$\sigma_{r0.2}$（MPa）	δ（%）		
铁素体球墨铸铁	QT400-18	≥400	≥250	≥18	130~180	承受冲击、振动的零件,如汽车,拖拉机的轮毂,驱动桥壳,差速器壳,拨叉,农机具零件,中、低压阀门,上、下水及输气管道,压缩机上高、低压汽缸,电动机机壳,齿轮箱,飞机壳等
铁素体球墨铸铁	QT400-15	≥400	≥250	≥15	130~180	
铁素体球墨铸铁	QT450-10	≥450	≥310	≥10	160~210	
铁素体-珠光体球墨铸铁	QT500-7	≥500	≥320	≥7	170~230	机器底架、传动轴、飞轮、电动机架、内燃机的机油泵齿轮、铁路机车车辆轴瓦等
铁素体-珠光体球墨铸铁	QT600-3	≥600	≥370	≥3	190~270	载荷大、受力复杂的零件,如汽车、拖拉机的曲轴、连杆、凸轮轴、汽缸套、部分磨床、铣床、车床的主轴,机床蜗杆、蜗轮,轧钢机轧辊、大齿轮、小型水轮机主轴、汽缸体、桥式起重机大、小滚轮等
珠光体球墨铸铁	QT700-2	≥700	≥420	≥2	225~305	
珠光体或回火组织球墨铸铁	QT800-2	≥800	≥480	≥2	245~335	
贝氏体或回火马氏体球墨铸铁	QT900-2	≥900	≥600	≥2	280~360	高强度齿轮,如汽车后桥螺旋锥齿轮、大减速器齿轮,内燃机曲轴、凸轮轴等

3. 球墨铸铁的热处理

球墨铸铁还可以通过多种热处理,使力学性能进一步提高。由于球墨铸铁中的石墨呈球状,因此,对球墨铸铁进行热处理比较有意义。通过热处理可改变基体组织,提高其力学性能。球墨铸铁的热处理方法主要有以下几种:

(1)退火。目的是降低硬度,改善切削加工性;消除铸造内应力,降低变形和开裂倾向。

(2)正火。目的是细化组织,提高球墨铸铁件的硬度和耐磨性。

(3)调质处理。目的是获得良好的综合力学性能。适用于受力比较复杂、要求综合力学性能高的球墨铸铁件。

(4)等温淬火。对一些形状复杂的零件,如齿轮、凸轮轴等,为了提高其综合力学性能,并为了防止淬火时易出现的变形或开裂,可采用此方法进行处理。

(三)可锻铸铁

可锻铸铁中碳主要以团絮状石墨形态存在。可锻铸铁是由一定化学成分的铁水浇铸成白口坯件,再经可锻化退火而获得的。常用的可锻铸铁有黑心可锻铸铁和珠光体可锻铸铁两种,其显微组织如图1.2.5所示。

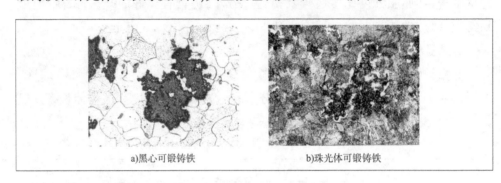

a)黑心可锻铸铁　　　　b)珠光体可锻铸铁

图1.2.5　可锻铸铁中的团絮状石墨

由于团絮状石墨对基体的割裂作用较小,它的力学性能比灰铸铁有所提高,其中黑心可锻铸铁有较高的塑性和韧性;而珠光体可锻铸铁有较高的强度和硬度。目前,可锻铸铁主要用来制造形状复杂及强度、塑性、韧性要求高的薄壁小型铸件。

可锻铸铁的牌号、力学性能和用途见表1.2.11,牌号分别由代号"KTH"(黑心可锻铸铁)、"KTZ"(珠光体可锻铸铁)和数字组成,后面的两组数字分别表示最低抗拉强度和最低伸长率。

可锻铸铁的牌号、力学性能和用途　　　　表1.2.11

类型	牌号	力学性能			硬度(HBW)	用途举例
		σ_b(MPa)	$\sigma_{r0.2}$(MPa)	δ(%)		
黑心可锻铸铁	KTH300-06	≥300	—	≥6	<150	弯头、三通管件、中、低压阀门等
	KTH330-08	≥330	—	≥8	<150	扳手、犁刀、犁柱、车轮壳等
	KTH350-10	≥350	≥200	≥10	<150	汽车、拖拉机前、后轮壳、减速器壳、转向节壳、制动器及铁道零件等
	KTH370-12	≥370	—	≥12	<150	
珠光体可锻铸铁	KTZ450-06	≥450	≥270	≥6	150~200	载荷较高和耐磨损零件,如曲轴、凸轮轴、连杆、齿轮、活塞环、轴套、耙片、万向接头、棘轮、扳手、传动链条等
	KTZ550-04	≥550	≥340	≥4	180~250	
	KTZ650-02	≥650	≥430	≥2	210~260	
	KTZ700-02	≥700	≥530	≥2	240~290	

(四) 蠕墨铸铁

蠕墨铸铁是20世纪80年代发展起来的一种新型铸铁。蠕墨铸铁中的碳主要以蠕虫状石墨存在,如图1.2.6所示。它的力学性能介于灰铸铁和球墨铸铁之间,其强度接近于球墨铸铁,并具有一定的塑性和韧性,而铸造性能、减振性、耐热疲劳性能优于球墨铸铁,与灰铸铁相近,切削加工性能和球墨铸铁相似,比灰铸铁稍差。

蠕墨铸铁的牌号由"RuT"和一组数字组成,"RuT"是"蠕铁"的汉语拼音首字母。数字表示最低抗拉强度。蠕墨铸铁的牌号、力学性能和用途见表1.2.12。

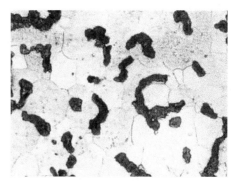

图1.2.6 蠕墨铸铁中的蠕虫状石墨

蠕墨铸铁的牌号、力学性能和用途 表1.2.12

牌 号	力学性能			硬度 (HBW)	用途举例
	σ_b(MPa)	$\sigma_{r0.2}$(MPa)	δ(%)		
RuT260	≥260	≥195	≥3.0	127~197	增压器废气进气壳体、汽车底盘零件等
RuT300	≥300	≥240	≥1.5	140~217	排气管、变速器体、汽缸盖、液压件、纺织机零件、钢锭模等
RuT340	≥340	≥270	≥1.0	170~249	重型机床件,大型齿轮箱体、盖、座、飞轮,起重机卷筒等
RuT380	≥380	≥300	≥0.75	193~274	活塞环、汽缸套、制动盘、钢珠研磨盘、吸淤泵体、玻璃模具、制动鼓等
RuT420	≥420	≥335	≥0.75	200~280	

蠕墨铸铁主要用于制作形状复杂,要求组织致密、强度高、承受较大热循环载荷的铸件,如柴油机的汽缸盖、汽缸套、进(排)气管、钢锭模、阀体等。

三、有色金属与粉末冶金材料

有色金属是指除钢铁材料(黑色金属)以外的其他金属材料。与钢铁材料相比,有色金属具有某些特殊的性能,因而成为现代工业不可缺少的材料。有色金属种类繁多,应用较广的有铝、铜及其合金以及滑动轴承合金等。

(一) 铝及铝合金

1. 工业纯铝

工业中使用的纯铝呈银白色,密度为2.7g/cm³,熔点为660℃,有良好的导电性。铝和氧的亲合力强,容易在其表面形成致密的Al_2O_3薄膜,能有效地防止金属的继续氧化,故在大气中有良好的耐蚀性,纯铝的强度、硬度很低(σ_b为80~100MPa),但塑性好($\delta=50\%$,$\Psi=80\%$),能承受各种冷、热加工。纯铝不能用热处理强化,但能冷变形强化,经冷变形硬化后强度可提高到150~250MPa,但塑性有所降低(Ψ为50%~60%)。

工业纯铝主要用于熔制铝合金,制造电线、电缆以及要求导热抗蚀性好而对强度要求不高的一些用品和器皿等。工业纯铝的新牌号有1070、1060、1050等(对应的旧牌号为L1、L2、L3等),"L"是"铝"的汉语拼音字母,序号越大,纯度越低。

2. 铝合金

纯铝的强度低,不适宜做承受载荷的结构零件,但如果加入适量的硅、铜、镁、锌、锰等合金元素形成铝合金,则具有密度小,比强度(强度极限与密度的比值)高、导热性好等优良性能。若经过冷加工或热处理,还可进一步提高其强度。铝合金分为变形铝合金和铸造铝合金两大类。

1) 变形铝合金

变形铝合金塑性好,能进行各种压力加工。变形铝根据性能特征可分为防锈铝、硬铝、超硬铝和锻铝四类。

(1) 防锈铝:有 Al-Mn 和 Al-Mg 两系。其特点是耐蚀性好,塑性好,焊接性能良好,但强度较低,切削加工性能较差,均不能用热处理方法强化,只能用冷变形强化。防锈铝合金代号用"LF"("铝防"汉语拼音首字母)及顺序号表示,如 LF5(5A05)、LF21(3A21)等。

防锈铝合金主要制作需要弯曲或冷拉伸的高耐蚀性容器,以及受力小、耐蚀的制品与结构件,在航空工业中应用广泛。

(2) 硬铝:主要有 Al-Cu-Mg 系。铜和镁元素可形成强化相,硬铝合金能进行热处理强化。经淬火时效,能显著提高其强度和硬度,这类铝合金主要性能特点是强度大、硬度高。硬铝合金代号用"LY"("铝硬"汉语拼音首字母)及顺序号表示,如 LY1(2A01)、LY10(2A10)、LY11(2A11)、LY12(2A12)等。

LY1、LY10 称铆钉硬铝,有较高的剪切强度,塑性好,主要用于制作铆钉。LY11 称标准硬铝,强度较高,塑性较好,退火后冲压性能好,应用较广。标准硬铝主要用于形状较复杂、载荷较轻的结构件。LY12 是高强度硬铝,强度、硬度高,塑性、焊接性较差,主要用于高强度结构件,例如飞机翼肋、翼梁等。

(3) 超硬铝:是 Al-Cu-Mg-Zn 系合金。与硬铝合金相比,超硬铝合金时效中能产生更多的强化相,强化效果更显著,所以其强度、硬度更高。超硬铝合金的代号用"LC"("铝超"汉语拼音首字母)及顺序号表示,如 LC4(7A04)、LC6(7A06)等。

超硬铝合金主要用作要求重量轻、受力较大的结构件,如飞机大梁、起落架、桁架等。

(4) 锻铝:锻铝合金多为 Al-Cu-M-Si 系。这类合金在加热状态下有良好的塑性较好的耐热性和良好的锻造性。进行淬火时效后有较高的强度,其强度和硬度可与硬铝合金相媲美。锻铝合金代号用"LD"("铝锻"汉语拼音首字母)及顺序号表示,如 LD6(2B50)、LD10(2A14)等。

锻铝合金主要用作航空及仪表工业中形状复杂、比强度较高的锻件,以及在 200～300℃ 以下工作的结构件,例如,叶轮、框架、支架、活塞、汽缸头等。

2) 铸造铝合金

铸造铝合金与变形铝合金比较,一般含有较高量的合金元素,具有良好的铸造性能,但塑性较低,不能承受压力加工。按其主加合金元素的不同,铸造铝合金可分为 Al-Si 系、Al-Cu 系、Al-Mg 系、Al-Zn 系四种。

铸造铝合金多用于制造重量轻、耐腐蚀、形状复杂、要求有一定力学性能的铸件。常用铸造铝合金中以铝硅铸造铝合金应用最广泛。

常用铸造铝合金的代号、牌号、性能及用途见表 1.2.13 所示。

常用铸造铝合金的代号、牌号、力学性能及用途　　　表1.2.13

类别	牌号	代号	铸造方法	热处理方法	σ_b (MPa)	δ_5 (%)	硬度 (HBW)	用途举例
铝硅合金	ZAlSi7Mg	ZL101	J	T5	≥205	2	60	形状复杂的零件,如飞机仪器零件、抽水机壳体等
			S	T5	≥195	2	60	
			SB	T6	≥225	1	70	
	ZAlSi12	ZL102	J	T2	≥145	3	50	仪表、水泵壳体,工作温度≤200℃的高气密性和低载零件
			SB、JB		≥135	4	50	
	ZAlSi9Mg	ZL104	J	T6	≥235	2	70	<200℃工作的零件,如汽缸体、机体等
			SB		≥225	2	70	
	ZAlSi2Cu1Mg	ZL105	S	T5	≥225	0.5	70	形状复杂、工作温度<250℃的零件,如风冷发动机的汽缸头、机匣、油泵壳体等
			J	T5	≥235	0.5	70	
铝铜合金	ZAlCu5Mn	ZL201	S	T4	≥295	8	70	175~300℃,受高载荷、形状不复杂的零件,如内燃机汽缸头、活塞等
			S	T5	≥335	4	90	
	ZAlCu10	ZL202	S	T6	≥165		100	中等载荷、形状较简单的零件,如托架和工作温度<200℃并要求切削加工性能好的小零件
			J					
铝镁合金	ZAlMg10	ZL301	S	T4	≥280	10	60	大气或海水中工作的零件,承受大振动载荷,工作温度<150℃的零件,如船舰配件、氨用泵体等
	ZAlMg5Si1	ZL303	S	F	≥145	1	55	腐蚀介质作用下的中等载荷零件,在严寒大气中以及工作温度<200℃的零件,如海轮配件和各种壳体
			J					
铝锌合金	ZAlZn11Si7	ZL401	J	T1	≥245	1.5	90	结构形状复杂的汽车、飞机仪器零件,工作温度<200℃,制作日用品

注:铸造方法中:S-砂型,J-金属型,SB-砂型变质处理,JB-金属变质处理;热处理方法中:T1-人工时效,T2-退火,T4-固溶热处理+自然时效,T5-固溶热处理+不完全时效,T6-固溶热处理+完全时效,F-铸态。不完全时效指时效温度低或时间短;完全时效指时效温度约180℃,时间较长;ZL401的性能是指经过自然时效20天或人工时效后的性能。

想一想

城市轨道交通车辆车体采用铝合金材料有哪些优点?

(二)铜及铜合金

1.工业纯铜

纯铜呈紫红色,故又称为紫铜。其密度为8.9g/cm³,熔点为1083℃,具有优良的导电性和导热性。铜的化学稳定性高、抗蚀性好、塑性好,能承受各种冷压力加工,但强度低。工业纯铜一般被加工成棒、线、板、管等型材,用于制造电线、电缆、电刷、电器零件及熔制铜合金等。

我国工业用纯铜的代号用"T"("铜"的汉语拼音首字母)及顺序号(数字)

表示,共有 T1、T2、T3、T4 四个代号,序号越大,纯度越低。

2. 铜合金

按照化学成分不同,可分为黄铜、青铜和白铜三类;按生产方法不同,可分为压力加工铜合金和铸造铜合金。常用的铜合金是黄铜和青铜。白铜是以镍为主要合金元素的铜合金,一般很少应用。

1)黄铜

黄铜是以锌为主要添加元素的铜合金。按化学成分不同,黄铜又分为普通黄铜和特殊黄铜。

(1)普通黄铜(铜锌合金)。压力加工普通黄铜的牌号用"H + 数字"表示。H 表示黄铜,数字表示铜的平均含量百分数,例如 H68 表示 $w_{Cu}=68\%$、其余为锌的普通黄铜。

普通黄铜的力学性能、工艺性和耐蚀性都较好,应用较广泛。

(2)特殊黄铜。在普通黄铜的基础上加入铅、锡、铝、锰、硅等合金元素构成特殊黄铜。其目的是改善黄铜的某些性能,如加入铅可以改善切削加工性;加入铝、锡能提高耐蚀性,加入锰、硅能提高强度和耐蚀性等。

压力加工特殊黄铜牌号用"H + 主加合金元素符号 + 铜平均含量百分数 + 合金元素平均含量百分数"来表示。例如,HPb59-1 表示 $w_{Cu}=59\%$、$w_{Pb}=1\%$ 的铅黄铜。

铸造黄铜的牌号一次由"Z"("铸"字汉语拼音首字母)、铜、合金元素符号及该元素平均含量的百分数组成。如 ZCuZn38 为 $w_{Zn}=38\%$、其余为铜的铸造黄铜。铸造黄铜的熔点低于纯铜,铸造性能好,且组织致密,主要用于制作一般结构件和耐蚀件。

常用黄铜的牌号、化学成分及用途见表 1.2.14。

常用黄铜的牌号、化学成分及用途　　　　　表 1.2.14

类型	牌号	主要成分(%)			用途举例
		w_{Cu}	其他	w_{Zn}	
压力加工普通黄铜	H70	68.5~71.5	Fe≤0.1 Pb≤0.03	余量	弹壳、热变换器、造纸用管,机器和电器用零件
	H68	67.0~70.0	Fe≤0.1 Pb≤0.03	余量	复杂的冷冲件和深冲件,散热器外壳,导管及波纹管
	H62	60.5~63.5	Fe≤0.15 Pb≤0.08	余量	销钉、铆钉、螺母、垫圈、导管、夹线板、环形件、散热器等
	H59	57.0~60.0	Fe≤0.30 Pb≤0.50	余量	机械、电器用零件,焊接件及热冲压件
压力加工特殊黄铜	HSn62-1	61.0~63.0	Sn 0.7~1.1	余量	汽车、拖拉机弹性套管,船舶零件
	HPb59-1	57~60	Pb 0.8~1.9	余量	销、螺钉、垫片、衬套、冲压或加工件
	HMn58-2	57~60	Mn 1.0~2.0	余量	船舶及轴承等耐磨、耐蚀的重要零件

续上表

类型	牌号	主要成分(%) w_{Cu}	其他	w_{Zn}	用途举例
铸造黄铜	ZCuZn38	60~63	Fe≤0.8	余量	一般结构件和耐蚀零件,如端盖、阀座、支架、手柄和螺母等
	ZCuZn16Si4	79~81	Si 2.5~4.5	余量	接触海水的配件,水泵、叶轮和在空气、淡水、油、燃料及工作压力<4.5MPa和温度<250℃蒸汽中工作的零件
	ZCuZn40Pb2	58~63	Pb 0.5~2.5 Al 0.2~0.8	余量	一般用途的耐磨、耐蚀零件,如轴套、齿轮等

2)青铜

青铜是除黄铜、白铜以外的铜合金。常用的青铜又分为普通青铜(锡青铜)和特殊青铜两种。

(1)锡青铜。锡青铜是以锡为主要添加元素的铜合金。它最主要的特点是具有良好的力学性能、耐蚀性和减磨性,较多地用于轴承、蜗轮、螺杆、螺母等零件的制造。锡青铜具有良好的铸造性能,能浇注形状复杂、外形尺寸要求严格,但致密性要求不高的耐磨、耐蚀件,如轴瓦、轴套、齿轮、蜗轮、蒸汽管等。

(2)特殊青铜。加入其他元素代替锡的青铜,称为特殊青铜,又称为无锡青铜。

①铝青铜。

以铝为主要添加元素的铜基合金称为铝青铜。其特点是:价格便宜,色泽美观;强度比普通黄铜、锡青铜高;有良好的耐蚀性、耐热性和耐磨性。铝青铜主要用于在海水或高温下工作的零件和高强度耐磨零件,是各种青铜中应用最广泛的一种。

②铍青铜。

以铍为主要添加元素的铜合金称为铍青铜。铍青铜具有很高强度、硬度、弹性极限及疲劳强度。此外,还有好的耐蚀性、耐磨性、耐寒性、无磁性;好的导电性、导热性等。主要用于制造各种精密仪器、仪表中的重要弹性元件和耐蚀、耐磨零件,如钟表齿轮、航海罗盘、电焊机电极、防爆工具等。

青铜牌号用"Q"+主加元素符号及质量分数+其他合金元素质量数表示。例如,QAl5表示$w_{Al}=5\%$,余量为铜的铝青铜。铸造青铜的牌号表示方法同黄铜。常用青铜的牌号、化学成分及用途见表1.2.15。

常用青铜的牌号、化学成分及用途　　　　　表1.2.15

类型	牌号	主要成分(%) w_{Sn}	w_{Cu}	其他	用途举例
压力加工锡青铜	QSn-3	3.5~4.5	余量	Zn 2.7~3.3	弹簧、弹性元件、管配件和化工机械中的耐磨、抗磁、耐蚀零件
	QSn6.5-0.4	6.0~7.0	余量	P 0.26~0.40	耐磨及弹性零件
	QSn4-4-2.5	3.0~5.0	余量	Zn 3.0~5.0 Pb 1.5~3.5	飞机、汽车、拖拉机用轴承和轴套的衬垫等
铸造锡青铜	ZCuSn10Zn2	9.0~11.0	余量	Zn 1.0~3.0	中等及较高载荷下工作的重要管配件、阀、泵体、齿轮
	ZCuSn10Pb1	9.0~11.5	余量	Pb 0.5~1.0	重要的轴瓦、齿轮、连杆和轴套等

续上表

类型	牌号	主要成分(%)			用途举例
		w_{Sn}	w_{Cu}	其他	
特殊青铜（无锡青铜）	QAl7	Al 6.0~8.5	余量	—	重要的弹簧和弹性元件
	QBe2	Be 1.8~2.1	余量	Ni 0.2~0.5	重要仪表的弹簧,弹性元件,耐磨件,高压、高速、高温轴承,钟表齿轮等
	ZCuAl10Fe3Mn2	Al 9.0~11.0	余量	Fe 2.0~4.0 Mn 1.0~2.0	重要的耐磨、耐蚀的重型铸件,如轴套、蜗轮
	ZCuPb30	Pb 27.0~33.0	余量	Sn≤1.0 Sb≤0.2	高速、高压双金属轴瓦,减磨零件等

(三)轴承合金

在滑动轴承中,用于制造轴瓦或内衬的合金称为轴承合金。滑动轴承具有承受压力面积大、工作平稳,噪声低以及修理、更换方便等优点,故应用广泛。

1. 对轴承合金的性能要求

轴承是支承轴工作的,当轴运转时,轴与轴瓦之间发生强烈的摩擦。为确保轴受到最小的磨损,制造轴瓦的材料应具有以下性能:

(1)有足够的抗压强度和疲劳强度,以承受轴颈施加的压力。

(2)较小的摩擦系数,良好的耐磨性,良好的磨合性,并能储存润滑油。

(3)足够的塑性和韧性,以保证与轴配合良好,并能耐冲击和振动。

(4)较小的膨胀系数,良好的导热性及耐蚀性。

(5)良好的工艺性,容易制造,价格低廉。

2. 轴承合金的组织特征

为满足以上性能,轴承合金的组织应是软硬兼备,常用的轴承合金的组织有两类。

(1)软基体上分布着硬质点。如图1.2.7所示,轴承工作时,软基体很快因磨损而凹下,以便储存润滑油,使轴与轴瓦间形成连续油膜,硬质点凸起,形成大量的点接触,支承轴颈,从而保证具有最小的摩擦系数,以减少磨损,提高耐磨性。属于这类组织的有锡基和铅基轴承合金(又称巴氏合金),其摩擦系数小,磨合性好,有良好的韧性、导热性、耐蚀性和抗冲击性,但承载能力较差。

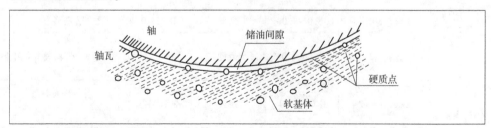

图1.2.7 轴和轴瓦的理想组织示意图

(2)硬基体上分布着软质点。在硬基体(硬度略低于轴颈硬度)上均匀分布着软质点。这类组织的摩擦系数低,能承受较大的载荷,但磨合性较差。属于这类组织的有铜基和铝基轴承合金。

3. 常用轴承合金

轴承合金的牌号依次由"Z" + 基体元素符号 + 主加元素符号及平均含量百分数 + 附加元素符号及平均含量百分数来表示。例如,ZSnSb11Cu6,表示 $w_{Sb}=11\%$、$w_{Cu}=6\%$、其余为锡的铸造锡基轴承合金。常用轴承合金的牌号、成分、力学性能及用途见表1.2.16。

(四)粉末冶金材料

粉末冶金材料是指用几种金属粉末或金属与非金属粉末作原料,通过配料、压制成型、烧结等工艺过程而制成的材料。这种工艺过程称为粉末冶金法。

粉末冶金法不但是制取具有某些特殊性能材料的方法,也是一种无切屑或少切屑的加工方法。通常用粉末冶金法制作硬质合金、减磨材料、结构材料、摩擦材料、难熔金属材料(如钨丝、高温合金)、过滤材料(如水的净化、空气、液体燃料、润滑油的过滤材料等)、金属陶瓷、磁性材料、耐热材料等。

1. 硬质合金

硬质合金是将一些难熔金属的碳化物(如碳化钨、碳化钛、碳化钽等)的粉末和起黏结作用的金属钴粉混合、加压成型。再经烧结而制成的一种粉末冶金制品。硬质合金具有高硬度(69~81HRC)、高热硬性(可达 900~1000℃)、高耐磨性和较高抗压强度,用它制造刀具,其切削速度比高速钢高4~7倍、寿命提高5~8倍。硬质合金通常制成一定规格的刀片,装夹或镶焊在刀体上使用。

目前常用的硬质合金有下列几种。

(1)钨钴类硬质合金。它是由碳化钨(WC)和钴组成的。其牌号用"YG + 数字"表示,数字表示钴的质量分数。例如,YG3 表示 $w_{Co}=3\%$ 的钨钴类硬质合金。常用的牌号有 YG3、YG6、YG8等。钴含量越高,合金的强度、韧性越好,硬度、耐热性越差。钨钴类硬质合金适用于制作切削

常用轴承合金的牌号、成分、力学性能及用途　　　表1.2.16

类型	牌 号	力学性能			用 途 举 例
		σ_b (MPa)	δ_5 (%)	硬度 (HBW)	
锡基轴承合金	ZSnSb12Pb10Cu4	—	—	29	一般机械中载、中速轴承,但不适于高温工作
	ZSnSb12Cu6Cd1	—	—	34	内燃机、汽车、动力减速器
	ZSnSb11Cu6	90	6.0	27	>1500kW 的高速蒸汽机,400kW 的涡轮压缩机、高速内燃机用的轴承
	ZSnSb8Cu4	80	10.6	24	大型机器轴承及轴衬,重载、高速汽车发动机薄壁双金属轴承
	ZSnSb4Cu4	80	7.0	20	涡轮内燃机、航空和汽车发动机重载高速轴承及轴衬
铅基轴承合金	ZPbSb16Sn16Cu2	78	0.2	30	工作温度<120℃,无显著冲击载荷,汽车、拖拉机、轮船、发动机等轻载、高速轴承
	ZPbSb15Sn5Cu3Cd2	68	0.2	32	船舶、机械、<250kW 的电动机、汽车和拖拉机发电机轴承
	ZPbSb15Sn10	60	1.8	24	中载和中速汽车、拖拉机曲轴和连杆轴承,高温轴承
	ZPbSb15Sn5	—	0.2	20	低速、轻载的机械轴承
	ZPbSb10Sn6	80	5.5	18	低载高速汽车发动机、机床、制冷机轴承

注:铸造方法为金属型。

铸铁、青铜等脆性材料的刀具。

(2)钨钴钛硬质合金。它是由碳化钨(WC)、碳化钛(TiC)和钴(Co)组成的。其牌号用"YT+数字"表示,数字表示碳化钛的质量分数。例如,YT15表示$w_{TiC}=15\%$的钨钴钛类硬质合金。常用牌号有YT5、YT15、YT30等。这类硬质合金有较高的硬度、红硬性和耐磨性,主要用于制作切削韧性材料(如钢材)的刀具。

(3)通用硬质合金。用碳化钽(TaC)和碳化铌(NbC)取代钨钴钛类硬质合金中的部分碳化钛(TiC)而组成。其牌号用"YW+数字"表示,数字表示合金的序号,如YW1、YW2等。通用硬质合金兼有上述两类硬质合金的优点,应用广泛,可用于制作切削各类金属材料的刀具。

2. 粉末冶金减摩材料

粉末冶金减摩材料具有多孔性,主要用来制造滑动轴承。这种材料压制成轴承后,放在润滑油中,因毛细现象可吸附润滑油(一般含油率为12%~30%),故称含油轴承。含油轴承具有很好的自润滑性。

根据基体主加元素的不同,粉末冶金减摩材料分为铁基材料和铜基材料两种。其牌号由"粉轴"汉语拼音首字母"FZ",加上基体主加组元序号(铁基为1、铜基为2)、辅加组元序号和含油密度组成。例如,FZ1360表示附加组元为碳、铜,含油密度为$5.7~6.2 g/cm^3$的铁基粉末滑动轴承用减摩材料。

四、机械工程材料的选用

在机械工程中,合理选材对于保证产品质量、降低生产成本有着极为重要的作用。要做到合理选材,就必须全面分析零件的工作条件、受力性质和大小以及失效形式,然后综合各种因素,提出能满足零件工作条件的性能要求,再选择合适的材料并进行相应热处理以满足性能要求。因此,零件材料的选用是一个复杂而重要的工作,需全面综合考虑。

(一)零件的失效形式

1. 零件的失效

零件的失效有下面几种情况。

(1)零件由于断裂、腐蚀、磨损、变形等完全被破坏,全部丧失其功能,不能继续工作。

(2)零件在外部环境作用下,部分丧失其功能,虽然能安全工作,但不能完成规定功能。

(3)零件严重损伤,继续使用会失去可靠性和安全性。

例如,齿轮在工作过程中磨损而不能正常啮合及传递动力,主轴在工作过程中变形而失去精度,弹簧因疲劳或受力过大而失去弹性等,均属失效。

零件的失效,尤其是无明显预兆的失效,往往会带来巨大的危害,甚至造成严重事故。因此,对零件失效进行分析,查出失效原因,提出防止措施是十分重要的。

2. 基本形成

一般零件或工、模具的失效形式主要有以下三种基本形式。

(1)断裂。断裂是指零件完全断裂而无法工作的失效。例如,钢丝绳在吊运中的断裂。断裂方式有塑性断裂、疲劳断裂、蠕变断裂、低应力脆性断裂等。

(2)过量变形。过量变形是指零件变形量超过允许范围而造成的失效。过量变形失效主要有过量弹性变形失效和过量塑性变形失效。例如,变速器中的齿轮轮齿产生过量塑性变形,会使轮齿啮合不良,甚至卡死、断齿,引起设备事故。

(3)表面损伤。表面损伤是指零件在工作中,因机械和化学作用,使其表面损伤而造成的失效。表面损伤失效主要有表面磨损、表面腐蚀、表面疲劳等。例如,齿轮经长期工作轮齿表面被磨损,而使精度降低的现象即属表面损伤失效。

引起零件失效的原因有很多,涉及零件的结构设计、材料的选择和使用、加工制造及维护等方面。正确地选用材料是防止或延缓零件失效的重要途径。

(二) 选材的基本原则

选材的基本原则首先是满足使用性能要求,然后考虑工艺性和经济性原则。

1. 使用性原则

使用性原则是选用材料应考虑的一般原则,是保证零件完成规定功能的必要条件。

1) 正确运用材料的强度、塑性、韧性等指标

一般情况下,强度越高,塑性、韧性越低。但是片面追求高强度以提高零件的承载能力不一定安全,因为塑性的过多降低,短时过载时,应力集中的敏感性会增大,从而使零件发生脆性断裂。所以在提高强度的同时,还应考虑材料的塑性指标。

2) 巧用硬度与强度等力学指标间的关系

硬度与强度之间存在一定关系,而强度又与其他力学性能存在一定关系,因而可通过硬度定性判断零件的 σ_s、δ、A_k、σ_{-1} 等指标。而且,测定硬度的方法简便,不损坏零件,但要直接测定零件的其他力学性能数值就很困难,所以在零件图样上一般只标出所要求的硬度值,以综合体现零件所要求的全部力学性能。例如,$\sigma_b \approx 0.35\text{HBW}$,$\sigma_{-1} \approx 0.5\sigma_b$,提高硬度可提高接触疲劳强度。

一般硬度值确定的规律为:

(1) 对承载均匀,截面无突变,工作时不发生应力集中的零件,可选较高的硬度值;反之,有应力集中的零件,则需要有较高的塑性,硬度值应适当降低。

(2) 对高精度零件,为提高耐磨性,保持高精度,硬度值要大些。

(3) 对相互摩擦的一对零件,两者的硬度值应有一定的差别,易磨损件或重要件取较高的硬度值。例如,轴颈与滑动轴承的配合,轴颈应比滑动轴承硬度高;一对啮合传动齿轮,一般小齿轮齿面硬度应比大齿轮高;螺栓硬度应比螺母高些。

2. 工艺性原则

工艺性原则是指所选用的材料能否保证零件顺利制成。例如,某些材料仅从零件使用要求考虑是合适的,但无法加工制造,或加工困难,制造成本高,这些均属于工艺性不好。因此,工艺性好坏对零件加工难易程度、生产率、生产成本等影响很大。

按加工方法不同,材料的工艺性能有以下几种。

1) 铸造性能

不同材料铸造性能不同,铸造铝合金、铸造铜合金的铸造性能优于铸铁,铸铁优于铸钢。铸铁中,灰铸铁的铸造性能最好。

2) 锻压性能

常用塑性和变形抗力综合评定。塑性好,则易成型,加工面质量好,不易产生裂纹;变形抗力小,金属易于充满模膛,不易产生缺陷。一般来说,碳钢比合金钢锻压性能好,低碳钢的锻压性能优于高碳钢。

3) 焊接性能

低碳钢和低合金高强度结构钢焊接性能良好,碳与合金元素含量越高,焊接性能越差。

4) 切削加工性能

常用允许的最高切削速度、切削力大小、加工面 Ra 数值大小、断屑难易程度和刀具磨损综合评定。一般来说,材料硬度值在 170~230HBW 范围内,切削加工性好。

5) 热处理工艺性能

常用淬透性、淬硬性、变形开裂倾向、耐回火性和氧化脱碳倾向评定。一般来说,合金钢的热处理工艺性能优于碳钢,故形状复杂、尺寸较大、强度要求高的重要零件都选用合金钢。

3. 经济性原则

经济性原则是指所选用的材料加工成零件后能否做到价格便宜、成本低廉。在满足前面两条原则的前提下,应尽量降低零件的生产成本,以提高经济效益。零件总成本 = 原材料费 + 加工制造费用(消耗的燃料和动力费、工资、设备费用等) + 管理费用 + 试验研究费 + 维修费等,有时还包括运输费和安装费。

钢铁材料中碳钢、铸铁价格较低,加工方便,在满足使用性能前提下,应尽量选用。低合金高强度结构钢价格低于合金钢。有色金属、铬镍不锈钢、高速钢价格高,应少用。应尽量使用简单设备,减少加工工序数量,采用少切削无切削加工,以降低加工费用。国内常用部分金属材料的相对价格见表1.2.17。

我国常用金属材料的相对价格　　　　表1.2.17

材　料	相对价格	材　料	相对价格
碳素结构钢	1	铬不锈钢	55
低合金高强度结构钢	1.25	铬镍不锈钢	20
优质碳素结构钢	1.3~1.5	普通黄铜	13~17
易切钢	1.7	锡青铜、铝青铜	19
合金结构钢(铬镍除外)	1.7~2.5	灰铸铁件	≈1.4
铬镍合金结构钢	5	球墨铸铁件	≈1.8
滚动轴承钢	3	可锻铸铁件	2~2.2
碳素工具钢	1.6	碳素铸钢件	2.5~3
低合金工具钢	3~4	铸造铝合金、铜合金	8~10
高速钢	16~20	铸造锡基轴承合金	≈23
硬质合金	150~200	铸造铅基轴承合金	≈10

对于某些重要、精密、加工过程复杂的零件和使用周期长的工具、模具,选材时不能单纯考虑材料本身的价格,还要注意零件的使用寿命。此时,可采用价格较高的合金钢或硬质合金代替碳钢。从长远观点看,因其使用寿命长,维修保养费用少,从而降低了使用成本,总成本反而降低。

此外,所选材料还应满足环境保护方面的要求,尽量减少污染,还要考虑到产品报废后,所用材料能否重新回收利用等问题。

总之,在选用材料时,必须从实际情况出发,全面考虑材料的使用性能、工艺性能和经济性方面的因素,以保证产品取得最佳的技术经济效益。

(三)选材的方法

大多数零件是在多种应力作用下工作的,而每个零件的受力情况也不同。因此,应根据零件的工作条件,找出最主要的性能要求,以此作为选材的主要依据。

1. 以综合力学性能为主时的选材

承受冲击力和循环载荷的零件,如连杆、锤杆、锻模等,其主要失效形式是过量变形与疲劳断裂。对这类零件的性能要求主要是综合力学性能要好,根据零件的受力和尺寸大小,常选用中碳钢或中碳合金钢,并进行调质或正火。

2. 以疲劳强度为主时的选材

疲劳破坏是零件在交变应力作用下最常见的破坏形式,如传动轴、发动机曲轴、齿轮、滚动轴承等零件的失效,大多数是由疲劳破坏引起的。这类零件的选材,应主要考虑疲劳强度,根据冲击载荷大小,常选择渗碳钢、调质钢等。

应力集中是导致疲劳破坏的重要原因。实践证明,材料强度越高,疲劳强度也越高;在强度相同时,调质后的组织比退火、正火后的组织具有更好的塑性和韧性,且对应力集中敏感性小,具有较高的疲劳强度。因此,对受力较大的零件应选用淬透性较好的材料,以便进行调质处理。对材料表面进行强化处理也可有效地提高疲劳强度。

3. 以磨损为主时的选材

根据零件工作条件的不同,其选材可分两种情况。

(1)受力较小,磨损较大的零件和各种量具,如钻套、顶尖等,可选用高碳钢或高碳合金钢,并进行淬火和低温回火,获得高硬度的组织,以满足耐磨性的要求。

(2)同时受磨损和交变应力作用的零件,为使其耐磨并具有较高的疲劳强度,应选用能进行表面淬火、渗碳或渗氮等处理的钢材,经热处理后使零件表硬心韧,既耐磨又能承受冲击。例如,机床中重要的齿轮和主轴应选用中碳钢或中碳合金钢,经正火或调质后再进行表面淬火,以获得较高的表面硬度和较好的心部综合力学性能。对于承受较大冲击载荷和强烈磨损的汽车、拖拉机变速器齿轮,常选用渗碳钢经渗碳后淬火、低温回火,才能满足使用要求。

巩固与自测

一、填空题

1. 铸铁是碳含量_____的铁碳合金,灰口铸铁中碳主要以_____的形式存在。

2. 根据铝合金一般相图可将铝合金分为_____铝合金和_____铝合金两类。

3. 机器零件选材的三大基本原则是_____原则、_____原则和_____原则。

二、选择题

1. 钢牌号 Q235A 中的 235 表示的是( )。
   A. 最低抗拉强度　　　　　　　B. 最低屈服强度
   C. 最低疲劳强度　　　　　　　D. 布氏硬度值

2. 普通、优质和高级优质碳钢是按( )进行区分的。
   A. 力学性能的高低　　　　　　B. S 和 P 含量的多少
   C. Mn 和 Si 含量的多少　　　　D. 合金种类的多少

3. 机床床身选用( )。
   A. Q235　　　　B. T10A　　　　C. HT150　　　　D. T8

4. 某机床主轴,受交变弯曲应力和扭转应力,转速不高,载荷不大、冲击很小,可选用的材料是(　　)。

　　A. ZCuSn10Zn2　　B. HT150　　C. 08F　　D. 45 钢

5. GCr15 钢含 Cr 量为(　　)。

　　A. 15%　　B. 1.5%　　C. 0.15%　　D. 0.015%

6. 硬质合金刀片是采用(　　)方法生产的。

　　A. 粉末冶金　　B. 自由锻　　C. 铸造　　D. 钎焊

7. 气门弹簧应选用(　　)。

　　A. 20 钢　　B. 45 钢　　C. 65Mn　　D. Q235

8. 下列铸铁中,力学性能最好的是(　　);铸造性能最好的是(　　)。

　　A. 球墨铸铁　　B. 蠕墨铸铁　　C. 灰铸铁　　D. 可锻铸铁

9. 黄铜是以(　　)为主加元素的铜合金。

　　A. 铅　　B. 铁　　C. 锡　　D. 锌

10. CrWMn 制造量规,其最终热处理一般为(　　)。

　　A. 球化退火　　　　　　　　B. 调质

　　C. 淬火后加低温回火　　　　D. 淬火后加高温回火

三、判断题

1. 40Cr 钢是合金渗碳钢。　　　　　　　　　　　　　　　　　　　　　(　　)

2. W18Cr4V 钢的碳的质量分数≥1%。　　　　　　　　　　　　　　　　(　　)

3. 一般低碳钢的塑性优于高碳钢,而硬度低于高碳钢。　　　　　　　　　(　　)

4. 钢中的杂质元素硅、锰、磷、硫等都是有害元素。　　　　　　　　　　(　　)

5. 采用热处理的方法可显著改善灰铸铁的力学性能。　　　　　　　　　　(　　)

6. 黄铜呈黄色,白铜呈白色,青铜呈青色。　　　　　　　　　　　　　　(　　)

7. 轴承合金是制造轴承内外圈套和滚动体的材料。　　　　　　　　　　　(　　)

8. LF5、LY12、LD5 都是变形铝合金。　　　　　　　　　　　　　　　　(　　)

9. 60Si2Mn 钢属于调质钢。　　　　　　　　　　　　　　　　　　　　　(　　)

四、简答题

1. 说明下列牌号钢的类型、碳及合金元素的含量、用途。

Q345、20CrMnTi、ZPbSb16Sn16Cu2、40Cr、60Si2Mn、H70、GCr15、ZGMn13-1、9SiCr、CrWMn、W18Cr4V、ZCuZn38、W6Mo5Cr4V2、1Cr13、1Cr18Ni9、5CrMnMo、1Cr11MoV、HSn62-1、ZCuZn16Si4、ZAlSi12、ZSnSb4Cu4、QT600-3、HT200。

2. 说出下列材料牌号(或代号)所属的类别。

材料牌号(或代号)	类　　别	材料牌号(或代号)	类　　别
Q235-A.F	例:碳素结构钢	ZL102	例:铸造铝硅合金
20CrMnTi		ZCuSn10P1	
T12A		QT600-3	

续上表

材料牌号(或代号)	类　别	材料牌号(或代号)	类　别
45		ZGMn13	
ZG200-400		3Cr13	
Q390		5CrNiMo	

3. 灰铸铁、球墨铸铁、蠕墨铸铁、可锻铸铁在组织和力学性能上有什么区别？

4. 轴承合金应具备哪些性能？其组织有何特点？

5. 城市轨道交通车辆使用的车轴，一般选用什么类型的材料？在对其进行机械加工之前常采用怎样的热处理方法？

项目二
构件的静力学分析

❖ **案例导学**

随着城市的快速发展，城市轨道交通已成为人们出行必不可少的交通方式之一，城市轨道交通车辆的行车安全也备受人们关注。如图2.0.1所示，车轴是城市轨道交通车辆转向架的主要承重部件，车轴强度与城市轨道交通的安全性息息相关。城市轨道交通车辆运行线路比较复杂，导致车轴的运行工况、受力情况多变，在承载车辆簧上重量的同时，牵引力、制动力以及来自线路的冲击载荷和通过曲线时横向作用于轮缘的导向力也是车轴需要承受的主要载荷。所以，为确保城市轨道交通车辆车轴在运用过程中的安全性和可靠性，在设计阶段有必要对车轴展开受力情况分析，并进行强度计算和可靠性评估。

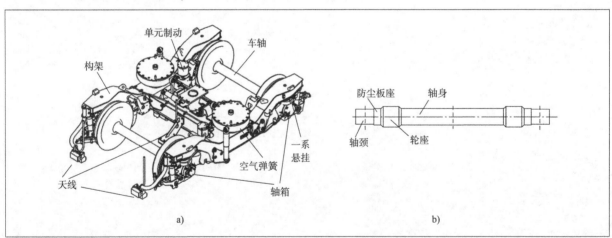

图2.0.1 城市轨道交通车辆拖车转向架及车轴

> ▶ **安全无小事、防患于未然**
>
> **珠机城轨金海公路大桥垮塌事故**
>
> 根据湖北省应急管理厅公布情况，2021年7月25日，珠机城轨金海公路大桥施工段右幅165#～166#墩边跨梁发生箱梁垮塌事故，造成4人死亡、1人失踪，直接经济损失约为11040561元。事故的直接原因是工人违规拆除箱梁底钢管支承，导致钢管立柱压溃从而满堂支架失稳，造成整个支架体系垮塌。

任务 2.1 物体的受力分析

知识目标

1. 掌握力的三要素及静力学的基本公理。
2. 掌握常见约束的类型及各种约束的特点。
3. 掌握各类约束约束反力的画法。
4. 掌握物体受力分析的步骤。

能力目标

1. 会利用静力学的基本公理分析物体的受力。
2. 能够判断约束的类型并根据约束类型画出约束反力。
3. 会对物体进行受力分析。

素质目标

通过对物体进行受力分析,培养分析问题和解决问题的能力。

任务引入

任何设备的运行都是由力的作用引起的,设备中各零件的受力情况直接影响机器的工作能力,比如图 2.0.1 中的车轴在车辆运行过程中要受到力的作用,车轴在运行中的受力情况直接影响到车辆运行的安全性和可靠性。因此,学会对设备中的零件进行受力分析是非常必要的。图 2.0.1 中,已知车体的重量为 150kN,载重量 150kN,轴自身的重量为 80kN,请对图中的车轴进行受力分析。

一、力

力是物体之间的相互作用。力对物体的作用会产生两种效应:

(1)运动效应:力使物体的运动状态发生改变。图 2.1.1 中人推着小车运动,人作用在小车上的力 F 使小车产生运动效应。

(2)变形效应:力使物体产生变形。图 2.1.2 中重物 G 使吊车梁产生变形效应。

(一)力的三要素

力对物体的作用效应取决于**力的大小、方向和作用点**,这三个因素称为**力**

的三要素。三要素中任何一个改变时,力的作用效应就会改变。

图 2.1.1　小车的运动

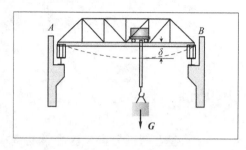

图 2.1.2　吊车梁的变形

(二)力的表示方法

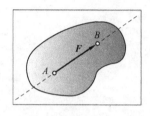

图 2.1.3　力的表示方法

力是矢量,用一带箭头的有向线段表示,标注为 **F**,如图 2.1.3 所示,线段的长度表示力的大小,箭头的方向表示力的方向。线段的起点 A 或终点 B 表示力的作用点。过力的作用点,沿力的方向的直线为力的作用线。

(三)力的单位

力的常用单位有牛顿(N)或千牛(kN)。在我国法定计量单位中,力的单位为牛顿。

(四)力的分类

按力与物体的接触形式不同,力可为:集中力、分布力。作用于一点的力,称为集中力,如图 2.1.4a)所示,汽车在桥上驶过时,桥面受到的汽车车轮作用的力为集中力。在实际生活中,大多数的力都是分布在一个面积上,而不是作用在一点的。当力的作用面积比物体尺寸小得多时,就称为分布力,如图 2.1.4b)所示,桥梁受到的桥面对其作用力为分布力。

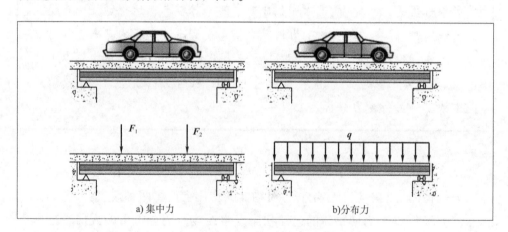

图 2.1.4　集中力和分布力

分布力中最常见的是均布载荷,是均匀分布在结构上的力。作用于构件单位长度上的载荷,称为载荷集度,常用符号 q 表示,单位为 N/m 或 kN/m。均布载荷的合力大小 $F_q = q \times l$,l 为均布载荷的作用长度,合力的作用线过分布区域的中心,方向与均布载荷相同。

二、静力学公理

静力学公理是人们经过长期经验积累和实践验证总结出来的最基本的力学规律。它们是静力学的基础。

(一) 二力平衡公理

刚体是指在力的作用下不变形的物体。刚体受两个力作用而平衡,其充分必要条件是:两力大小相等、方向相反,且作用在同一直线上(简称这两个力等值、反向、共线),如图 2.1.5 所示。

图 2.1.5 二力平衡

二力平衡公理,只适用刚体。对于变形体,它只是平衡的必要条件,而不是充分条件。如图 2.1.6a)所示的软绳受两个等值、反向、共线的拉力作用可以平衡,而如图 2.1.6b)所示的软绳受两个等值、反向共线的压力作用就不能平衡。

在两个力作用下并处于平衡状态的物体称为二力构件。 工程上,大多数二力构件是杆件,所以,常简称为**二力杆。二力杆上的两个力的作用线必为这两个力作用点的连线**,例如,图 2.1.7 所示的杆件 AB。二力杆可以是直杆,也可以是曲杆。

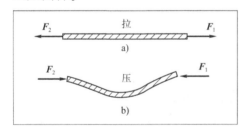

图 2.1.6 变形体的受力

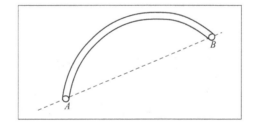

图 2.1.7 二力杆

想一想

图 2.1.8 所示的结构中哪些杆是二力杆?请指出。

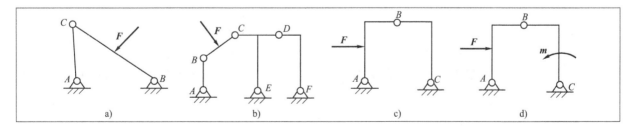

图 2.1.8 二力杆的判断

(二) 加减平衡力系公理

在任意一个力系上,可随意加上或减去一平衡力系,不会改变原力系对刚体的作用效应。这一公理对于研究力系的简化问题很重要。

推论1：力的可传性

作用于刚体上的力，沿其作用线移至刚体内任一点，不会改变原力对刚体的作用效应。如图2.1.9a)所示，力 F 作用在刚体的 A 点，图2.1.9b)在原力系上加了一个 $F_1 = F_2$ 的平衡力系，设 $F_1 = F$，显然 F 与 F_2 也构成一平衡力系，可以减去，于是变为图2.1.9c)的情况，力在刚体上成功地实现了平移。

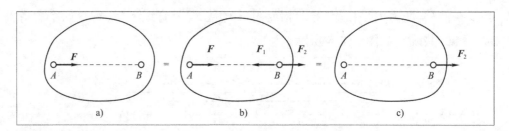

图2.1.9　力的可传性证明

实践经验也告诉我们，在水平道路上用水平力 F 推车（图2.1.10a)或沿同一直线拉车（图2.1.10b)，两者对车(视为刚体)的作用效应相同。

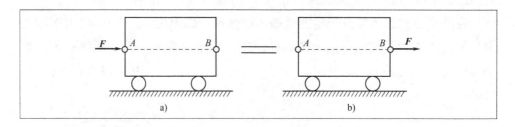

图2.1.10　力的可传性实例

（三）作用与反作用公理

两个物体间的作用力与反作用力，总是大小相等，方向相反，作用线相同，并分别作用于这两个物体上。这个公理概括了两个物体间相互作用力的关系，表明了作用力和反作用力总是成对出现的。作用力和反作用力是力学中普遍存在的一对矛盾。它们相互对立，相互依存，同时存在，同时消失。通过作用与反作用，相互关联的物体的受力即可联系起来。

想一想

二力平衡公理与作用与反作用公理有什么区别？

二力平衡公理和作用与反作用公理的区别：二力平衡公理叙述了作用在同一物体上两个力的平衡条件；作用力与反作用力公理是描述两物体间的相互作用关系。

（四）平行四边形公理

作用于刚体同一点的两个力可以合成为一个合力，合力也作用于该点，其大小和方向由以这两个力为邻边所构成的平行四边形的对角线所确定，如图2.1.11a)所示。

力的三角形法则:分力矢 F_1、F_2 沿其作用方向首尾相接,而合力 F_R 则是从起点指向最后一个分力矢的末端,形成封闭三角形,如图2.1.11b)所示。

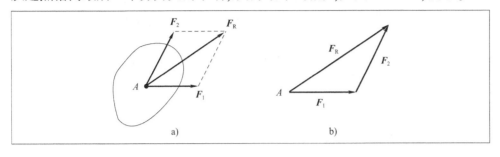

图2.1.11 力的平行四边形法则

推论2:三力平衡汇交定理

刚体受同一平面内互不平行的三个力作用而平衡时,此三个力的作用线必汇交于一点。

如图2.1.12所示,刚体受到三个互不平行的力 F_1、F_2 和 F_3 作用,当刚体处于平衡时,三力的作用线必汇交于 A 点,请自己给出证明。

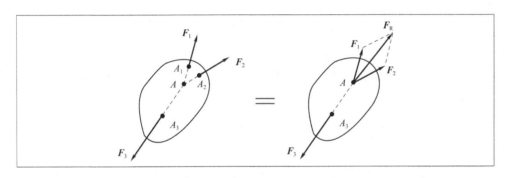

图2.1.12 三力平衡汇交证明

三、约束与约束反作用力

在工程结构中,每一构件都根据工作要求以一定的方式和周围的其他构件相互联系着,它的运动因而受到一定的限制。一个物体的运动受到周围物体的限制时,这些周围物体称为该物体的**约束**。**工程中常见的约束类型有柔性约束、光滑面约束、铰链约束和固定端约束。**

约束给被约束物体的力,称为约束反力,简称反力。约束反力的作用点就是约束与被约束物体的相互接触点,**约束反力的方向总是与约束所能限制的运动方向相反**。

在物体上,除约束反力以外的力,即能主动引起物体运动或使物体产生运动趋势的力,称为主动力。例如,重力、风力、水压力等都是主动力。主动力在工程中也称为载荷。

(一)柔性约束

由线绳、链条、传动带等柔性物体所形成的约束称为柔性约束,约束反力常

用符号 F_T 表示。如图 2.1.13a) 中链条 AB、AC 分别作用于铁环 A 的拉力 F_{T1}、F_{T2} 以及链条 AB、AC 分别作用于减速箱盖上 B、C 点的拉力 F'_{T1}、F'_{T2}，图 2.1.13b) 中皮带对皮带轮的拉力 F_{T1}、F'_{T1}、F_{T2}、F'_{T2} 均属于柔性约束反力。

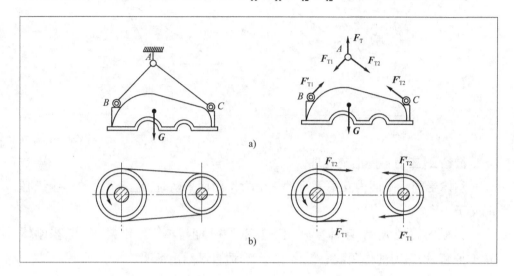

图 2.1.13　柔性约束

柔性约束只能受拉而不能受压，即只能限制物体沿绳索伸长方向的运动。约束反力的方向沿着柔性约束本身方向，背离物体，作用在连接点。

对于球形物体，单独悬挂，平衡时约束反力必通过球心，否则不能平衡。

(二) 光滑面约束

两个相互接触的物体，摩擦不计，这种光滑面接触所构成的约束称为光滑面约束。

光滑面约束不能受拉只能受压。只能限制物体在接触区沿约束被压入方向的运动。约束的接触区称为"支承面"。光滑接触面的约束反力必过接触点沿接触面的法线指向物体，通常用 F_N 表示，如图 2.1.14 所示。

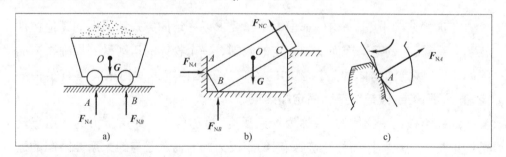

图 2.1.14　光滑面约束

(三) 铰链约束

物体经铰链连接构成的约束，称为铰链约束，如图 2.1.15 所示。铰链约束分为固定铰链约束、活动铰链约束和中间铰链约束。

1. 固定铰链约束

若相连的两个构件中，有一个是固定的，称为固定铰链约束，固定的构件称

动画：铰链

为支座,如图 2.1.16 所示。例如,门和门框的连接属于固定铰链约束。

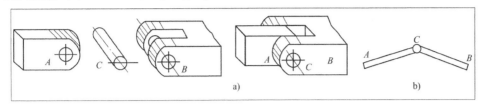

图 2.1.15 铰链约束

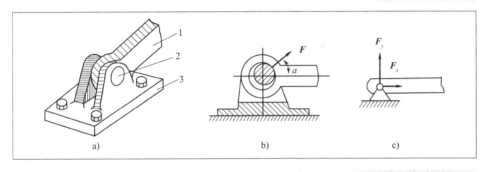

图 2.1.16 固定铰链约束

1-活动构件;2-销轴;3-固定构件

固定铰链约束限制杆件在平面内的任何移动,但不限制杆件绕铰链中心转动。其约束反力是销轴圆柱面上某一点给杆件的反力 F,沿圆弧接触面公法线指向杆件(过中心)。因接触点位置不同而使 F 方向不定,通常用通过铰链中心的两个分力的形式 F_x 和 F_y 表示。

2. 活动铰链约束

在固定铰链支座下面装上几个辊轴,使它能在支承面上任意移动,就构成了活动铰支座,如图 2.1.17 所示。

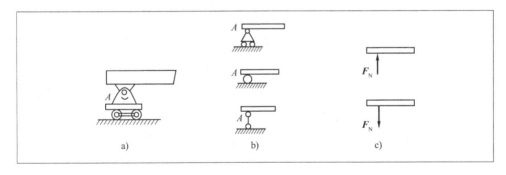

图 2.1.17 活动铰链约束

活动铰链约束只限制杆件沿支承面的垂直方向的运动,不限制沿支承面平行的方向的运动,当然也不限制绕中心转动。其约束反力垂直于支承面,通过铰链中心。至于指向,可向"上",也可向"下",通常用 F_N 来表示。

3. 中间铰链约束

若铰链相连的两个构件均无固定,则称为中间铰链,简称铰,如图 2.1.18 所示。例如,剪刀的两个刀片的连接就属于中间铰链约束。通常在两个构件连接处用一个小圆圈表示铰链。

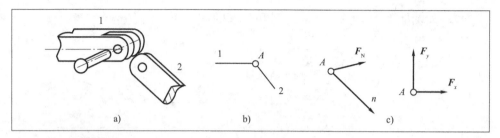

图 2.1.18 中间铰链约束

中间铰链约束与固定铰链支座约束特点相同。约束反力与固定铰链约束反力也相同,通常用两个通过铰心的正交力 F_x、F_y 来表示。

(四)固定端约束

物体的一部分固嵌于另一物体所构成的约束称为固定端约束。外伸房屋的阳台、装卡加工用刀具的刀架、三爪卡盘对圆柱工件的约束都是固定端约束,如图 2.1.19a)所示。

固定端约束限制物体在约束处沿任何方向的移动和转动,如图 2.1.19b)所示。约束反力一般可用两个大小未知的正交约束分力 F_{Ax}、F_{Ay} 和一个约束力偶 M_A 来表示,如图 2.1.19c)所示。

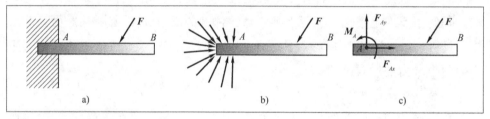

图 2.1.19 固定端约束

四、物体的受力分析

为了表示物体的受力情况,需要把被研究的物体从所受的约束中分离出来,单独画它的简图,再画上所有的主动力和约束反力。

被解除约束后的物体叫**分离体**。在分离体上画上物体所受的全部主动力和约束反力,此图称为研究对象的**受力图**。

画受力图的基本步骤一般为:

(1)选研究对象,取分离体。

按问题的条件和要求,确定研究对象(它可以是一个物体,也可以是几个物体的组合或整个系统),解除与研究对象相连接的其他物体的约束,用箭头表示其形状特征。

(2)画出该分离体上所受主动力。

(3)画出约束反力。

在解除约束的位置,根据约束的不同类型,画出相应的约束反力。约束反力要按约束的性质画,要注意二力平衡条件和三力平衡汇交定理的应用。注意内力一定不要在受力图上出现。

【随堂巩固 2.1.1】 如图 2.1.20a)所示的均质圆球,重为 G,用绳系上,并靠于光滑斜面上,试分析受力情况,并画出受力图。

解：

①确定球为研究对象。

②作用在球上的力有三个,重力 G、绳的拉力 F_T、斜面的约束反力 F_N。

③根据分析,画出所有的力,球受 G、F_T、F_N 作用而平衡,其作用线相交于球心 O 点,如图 2.1.20b)所示。

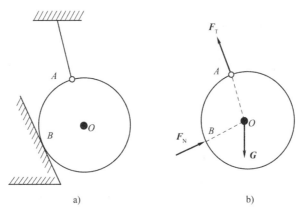

图 2.1.20 圆球的受力分析

【随堂巩固 2.1.2】 如图 2.1.21a)所示,三角架由 AB、BC,两杆用铰链连接而成,销 B 处悬挂重量为 G 的重物,A、C 两处用铰链与墙固连,不计杆的自重,试分别画出杆 AB、BC,销 B 及系统 ABC 的受力图。

解：

①首先,分别以杆 AB 和 BC 为研究对象,画受力图。

两个杆不计自重,是二力杆,暂设 AB 杆受拉,则 BC 杆受压,两杆的受力图如图 2.1.21b)和图 2.1.21c)所示。

②以销 B 为研究对象,画受力图,如图 2.1.21d)所示。

③以系统(整体)为研究对象,画受力图,如图 2.1.21e)所示。

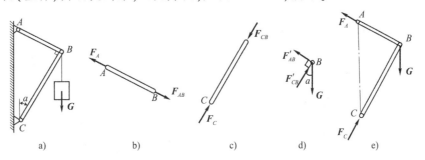

图 2.1.21 三角架的受力分析

【随堂巩固 2.1.3】 如图 2.1.22a)所示,水平梁 AB 两端由固定铰链支座和活动铰链支座支承,在 C 处作用一力 F,若梁不计自重,试画出梁 AB 的受力图。

解:

①取 AB 梁为研究对象。

②主动力有 F;B 处为活动铰链约束,约束反力为 F_{NB};A 处为固定铰链约束,约束反力有 F_{Ax} 和 F_{Ay},如图 2.1.22b)所示。

③根据三力汇交定理,确定反力 F_A 沿 A、D 连线,如图 2.1.22c)所示。

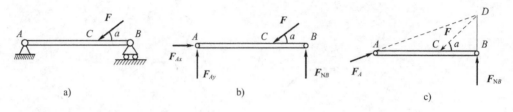

图 2.1.22 梁的受力分析

※ **任务分析**

图 2.0.1b)中的车轴,其形状为左右对称的结构,左右两侧的轴颈处安装滚动轴承,此处要承受车体重量和载重量;防尘板座处安装防尘挡圈;左右两侧的轮座处安装轮对,此处要承受地面给轮对的作用力。车轴在这些力的作用下受力平衡。

※ **任务实施**

请大家根据上面的任务分析,在图 2.1.23 中完成车轴的受力分析,车体重量和载重量的和用 G_1 表示,轴自身重量用 G_2 表示,地面给两侧车轮的作用力用 F 表示。

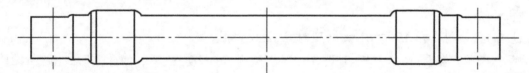

图 2.1.23 车轴的受力分析

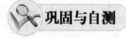 巩固与自测

一、选择题

1.力的可传性原理( )。

　A.适用于刚体　　　　　　　　B.适用于刚体和弹性体

　C.适用于所有物体　　　　　　D.只适用于平衡的刚体

2.作用和反作用定律的适用范围是( )。

　A.适用于刚体

B. 只适用于变形体

C. 只适用于处于平衡状态的物体

D. 适用于任何物体

二、判断题

1. 凡是受两个力作用的刚体都是二力构件。（　　）

2. 力的三要素是力的大小、方向、作用线。（　　）

3. 作用力和反作用力必须大小相等、方向相反，且作用在同一直线上和同一物体上。（　　）

三、画图题

1. 画出题图 2.1.1 中节点 A、B 的受力图。

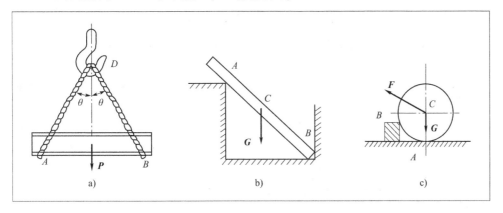

题图 2.1.1

2. 画出杆 AB 的受力图。

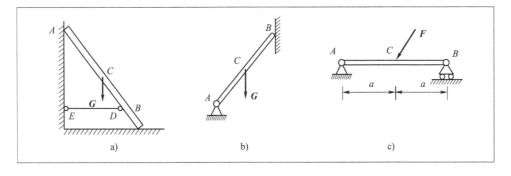

题图 2.1.2

任务2.2　平面力系的平衡分析

 知识目标

1. 掌握平面汇交力系、平面平行力系、平面任意力系的平衡条件和平衡方程。

2. 掌握力在直角坐标上的投影的计算方法。

3. 掌握力矩和力偶的受力特点和计算方法。

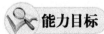 能力目标

1. 会进行力偶和力矩的计算。

2. 能够熟练地计算力在直角坐标上的投影。

3. 能够熟练应用平面汇交力系、平面平行力系、平面任意力系的平衡条件解决工程实际问题。

 素质目标

1. 通过理解力系平衡的条件,学会用辩证思维看待世界。

2. 通过分析平面力系的平衡在工程中的应用,增强安全生产的意识。

任务引入

某城市轨道交通车辆车轴的尺寸如图2.2.1所示,已知车体的重量为150kN,载重量150kN,轴自身的重量为80kN,任务2.1中我们已经对车轴进行了受力分析并画出了受力图,请利用平面力系平衡的知识,判断该力系的类型,并求出车轮处的地面对其的支承力。

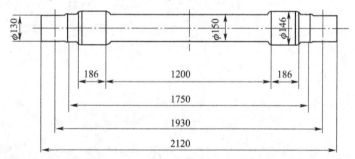

图2.2.1 车轴尺寸

若力系中各力的作用线在同一平面内,该力系称为**平面力系**。根据平面力系中各力作用线的分布不同可分为**平面汇交力系**(各力的作用线汇交于一点)、**平面力偶系**(仅由力偶组成)、**平面平行力系**(各力的作用线相互平行)和**平面任意力系**(各力的作用线在平面内任意分布)。

一、平面汇交力系的平衡

平面汇交力系的平衡方程:

$$\begin{cases} \sum F_x = 0 \\ \sum F_y = 0 \end{cases} \quad (2.2.1)$$

用式(2.2.1)可求解未知量不多于两个的平面汇交力系的平衡问题。

【随堂巩固 2.2.1】 如图 2.2.2a)所示,平面刚架在 C 点处受一水平力 F 作用,$F = 20\text{kN}$,不计自重,求刚架铰链支座 A 和活动铰链支座 B 处的约束反力。

解：

(1) 取刚架为研究对象,画受力图如图 2.2.2b)所示。

(2) 选取坐标系,如图 2.2.2b)所示。F_A 与 x 轴夹角为 α。

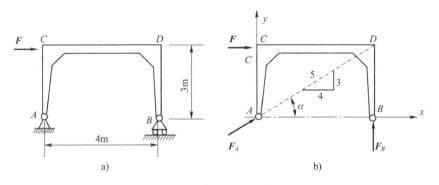

图 2.2.2 刚架受力分析

(3) 列方程：

$$\sum F_x = 0, F + F_A\cos\alpha = 0$$

$$\sum F_y = 0, F_B + F_A\sin\alpha = 0$$

所以,$F_A = -\dfrac{F}{\cos\alpha} = -\dfrac{5}{4}F = -\dfrac{5}{4} \times 20 = -25(\text{kN})$（负号表示 F_A 的假设方向与实际方向相反）。

所以,$F_B = -F_A\sin\alpha = (-25) \times \dfrac{3}{5} = 15(\text{kN})$。

【随堂巩固 2.2.2】 如图 2.2.3a)所示,重物 $G = 20\text{kN}$,用钢丝绳挂在支架的滑轮上,钢丝绳的另一端绕在绞车 D 上,杆 AB 与 BC 铰接,并与铰链 A、C 与墙铰接。如果两杆和滑轮重量不计,求:杆 AB 和 BC 所受的力。

(1) 取研究对象:杆 AB、杆 BC。杆 AB、杆 BC 均为二力杆。

(2) 画受力图,选坐标系,如图 2.2.3b)、图 2.2.3c)所示。

(3) 列方程。

$$\sum F_x = 0, -F_{BA} + F_1\cos60° - F_2\cos30° = 0$$

$$\sum F_y = 0, F_{BC} - F_1\cos30° - F_2\cos60° = 0$$

所以,$F_{BA} = -0.366G = -0.366 \times 20 = -7.32(\text{kN})$。

所以,$F_{BC} = 1.366G = 1.366 \times 20 = 27.32(\text{kN})$。

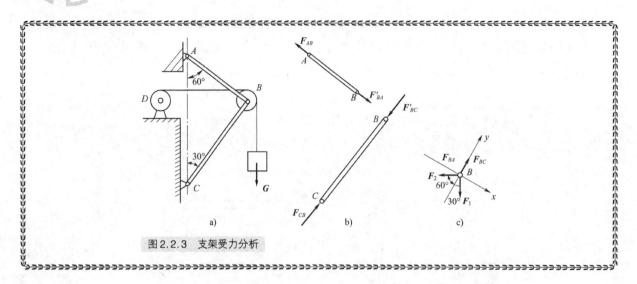

图2.2.3 支架受力分析

二、力矩和平面力偶系

(一)力对点之矩

1. 力矩

图片:力矩实例

力不仅可以改变物体的移动状态,而且还能改变物体的转动状态。力使物体绕某点转动的力学效应,称为力对该点之矩。比如用扳手转动螺母(图2.2.4a),力 F 使扳手连同螺母绕螺母中心 O 转动。用羊角锤拔钉子(图2.2.4b)也具有类似的性质。

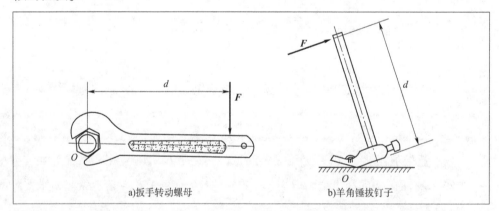

图2.2.4 力对点之矩

平面上的力 F 使物体绕 O 点产生的转动效应称为力矩。O 点为矩心,d 为力臂。

$$M_O(F) = \pm F \cdot d \quad (2.2.2)$$

"±"表示力矩的转向,一般规定:**力使物体绕矩心做逆时针方向转动时,力矩为正,反之为负**。显然,同一个力对不同点的力矩一般是不同的,因此,表示力矩时必须标明矩心。力矩的单位为 N·m 或 kN·m。

由式(2.2.2)可知:

(1) 当力 F 沿其作用线移动时,对矩心 O 点的力矩 $M_O(F)$ 保持不变。

（2）当力 F 的作用线通过矩心 O 时，力矩为零；反之，当力矩为零时，力 F（不为零）的作用线必过矩心 O 点。

【随堂巩固 2.2.3】 如图 2.2.5 所示，作用于齿轮的啮合力 $F_n = 1000\text{N}$，齿轮分度圆直径 $d = 160\text{mm}$，压力角 $\alpha = 20°$。求啮合力对轮心 O 点之矩。

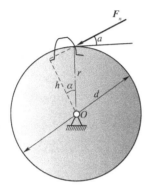
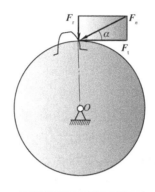

图 2.2.5 齿轮啮合力矩

解：$M_O(F_n) = F \cdot \dfrac{d}{2}\cos\alpha = 1000 \times \dfrac{160 \times 10^{-3}}{2}\cos 20° = 75.2(\text{N} \cdot \text{m})$

2. 合力矩

合力矩为合力对任一点之矩，等于该力系中各分力对同一点之矩的代数和，即：

$$M_O(F) = \sum M_O(F_i) = M_O(F_1) + M_O(F_2) + \cdots + M_O(F_n) \quad (2.2.3)$$

式(2.2.3)称为合力矩定理。

（二）平面力偶

1. 力偶和力偶矩

1）力偶

如图 2.2.6 所示，大小相等，方向相反，作用线平行但不重合的两个力组成的力系，称为力偶。记作 (F, F')。两平行力所在的平面称为力偶的作用面。例如，用双手转动转向盘时 (F_1, F_1') 即为力偶。两力间的距离称为力偶臂。

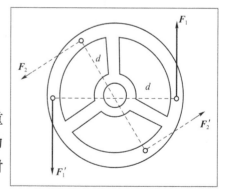

图 2.2.6 用双手转动转向盘

2）力偶矩

一个力偶在任何情况下都不能与一个力等效，当然也不可能被一个力平衡，所以力偶对物体的作用只能产生转动效应，而不会产生移动效应。

力偶对物体的转动作用，用力偶矩表示。力偶 (F, F') 的力偶矩，以符号 $M(F, F')$ 表示，或简写为 M。

$$M(F, F') = M = \pm Fd \quad (2.2.4)$$

式中,"±"表示力偶的转向,一般规定,力偶逆时针方向转动时取正号,顺时针方向转动时取负号(图2.2.7)。力偶的单位为 N·m 或 kN·m。

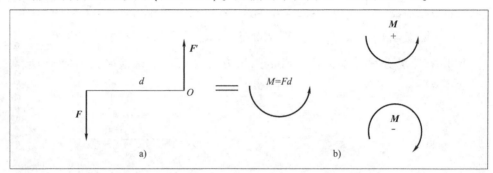

图2.2.7　平面力偶

力对刚体的作用会产生移动和转动两种效应,但力偶对刚体仅仅会产生转动效应。转动效应的度量取决于**力偶的三要素**:力偶矩的大小、力偶的转向、力偶作用面的方位。凡是三要素相同的力偶彼此等效。

2. 力偶的基本性质

(1)力偶中两个力在力偶的作用平面内任一坐标轴上的投影的代数和等于零(图2.2.8),因而**力偶无合力**。力偶对刚体的移动不会产生任何影响。

(2)力偶对其作用面内任意点之矩恒等于其力偶矩,与矩心的位置无关。

证明:如图2.2.9所示,设有力偶作用在物体上,求力偶对其作用面上任意点 O 之矩。

$$M_O(F) + M_O(F') = F(x+d) - F' \cdot x = F \cdot d$$

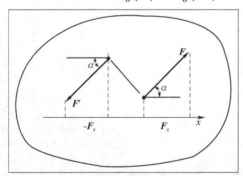

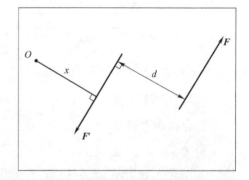

图2.2.8　力偶在坐标轴上的投影　　　图2.2.9　力偶对作用面内任一点之矩的证明

(3)力偶不能用一个力来代替,也不能用一个力来平衡,力偶只能用力偶来平衡。

力、力矩和力偶的区别和联系:

(1)力和力偶是力学中的两个基本量,不能互相代替;

(2)力矩和力偶都能使物体的转动状态发生改变;

(3)力矩对物体的转动效应与矩心的位置有关;力偶对其作用面内任一点的矩为常数,且恒等于其自身力偶矩。

3. 平面力偶的等效定理

作用在物体上的力偶,如果用另一力偶来代替而不改变它对物体的作用,这两个力偶称为等效力偶。

两个在同一平面内的力偶,如果其力偶矩大小相等,转向相同,则两力偶彼此等效。

(1)力偶可以在它的作用面内任意移动和转动,而不改变它对物体的作用效果。

(2)同时改变力偶中力的大小和力偶臂的长短,只要保持力偶矩的大小和力偶的转向不变,就不会改变力偶对物体的作用效果,如图 2.2.10 所示的三个力偶是等效的。

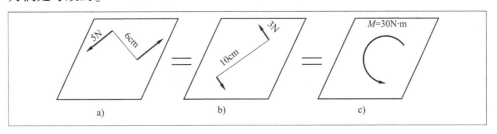

图 2.2.10　等效力偶

(三)平面力偶系的平衡

1.平面力偶系的合成

平面力偶系合成的结果为合力偶,合力偶等于平面力偶系中各力偶矩的代数和。记作 $\sum M_i$,即

$$M = M_1 + M_2 + M_3 + \cdots + M_n = \sum M_i \quad (2.2.5)$$

2.平面力偶系的平衡条件

平衡的必要与充分条件:所有力偶矩的代数和等于零,即

$$M = \sum M_i = 0 \quad (2.2.6)$$

【随堂巩固 2.2.4】　用多孔钻床在水平放置的工件上同时钻四个直径相同的孔(图 2.2.11),设每个钻头的切削刃作用于工件上的切削力偶矩的大小为 $M_1 = M_2 = 13.5 \text{N} \cdot \text{m}$, $M_3 = 17 \text{N} \cdot \text{m}$,求合力偶矩。如果工件用两个螺钉固定,$A$ 和 B 之间的距离为 0.2m。求:两个螺钉的受力。

解:

(1)合力偶矩:

$$M = \sum M_i = -M_1 - M_2 - M_3 = -13.5 - 13.5 - 17 = -44$$

$(\text{N} \cdot \text{m})$(负号说明合力偶矩为顺时针方向)

(2)求螺钉的受力。

$$\sum M_i = 0, F_A \cdot l - M_1 - M_2 - M_3 = 0$$
$$F_A = (M_1 + M_2 + M_3)/l = 44/0.2 = 220(\text{N})$$

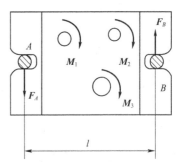

图 2.2.11　多孔钻床受力分析

(四)力的平移定理

作用在物体上的力 F 可以从它的作用点平移到任一指定点,但必须同时附加一力偶,此附加力偶的矩等于原来的力 F 对新作用点的矩。

即:$M = M_O(F) = Fd$

式中:d——附加力偶的力偶臂。

证明:

(1)在刚体上任意取一点 B。

(2)在 B 点上加一对平衡力 F' 和 F'',并且保证 F' 和 F'' 与力 F 平行且大小相等,即 $F' = F'' = F$。

(3)由图 2.2.12 可知,由 F、F'、F'' 组成的新力系和原来的一个力 F 等效,可看作是一个作用于 B 点的力 F' 和一个力偶 $M(F,F'')$。

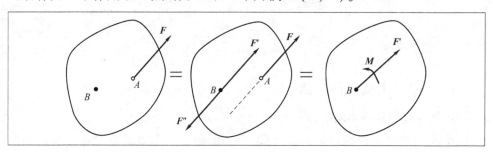

图 2.2.12 力的平移

想一想

实际生产中钳工用丝锥攻螺纹,为什么要用双手而不能用单手攻丝?单手攻丝丝锥容易断,请解释造成这一现象的原因。

三、平面平行力系的平衡

在平面力系中,若各力的作用线互相平行,该力系称为平面平行力系。平面平行力系是平面任意力系的特殊情况。

平面平行力系的平衡方程:

$$\begin{cases} \sum F_x = 0 \text{ 或 } \sum F_y = 0 \\ \sum M_O(F) = 0 \end{cases} \quad (2.2.7)$$

※ 任务分析

由任务 2.1 可画出图 2.2.1 中车轴的受力图,如图 2.2.13 所示,轴所受的所有力都在同一平面内,且各力的作用线均互相平行,故该力系为平面平行力系。由式(2.2.7)可列出车轴的受力平衡方程,并计算出力 F 的大小。

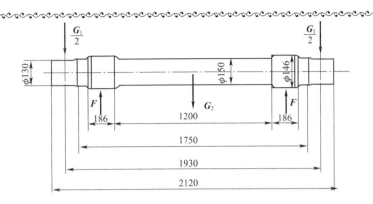

图 2.2.13 车轴的受力分析

※ **任务实施**

请大家根据上面的任务分析,由式(2.2.7)可列出车轴的受力平衡方程,并计算出力 F 的大小。

参考答案:$F = 190$kN。

四、平面任意力系的平衡

工程上把作用在物体上的力的作用线都在同一个平面内,且成任意分布状态的力系,称为平面任意力系。

1. 平面任意力系平衡条件

力系中所有的力,在两个不同方向的坐标轴 x、y 上投影的代数和等于零,力系中所有的力对平面内任意一点 O 的力矩代数和为零。即:

$$\begin{cases} \sum F_x = 0 \\ \sum F_y = 0 \\ \sum M_O(F) = 0 \end{cases} \quad (2.2.8)$$

上式为平面任意力系的平衡方程。两个投影式,一个力矩式,这是平面任意力系的基本形式。

2. 二力矩式平衡方程

$$\begin{cases} \sum F_x = 0 \text{ 或 } \sum F_y = 0 \\ \sum M_A(F) = 0 \\ \sum M_B(F) = 0 \end{cases} \quad (2.2.9)$$

注意:其中 A、B 两点的连线不能与各力 F 平行。

3. 三力矩式平衡方程

$$\begin{cases} \sum M_A(F) = 0 \\ \sum M_B(F) = 0 \\ \sum M_C(F) = 0 \end{cases} \quad (2.2.10)$$

注意:A、B、C 三点不能于同一条直线上。

【随堂巩固 2.2.5】 起重机的水平梁 AB 的 A 端以铰链铰接,B 端用拉杆 BC 拉住。已知:梁重 G=4kN,载荷 G_1=10kN,梁的尺寸如图 2.2.14a)所示,求拉杆的拉力和铰链 A 的约束反力。

解:

(1) 取 AB 梁为研究对象。

(2) 画受力图,如图 2.2.14b)所示。

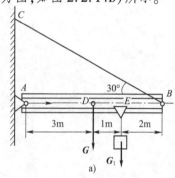
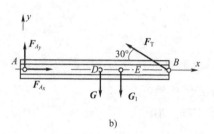

图 2.2.14 起重机水平梁的受力分析

(3) 列平衡方程。

$$\sum F_x = 0, F_{Ax} - F_T \times \cos 30° = 0$$

$$\sum F_y = 0, F_{Ay} + F_T \times \sin 30° - G - G_1 = 0$$

$$\sum M_O(F) = 0, F_T \times AB \times \sin 30° - G \times AD - G_1 \times AE = 0$$

(4) 解方程。

$$F_T = (G \times AD + G_1 \times AE)/(AB \times \sin 30°) = 17.33 (\text{kN})$$

$$F_{Ax} = F_T \cos 30° = 15.01 (\text{kN})$$

$$F_{Ay} = -F_T \sin 30° + G + G_1 = 5.34 (\text{kN})$$

【随堂巩固 2.2.6】 如图 2.2.15a)所示,车刀的刀杆夹持在刀架上,形成固定端约束,已知:长度 l=60mm,F=5.2kN,α=25°。试求:固定端的约束反力。

解:

取车刀为研究对象,画受力图,如图 2.2.15b)所示。

$$\sum F_x = 0, -F\sin 25° + F_{Ax} = 0$$

$$\sum F_y = 0, -F\cos 25° + F_{Ay} = 0$$

$$\sum M_A(F) = 0, M_A - Fl\cos 25° = 0$$

解得:

$$F_{Ax} = F\sin 25° = 5.2 \times 0.4226 \approx 2.2 (\text{kN})$$

$$F_{Ay} = F\cos25° = 5.2 \times 0.906 \approx 4.7 (\text{kN})$$

$$M_A = Fl\cos25° = 5.2 \times 10^3 \times 0.06 \times 0.906 \approx 283 (\text{N·m})$$

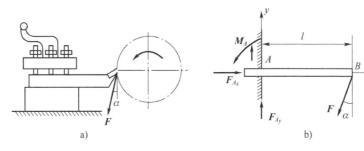

图 2.2.15 固定端约束受力分析

【随堂巩固 2.2.7】 如图 2.2.16a)所示,支架的横梁 AB 与斜杆 DC 以铰链连接,并连接于墙上,已知:$AC = CB$,杆 DC 与水平面夹角成 $45°$,载荷 $F = 10\text{kN}$,作用于 B 处,各杆自重不计。试求:铰链 A 的约束反力和杆 DC 所受的力。

解:

(1)取 AB 为研究对象,画受力图,如图 2.2.16b)所示。

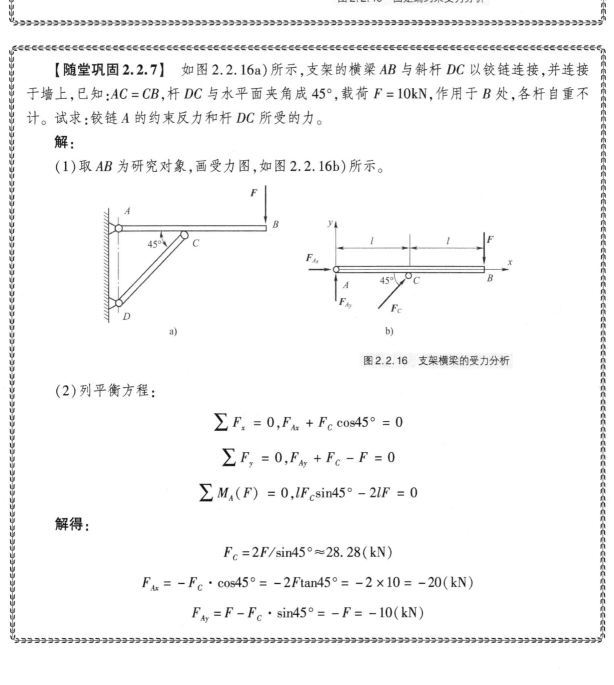

图 2.2.16 支架横梁的受力分析

(2)列平衡方程:

$$\sum F_x = 0, F_{Ax} + F_C\cos45° = 0$$

$$\sum F_y = 0, F_{Ay} + F_C - F = 0$$

$$\sum M_A(F) = 0, lF_C\sin45° - 2lF = 0$$

解得:

$$F_C = 2F/\sin45° \approx 28.28 (\text{kN})$$

$$F_{Ax} = -F_C \cdot \cos45° = -2F\tan45° = -2 \times 10 = -20 (\text{kN})$$

$$F_{Ay} = F - F_C \cdot \sin45° = -F = -10 (\text{kN})$$

巩固与自测

一、判断题

1. 力矩为零时表示力作用线通过矩心或力为零。（　）
2. 力 F 在 x 轴方向的分力为零，则力 F 对坐标原点的力矩为零。（　）
3. 力偶对其作用面内任一点之矩都恒等于力偶矩。（　）
4. 因为构成力偶的两个力满足 $F = F'$，所以力偶的合力等于零。（　）
5. 平面上一个力和一个力偶可以简化成一个力。（　）
6. 如果某平面力系由多个力偶和一个力组成，该力系一定不是平衡力系。（　）

二、选择题

1. 三力平衡定理是（　　）。
   A. 共面不平行的三个力互相平衡必汇交于一点
   B. 共面的三力若平衡，必汇交于一点
   C. 三力汇交于一点，则这三个力必互相平衡
   D. 此三个力必定互相平行

2. 题图 2.2.1 所示的两个楔块 A、B 在 $m—m$ 处光滑接触，现在其两端沿轴线各加一个大小相等、方向相反的力，则两个楔块的状态为（　　）。

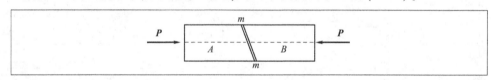

题图 2.2.1

A. A、B 都不平衡　　　　B. A 平衡、B 不平衡
C. A 不平衡、B 平衡　　　　D. A、B 都平衡

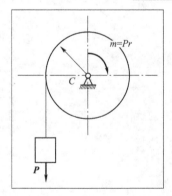

题图 2.2.2

3. 如题图 2.2.2 所示，半径为 r 的鼓轮，作用力偶 m 与鼓轮左边重 P 的重物使鼓轮处于平衡，轮的状态表明（　　）。
   A. 力偶可以与一个力平衡
   B. 力偶不能与力偶平衡
   C. 力偶只能与力偶平衡
   D. 一定条件下，力偶可以与一个力平衡

4. 题图 2.2.3 所示的四个力偶中，（　　）是等效的。

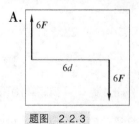
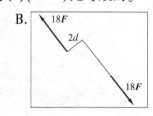

题图 2.2.3

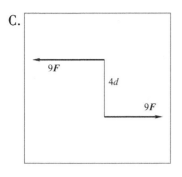
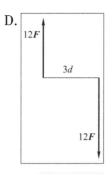

题图 2.2.3

5. 一刚体上只有两力 F_A、F_B 作用，且 $F_A + F_B = 0$，则此刚体（　　）。
   A. 一定平衡　　　　　　　　B. 一定不平衡
   C. 平衡与否不能判定　　　　D. 以上都不对

6. 一刚体上只有两个力偶 M_A、M_B 作用，且 $M_A + M_B = 0$，则此刚体（　　）。
   A. 一定平衡　　　　　　　　B. 一定不平衡
   C. 平衡与否不能判定　　　　D. 以上都不对

三、计算题

1. 杆 AB 的支座和受力如题图 2.2.4 所示，若力偶矩 M 的大小为已知，求支座的约束反力。

2. 题图 2.2.5 所示三角支架由杆 AB，AC 铰接而成，在 A 处作用有重力 G，求出图中 AB、AC 所受的力（不计杆自重）。

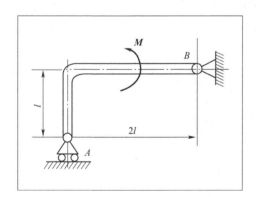
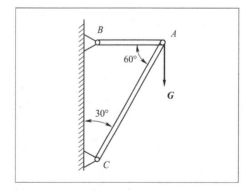

题图 2.2.4　　　　题图 2.2.5

3. 构件的支承及载荷如题图 2.2.6 所示，求支座 A、B 处的约束力。

4. 题图 2.2.7 中，已知 $F = 6\text{kN}$，试求梁的支座反力。

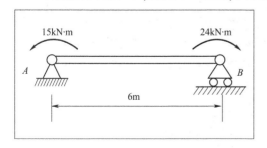
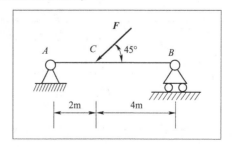

题图 2.2.6　　　　题图 2.2.7

任务 2.3　空间力系的平衡分析

知识目标

1. 掌握空间力系的简化方法。
2. 掌握空间力系平衡方程的建立方法。

能力目标

1. 能够进行空间力系沿坐标轴进行分解与投影。
2. 能够应用空间力系平衡方程解决工程实际问题。

素质目标

通过将平面力系的知识应用于空间力系,培养知识迁移能力。

任务引入

如图 2.3.1a)所示,手作用在门把手上的力为 F,该力可以分解成三个相互垂直的空间力 F_x、F_y、F_z(图 2.3.1b)。请分析,在该实例中,三个分力是如何分解得到的? 在这三个分力的作用下门的受力情况如何?

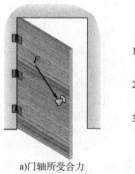
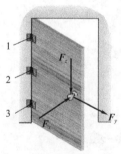

a)门轴所受合力　　b)门轴所受力的分解

图 2.3.1　门轴的受力

作用在物体上各力的作用线不在同一平面内时,该力系称为**空间力系**。按各力的作用在空间的位置关系,空间力系可分为空间汇交力系、空间平行力系和空间任意力系,前面介绍的各种力系都是空间力系的特例。

一、力沿空间直角坐标轴的分解与投影

为了分析空间力对物体的作用,有时需要将力沿空间直角坐标轴分解。例

如,要了解作用在斜齿轮上的力 F_n 对齿轮轴的作用时,就需要将该力分解为沿齿轮的圆周方向、径向和轴向三个分力 F_t、F_r 和 F_a,如图 2.3.2 所示。下面讨论将一个空间力分解为三个相互垂直的分力的方法。

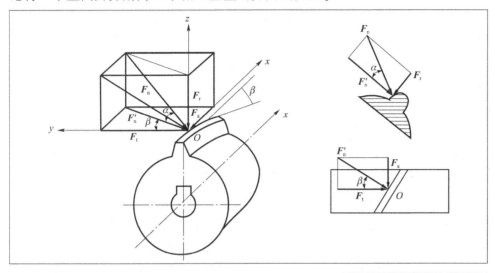

图 2.3.2 斜齿轮的受力分析

已知作用在物体上的力 F,过其作用点建立空间直角坐标系如图 2.3.3 所示,力 F 与 z 轴的夹角为 γ,力 F 与 z 轴所决定的平面与 x 轴的夹角为 φ。求力 F 沿 x、y 和 z 轴的分力。

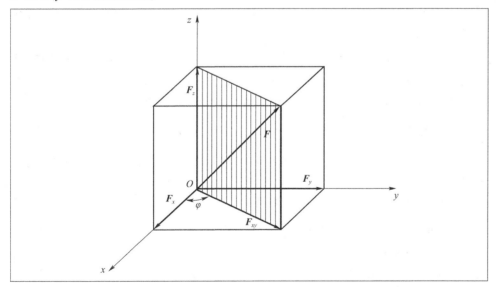

图 2.3.3 空间直角坐标系

先将力 F 分解为沿 z 轴方向和在 xOy 平面内的两个分力 F_z 和 F_{xy},再将 F_{xy} 分解为沿 x 轴和 y 轴方向的分力 F_x 和 F_y,则 F_x、F_y 和 F_z 就是力 F 沿空间直角坐标轴的三个相互垂直的分力。其大小就是力 F 在三个坐标轴上的投影,即

$$\left.\begin{aligned} F_z &= F\cos\gamma \\ F_{xy} &= F\sin\gamma \\ F_x &= F_{xy}\cos\varphi = F\sin\gamma\cos\varphi \\ F_y &= F_{xy}\sin\varphi = F\sin\gamma\sin\varphi \end{aligned}\right\} \quad (2.3.1)$$

二、空间任意力系的平衡方程及应用

与平面任意力系相同,可依据力的平移定理,将空间任意力系简化,找到与其等效的主矢和主矩,当二者同时为零时力系平衡。此时所对应的平衡条件应为

$$\left.\begin{array}{l}\sum F_x = 0, F_y = 0, F_z = 0 \\ \sum M_x(F) = 0, \sum M_y(F) = 0, \sum M_z(F) = 0\end{array}\right\} \quad (2.3.2)$$

上式表明,空间任意力系平衡的充要条件是:各力在三个坐标轴上的投影的代数和以及各力对此三轴之矩的代数和都等于零。式中前三个方程表示刚体不能沿空间坐标轴 x、y、z 移动;后三个方程表示刚体不能绕 x、y、z 三轴转动。式(2.3.2)有六个独立的平衡方程,可以解六个未知量。

为避免求解联立方程,可灵活地选取投影轴的方向和矩轴的位置,尽可能地使一个方程中只含一个未知量,使解题过程得到简化。

计算空间力系的平衡问题时,也可将力系向三个坐标平面投影,通过三个平面力系来进行计算,即把空间力系问题转化为平面力系问题的形式来处理。此法称为空间力系问题的平面解法,特别适合解决轴类零件的空间受力平衡问题。

> ※ **任务分析**
>
> 图2.3.1a)中,手作用在门把手上的力 F,可以通过将其分别向空间直角坐标轴 x、y、z 轴上投影,可得到图2.3.1b)所示的三个在空间内相互垂直的力 F_x、F_y、F_z,其大小可根据式(2.3.1)求得。三个力中,只有 F_x 会使门绕门轴发生转动,F_y 和 F_z 对开关门来说,都是无用的甚至是有害的。因此,我们在开关门时,要尽量沿 x 轴方向施力,才不会造成门轴的损坏。
>
> ※ **任务实施**
>
> 请每3~5人一个小组,分别讨论分析在 F_x、F_y、F_z 三个力的作用下,会对门产生什么影响。

巩固与自测

一、判断题

1. 一个力沿任一组坐标轴分解所得的分力的大小和这力在该坐标轴上的投影的大小相等。 (　　)

2. 一个空间力系,若各力作用线平行于某一固定平面,则其独立的平衡方程最多有三个。 (　　)

3.空间汇交力系在任选的三个投影轴上的投影的代数和分别等于零,则该汇交力系一定成平衡。（　　）

4.空间汇交力系的平衡方程只有三个投影形式的方程。（　　）

二、计算题

1.题图 2.3.1 中的转轴中,已知:$Q=4\text{kN}$,$r=0.5\text{m}$,轮 C 与水平轴 AB 垂直,自重均不计。试求平衡时力偶矩 M 的大小及轴承 A、B 的约束反力。

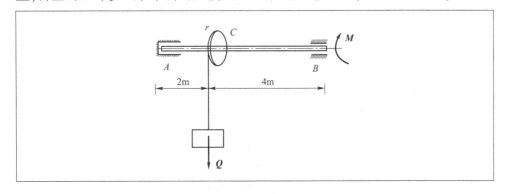

题图 2.3.1

2.题图 2.3.2 所示,力 $F=1\text{kN}$,试求力 F 对 z 轴的矩。

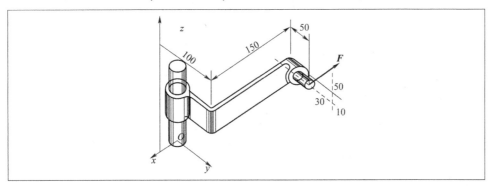

题图 2.3.2

任务2.4　自锁现象分析

知识目标

1.理解滑动摩擦的概念和摩擦力的特征。

2.掌握摩擦角和自锁的概念。

能力目标

1.能求解考虑滑动摩擦时单个物体的平衡问题。

2.能够根据摩擦角的概念分析自锁现象。

素质目标

通过理解摩擦角和自锁的概念,认识到摩擦具有两面性。

任务引入

螺旋千斤顶又称机械式千斤顶,是由人力通过螺旋副传动,螺杆或螺母套筒作为顶举件(图2.4.1)。螺旋千斤顶能长期支持重物,最大起重量已达100t,应用较广泛。普通螺旋千斤顶,不需要制动器,重物也不会下落,这是因为这种能够靠螺纹自锁作用支持重物。请分析什么是自锁现象,在螺旋千斤顶中,满足什么条件可以实现自锁。

图2.4.1 螺旋千斤顶的自锁

在许多工程技术问题中,摩擦是一个不容忽视的因素。这里讨论滑动摩擦的规律以及考虑摩擦时物体的平衡问题。

一、滑动摩擦力

两个相互接触的物体,如果有相对滑动或相对滑动的趋势,在接触面间会产生彼此阻碍滑动的力,这种阻力称为滑动摩擦力,简称摩擦力。

(一)静摩擦力 F_s

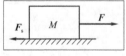

图2.4.2 静摩擦力

如图2.4.2所示,当两个相互接触的物体之间在力 F 的作用下有相对滑动的趋势,而尚未发生相对滑动时产生的摩擦力 F_s,称为静摩擦力。此时,$F_s = F$。静摩擦力的方向与物体相对滑动趋势的方向相反,其大小在 $0 \leq F_s \leq F_{max}$ 的范围内变化,具体数值由物体的平衡条件确定。

(二)最大静摩擦力 F_{max}

当物体处于将要滑动而尚未滑动的临界平衡状态时,摩擦力达到最大值,称为最大静摩擦力 F_{max} 或极限摩擦力。根据库仑静摩擦定律,静摩擦力的最大值与物体对支承面的正压力(法向反力)的大小 N 成正比,即

$$F_{max} = fN \tag{2.4.1}$$

式中:f——静摩擦系数。

它的大小与两接触物体的材料以及接触表面的情况(粗糙度、干湿度、温度等)有关,各种材料在不同表面情况下的静摩擦系数是由试验测定的。

(三)动摩擦力 F_d

当两个相互接触的物体做相对滑动时,在接触面间产生的阻碍相对滑动的力 F_d,称为动滑动摩擦力,简称动摩擦力。

动摩擦力的方向与两接触物体间相对速度的方向相反。动摩擦力 F_d 的大小与两接触物体间的正压力 N(即法向反力)的大小成正比,即

$$F_d = f'N \tag{2.4.2}$$

式中:f'——动摩擦系数。

它与两接触物体的材料及表面情况有关。f' 略小于静摩擦系数 f,由试验测定。

二、摩擦角

当有摩擦时,支承面对物体的约束反力包括法向反力 N 和摩擦力 F,该两力的合力 R 称为支承面对物体的全反力,如图 2.4.3 所示。全反力 R 与接触面法线之间的夹角 φ 为

$$\tan\varphi = \frac{F}{N}$$

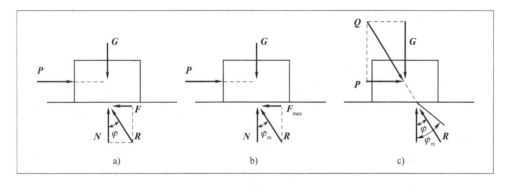

图 2.4.3 摩擦角

当摩擦力 F 达到最大值 F_{max} 时,φ 角也达到最大值 φ_m(图 2.4.2b),于是有下列关系式

$$\tan\varphi_m = \frac{F_{max}}{N} = \frac{fN}{N} = f \tag{2.4.3}$$

φ_m 称为摩擦角。式(2.4.3)表明:摩擦角的正切等于静摩擦系数。

三、自锁条件

当物体处于静止时,静摩擦力总是小于或等于最大摩擦力,即 $F \leq F_{max}$。因而全反力 R 与接触面法线间的夹角 φ 也总是小于或等于摩擦角 φ_m,即

$$\varphi \leq \varphi_m \tag{2.4.4}$$

式(2.4.4)表示物体平衡时全反力的作用线位置应有的范围,即只要全反

力 R 的作用线在摩擦角以内,物体将保持静止而不会滑动。

如果把作用在物体上的主动力 G 和 P 合成为一个合力 Q,Q 与接触面法线间的夹角为 α,如图 2.4.3c)所示。显然,当物体平衡时,Q 与 R 应等值、反向、共线,于是有

$$\alpha = \varphi$$

由图 2.4.3b)、图 2.4.3c)可知,当物体平衡时,应满足下列条件

$$\alpha \leq \varphi_m \tag{2.4.5}$$

这就是说,作用于物体上主动力的合力 Q,不论其大小如何,只要其作用线与接触面的夹角小于摩擦角,物体总能保持静止而不会滑动。这种现象称为**自锁**。这种与主动力大小无关,只与摩擦角有关的平衡条件称为自锁条件。

> ※ **任务分析**
>
> 图 2.4.1 中的螺旋千斤顶,不需要制动器,重物也不会下落,这是因为它是靠螺纹的自锁作用支持重物。自锁现象是指作用于物体的主动力的合力的作用线在摩擦角之内时,无论这个力多大,物体都会保持静止,这种与力大小无关而与摩擦角有关的平衡现象称为自锁现象。
>
> 螺旋千斤顶的工作原理利用的是螺旋副传动,只要保证螺纹的螺旋角小于摩擦角,就可以实现自锁,也就是当使用螺旋千斤顶举起重物时,不需要制动器,重物也不会下落。
>
> 螺旋千斤顶的自锁需要遵循一个前提条件,即在额定负载内运行,如果出现严重的超载行为,螺旋千斤顶的自锁很可能出现失效,螺杆出现逆转或直接将螺纹损坏的情况,所以,规范操作螺旋千斤顶,是保证螺旋千斤顶拥有安全自锁能力的前提。

四、考虑摩擦时物体平衡问题的解法

考虑摩擦时物体的平衡问题和其他平衡问题一样,作用于物体上的力系,包括摩擦力在内,仍须满足平衡条件,在具体解题时应注意以下几点:

(1)画受力图时,要弄清在哪些地方存在摩擦力,并根据物体相对运动的趋势确定摩擦力的方向。

(2)按照题意明确物体是处于平衡的临界状态还是平衡的一般状态。若处于平衡的临界状态,这对摩擦力为最大静摩擦力,其大小为 $F_{max} = fN$;若处于平衡的一般状态,则摩擦力的大小在 $0 \leq F \leq F_{max}$ 范围内变化,具体数值只能由平衡条件来确定。

(3)由于静摩擦力的大小可在 0 到 F_{max} 这一范围内变化,因而物体上的主动力或物体的平衡位置也相应地有一个变化范围,称为平衡范围。为了避免求解不等式的麻烦,这个平衡范围可以通过分析物体的临界平衡状态来确定,为

此,在列出平衡方程以后,还要补充列出 $F_{max}=fN$ 的关系式。

(4)对于有摩擦的三力平衡问题,根据摩擦角的概念和三力平衡汇交定理,用几何法求解较为简便。

【随堂巩固2.4.1】 如图2.4.4a)所示,重量为 $G=100\text{N}$ 的木箱,放在倾斜角度为30°的斜面上,它与斜面的静摩擦系数 $f_s=0.3$,现以平行于斜面的力 F_T 将木箱沿斜面向上拉。试求:力 F_T 至少要多大?

解:

(1)取木箱为研究对象,画受力图,如图2.4.4b)所示。

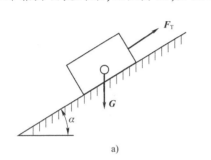 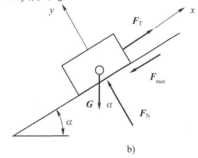

图2.4.4 斜面滑块平衡状态分析

(2)建立坐标系,列方程:

$$\sum F_x = 0, F_T - G\sin30° - F_{max} = 0$$

$$\sum F_y = 0, F_N - G\cos30° = 0$$

因为
$$F_{max} = f_s \times F_N$$

解得:

$$F_N = G\cos30° = 100 \times \cos30° = 86.6(\text{N})$$

$$F_{max} = f_s \times F_N = 0.3 \times 86.6 = 26(\text{N})$$

$$F_T = G\sin30° + F_{max} = 100 \times 0.5 + 26 = 76(\text{N})$$

巩固与自测

一、选择题

1. 如题图2.4.1所示,物体放在斜面上,物体平衡的条件是(　　)。
   A. 物体的重量足够大　　　　　　B. 斜面的倾角 β < 摩擦角
   C. 斜面的倾角 β > 摩擦角　　　　D. 加一个不等于零的水平推力即可

2. 如题图2.4.2所示,物体 A 重量为 P,物体 B 与地面固连,A、B 之间的摩擦角为 φ,欲使物 A 保持平衡,应该满足的条件是(　　)。
   A. $\alpha = 90° - \varphi$　　　　　　B. $\alpha < 90° - \varphi$
   C. $\alpha > 90° - \varphi$　　　　　　D. $\alpha < \varphi$

3.如题图2.4.3所示,物块重50N,在力 Q 作用下静止,物块与铅垂墙面间的静摩擦系数 $f=0.2$。若垂直于物块的压力 $Q=300$N,则物块与墙面之间的摩擦力的大小为(　　)。

A. 60N　　　　B. 50N　　　　C. 10N　　　　D. 40N

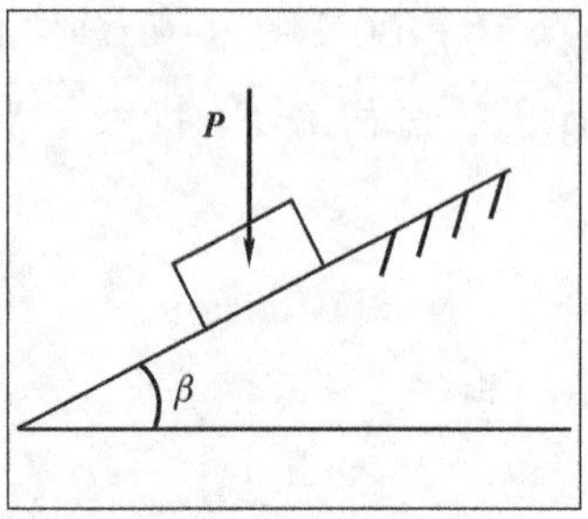

题图 2.4.1 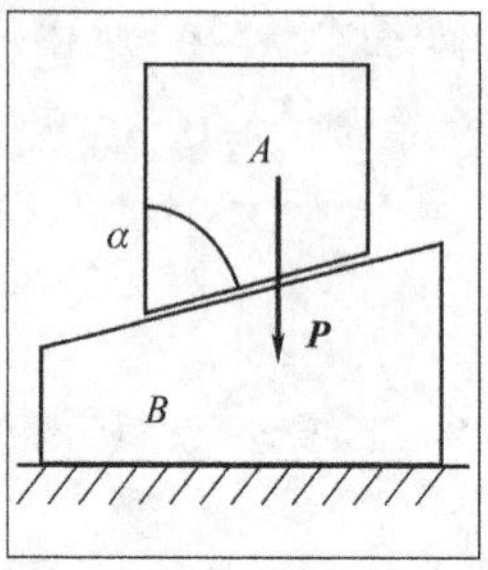　　　　题图 2.4.2 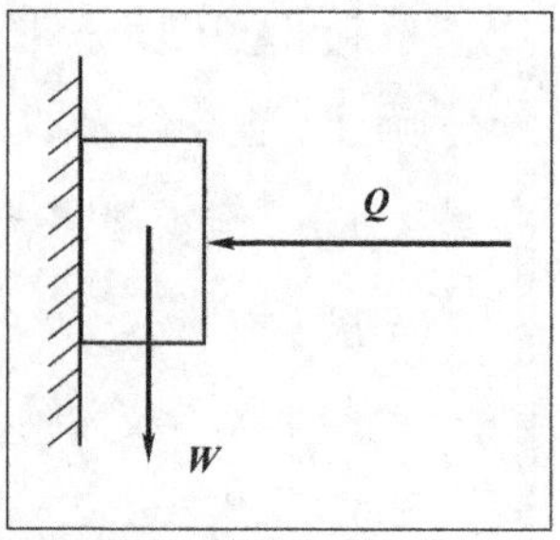　　　　题图 2.4.3

二、简答题

1.什么是摩擦角?

2.什么是自锁现象?列举出几个生活中遇到的利用摩擦角实现自锁的例子。

项目三
零件的变形及强度计算

❖ **案例导学**

建筑与我们的生活息息相关,是人类文明的重要体现。建筑工程的质量直接影响人们的生活水平,优质的工程可以保证人们生活生产的质量,而失败的工程则会造成十分惨重的损失。

塔科马海峡大桥(图3.0.1)是一架巨型悬索桥,它和许多大型桥梁不一样,桥面并未采用桁架支承的结构,其悬索桥的桥梁属性导致它更容易受到风力的影响。塔科马海峡大桥在投入使用4个月零7天之后,就因为强风而从中间断裂。造成事故的主要原因是,由风力引起的晃动使得桥梁出现变形、颤振,同时,在风力影响下,这种形变还产生了周期性的涡流,导致桥梁共振,最后出现垮塌。

图3.0.1 塔科马海峡大桥

▶ **人物榜样**

我国近代力学之父——钱伟长

钱伟长(1912—2010),无锡人,世界著名的科学家、教育家,杰出的社会活动家,中国科学院学部委员,中国民主同盟的卓越领导人,中国科学院资深院士。钱伟长院士兼长应用数学、物理学、中文信息学,著述甚丰——特别在弹性力学、变分原理、摄动方法等领域。

钱老还是世界奇异摄动理论界的创造者,参与创建中国第一个力学研究所,被称为"**中国近代力学之父**"。在正则摄动理论方面创建的以中心挠度为摄动参数作渐近展开的摄动解法,国际力学界称之为"钱伟长方法"。与冯·卡门合作发表《变扭的扭转》,成为国际弹性力学理论的经典之作。在奇异摄动理论方面独创性地提出了有关固定圆板的大挠度问题的渐近解,国际力学界称之为"钱伟长方程"。

为了保证工程结构或零件在载荷的作用下正常工作,要求每个零件应有足够的承受载荷的能力,简称为承载能力。承载能力的大小主要有以下三个方面来衡量。

1. 足够的强度

强度是指零件抵抗破坏的能力。零件能够承受载荷而不破坏,就认为满足了强度要求。

2. 足够的刚度

刚度是指零件抵抗变形的能力。如果零件的变形被限制在允许的范围内,就认为满足刚度要求。

3. 足够的稳定性

稳定性是指零件保持其原有平衡形式(状态)的能力。

为了保证零件正常工作,必须具备以上足够的强度、足够的刚度和足够的稳定性等三个基本要求。

零件受力后,都会发生一定程度的变形。在不同的受载情况下,零件变形的形式也不同。归纳起来,**零件变形的基本形式有四种:轴向拉伸或压缩、剪切或挤压、扭转、弯曲**。其他复杂的变形都可以看成是这几种基本变形的组合。

任务3.1 轴向拉伸和压缩的实用计算

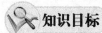 知识目标

1. 掌握杆件变形的基本形式。
2. 掌握轴向拉伸和压缩的概念。
3. 理解内力和应力的概念。

能力目标

1. 会进行轴向拉、压杆件的轴力的计算和轴力图的绘制。
2. 会进行轴向拉、压杆横截面的应力计算和变形计算。

素质目标

通过分析典型安全事故,吸取工程事故案例经验,树立安全意识、责任意识。

一、拉伸和压缩

工程中有许多构件在工作的时候是受拉伸和压缩的,如图 3.1.2 所示的起重机吊架拉杆 AB,在载荷 W 的作用下,AB 杆受到拉伸。图 3.1.3 所示的螺栓连接,当拧紧螺母时,螺栓受到拉伸。

 任务引入

在图 3.1.1 所示的斜拉桥结构中,斜拉索受到轴向拉伸,它的作用有两个:一是把桥身自重及其承担的载荷传递到桥塔上去,二是调整桥身和桥塔的内力分布和线形(结构的几何形状和位置)。因此,斜拉索的拉力大小和分布规律对结构内力和线形起决定性作用。请画出斜拉索的受力情况,分析斜拉索会发生什么样的变形?斜拉索中的内力如何求得?如何对其进行强度计算?

图 3.1.1 斜拉桥

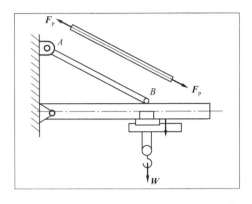
图3.1.2 吊车中的拉杆

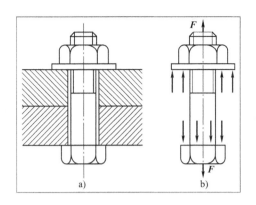
图3.1.3 螺栓的轴向拉伸

受拉伸或压缩的零件大多数是等截面直杆,简称为直杆。其受力特点是作用在杆端的两个外力(或外力的合力)大小相等,方向相反,力的作用线与杆件的轴线重合。其变形特点是杆件沿着轴线方向伸长或缩短,如图3.1.4所示。

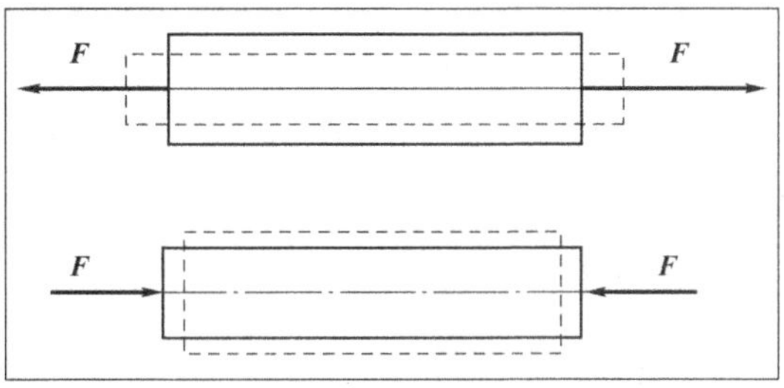

二、轴向拉、压时的内力及应力

(一)内力

为了维持零件各部分之间的联系,保持一定的形状和尺寸,零件内部各部分之间必定存在着相互作用的力,称为**内力**。**物体内某一部分与另一部分间相互作用的力称为内力,它的大小及其在零件内部的分布规律随外力的变化而变化**。内力是因外力而产生的,当外力解除时,内力也随之消失。

图3.1.4 杆件的轴向拉伸和压缩

(二)截面法

截面法是确定零件内力的常用方法。它是通过取杆件的一部分为研究对象,利用静力平衡方程求内力的方法。

如图3.1.5所示的杆件,在外力 F 作用下处于平衡状态,力的作用线与杆的轴线重合。求 A 截面处的内力,可用假想平面 A 将杆截开,分成左右两段。右段对左段的作用,用合力 F_N 表示,F_N 就是该截面处的内力。根据作用力与反作用力定理,左段对右段的作用力与 F_N 大小相等、方向相反。因此,在计算内力时,只需取截面两侧的任意一段来研究即可。

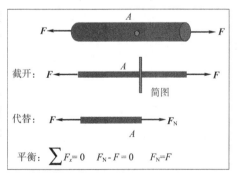
图3.1.5 截面法求内力

取左段来研究。由平衡方程 $\sum F_x = 0$,可得

$$F_N - F = 0, F_N = F$$

即该横截面上的内力是一个与杆轴线重合,大小等于 F 的轴向力。

综上所述,用截面法求内力的解题步骤如下。

①**截开**:在所求内力的截面处,假想地用截面将杆件一分为二。

②**代替**:任取一部分,弃去另一部分,弃去部分对留下部分的作用,用作用在截面上相应的内力(力或力偶)代替。

③**平衡**:对留下的部分建立平衡方程,根据已知外力计算杆在截开面上的未知内力,确定未知力的大小和方向。

(三)轴力及轴力图

对于受拉或受压的杆件,外力的作用线与杆件的轴线重合,所以内力合力的作用线与杆件轴线重合。由于轴向拉压引起的内力与杆的轴线一致,称为轴向内力,简称**轴力**。

轴力的符号约定:轴力的方向远离截面,杆件受拉,规定轴力为正;轴力的方向指向截面,杆件受压,轴力为负值。

为了直观地表示整个杆件各截面轴力的变化情况,用平行于杆轴线的坐标表示横截面的位置,用垂直于杆轴线的坐标按选定的比例表示对应截面轴力的正负及大小,这种表示轴力沿轴线方向变化的图形称为**轴力图**。

【随堂巩固3.1.1】 如图3.1.6a)所示一液压系统中液压缸的活塞杆,已知:$F_1=9.2\text{kN}$,$F_2=3.8\text{kN}$,$F_3=5.4\text{kN}$。试求:截面1—1和2—2的轴力。

解:

(1)1—1截面:假想杆件沿截面1—1截开,取1—1左段为研究对象,F_{N1}设为正向,受力如图3.1.6b)所示。

$$\sum F_x = 0, F_1 - F_{N1} = 0, 所以 F_{N1} = F_1 = 9.2(\text{kN})。$$

(2)2—2截面:取2—2截面左段为研究对象,F_{N2}设为正向,受力如图3.1.6c)所示。

$$\sum F_x = 0, F_1 - F_2 + F_{N2} = 0, 9.2 - 3.8 + F_{N2} = 0$$

所以$F_{N2} = -5.4(\text{kN})$(F_{N2}为负值,说明它的实际方向与假设方向相反)。

也可取截面2—2右段为研究对象,F'_{N2}设为正向,受力如图3.1.6d)所示。

$$\sum F_x = 0, -F'_{N2} - F_3 = 0, -F'_{N2} - 5.4 = 0$$

所以$F'_{N2} = -5.4(\text{kN})$。

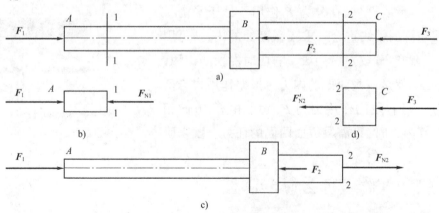

图3.1.6 活塞杆的轴力分析

【随堂巩固 3.1.2】 如图 3.1.7a)所示,一直杆受外力作用,轴向力 $F_1 = 15\text{kN}$、$F_2 = 10\text{kN}$ 的作用。求杆件 1—1、2—2 截面上的轴力,并画出轴力图。

解:

根据外力的变化情况,各段内轴力各不相同,应分段计算:

(1) AC 段:用截面 A 假想将杆截开,取右段研究,设 F_A 方向如图 3.1.7b) 所示。

列平衡方程式:

$$\sum F_x = 0, F_A - F_1 + F_2 = 0, F_A - 15 + 10 = 0$$

所以,$F_A = 5(\text{kN})$。

(2) 1—1 截面:取 1—1 截面左段研究,受力如图 3.1.7c) 所示,列平衡方程式:

$$\sum F_x = 0, F_A + F_{N1} = 0, 5 + F_{N1} = 0$$

所以,$F_{N1} = -5\text{kN}$。("−"表示 F_{N1} 的实际方向与假设方向相反)

(3) 2—2 截面:取 2—2 截面左段研究,受力如图 3.1.7d) 所示,列平衡方程式:

$$\sum F_x = 0, F_A - F_1 + F_{N2} = 0, 5 - 15 + F_{N2} = 0$$

所以,$F_{N2} = 10(\text{kN})$。

(4) 画轴力图,如图 3.1.7e) 所示。

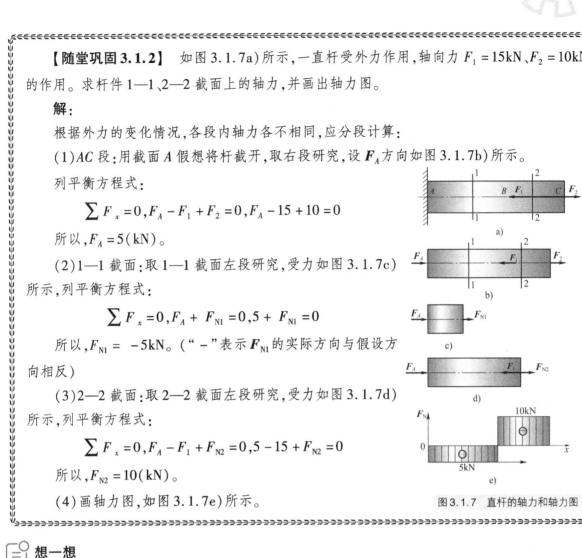

图 3.1.7 直杆的轴力和轴力图

想一想

你能用其他的方法解出【随堂巩固 3.1.2】吗?

(四)横截面上的正应力

1. 应力的概念

两根相同材料、粗细不同的直杆在相同拉力作用下,用截面法求得的两杆横截面上的轴力是相同的。若逐渐将拉力增大,则细杆先被拉断。这说明杆的强度不仅与内力有关,还与内力在截面上各点的分布集度有关。当粗细两杆轴力相同时,细杆内力分布的密集程度较粗杆要大一些。

构件在外力的作用下,单位面积上的内力,称为应力。它反映了杆件受力的程度。

2. 轴向拉压杆横截面上的应力

1) 平面假设

杆变形后各横截面仍保持为平面,这个假设称为平面截面假设,简称平面假设。

2) 应力计算

(1) 拉压杆横截面上各点的应力是均匀分布的。

设想杆件由无数根纵向纤维所组成,根据平面截面假设可以推断出两平面之间所有纵向纤维的伸长相同。又由材料是均匀连续的,可以推知,横截面上的轴力是均匀分布的,由此可得,拉压杆横截面上各点的应力是均匀分布的,其方向与轴力一致。

(2)计算公式。

设杆的横截面积为 A,轴力为 F_N,则单位面积上的内力为 F_N/A,即应力。横截面上的应力的方向垂直于横截面,称为"正应力"并以"σ"表示。

$$\sigma = \frac{F_N}{A} \tag{3.1.1}$$

σ 的符号规定与轴力相同,当轴力为正时,σ 为拉应力,取正号;当轴力为负时,σ 为压应力,取负号。

应力的单位为帕,符号为 Pa,$1Pa = 1N/m^2$。工程中常用 MPa(兆帕)、GPa(吉帕),其换算关系为:$1GPa = 10^3 MPa = 10^9 Pa$。

【随堂巩固 3.1.3】 一阶梯轴受力情况如图 3.1.8a)所示,AB 段横截面积为 $A_1 = 100mm^2$,BC 段横截面积为 $A_2 = 180mm^2$。请求出轴各段的轴力的大小,并画出轴力图并求各段轴横截面上的正应力。

解:

(1)计算各段内轴力。

由截面法,求出各段杆的轴力为:

AB 段:$F_{N1} = 8(kN)$(拉力);

BC 段:$F_{N2} = -15(kN)$(压力)。

画出轴力图如图 3.1.8b)所示。

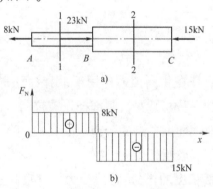

图 3.1.8 阶梯轴的应力图

(2)确定应力。

根据公式,各段杆的正应力为:

AB 段:$\sigma_1 = F_{N1}/A_1 = 8 \times 10^3 / 100 \times 10^{-6} Pa = 80(MPa)$(拉应力);

BC 段:$\sigma_2 = F_{N2}/A_2 = -15 \times 10^3 / 180 \times 10^{-6} Pa = -83.3(MPa)$(压应力)。

三、拉压变形和胡克定律

(一)拉压杆的变形

设原长为 l,直径为 d 的圆截面直杆,收到轴向拉力或压力 F 后,其纵向尺寸和横向尺寸都会发生变化,变形为图 3.1.9 虚线所示的形状,杆件的纵向长度由 l 变为 l_1,横向尺寸由 d 变为 d_1。

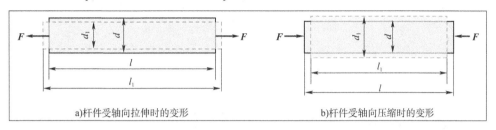

图 3.1.9 杆件受轴向拉伸和压缩时的变形

1. 纵向变形和横向变形(绝对变形)

纵向变形是指直杆在轴向拉力或压力作用下,杆件产生轴向伸长量,用 Δl 表示。

$$\Delta l = l_1 - l$$

横向变形是指直杆在轴向拉力或压力作用下,杆件产生横向尺寸的缩短量用 Δd 表示。

$$\Delta d = d_1 - d$$

2. 相对变形(纵向线应变)

为了消除杆件原尺寸对变形大小的影响,用单位长度内杆的变形即线应变来衡量杆件的变形程度。与上述两种绝对变形相对应的纵向线应变为:

$$\varepsilon = \frac{\Delta l}{l} = \frac{l_1 - l}{l} \tag{3.1.2}$$

ε 在轴向拉伸时为正值,称为拉应变;在压缩时为负值,称为压应变。

(二)胡克定律

当杆内的轴力 F_N 不超过某一限度时,杆的绝对变形 Δl 与轴力 F_N 及杆长 l 成正比,与杆的横截面积 A 成反比,即:

$$\Delta l = \frac{F_N l}{EA} \tag{3.1.3}$$

式(3.1.3)称为胡克定律。

式中,E 为材料的弹性模量。E 的值越大,变形就越小,它是衡量材料抵抗弹性变形能力的一个指标。EA 值表示了杆件抵抗拉压变形能力的大小。E 的单位为帕。符号为 Pa,实际中用 GPa。

将式(3.1.1)和式(3.1.2)代入式(3.1.3),得:

$$\varepsilon = \frac{\sigma}{E} \qquad (3.1.4)$$

式(3.1.4)为胡克定律的另一形式,此式表明,当应力未超过一定限度时,应力与应变成正比。

【随堂巩固 3.1.4】 如图 3.1.10 所示,连接螺栓杆部直径 $d = 16\text{mm}$,杆长度在 $L = 125\text{mm}$ 内伸长 $\Delta L = 0.1\text{mm}$,已知 $E = 200\text{GPa}$。计算螺栓横截面的正应力和螺栓对钢板的压紧力。

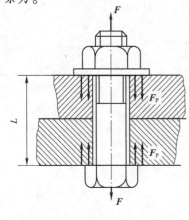

图 3.1.10 螺栓的受力

解：

螺杆上的应变为：

$$\varepsilon = \frac{\Delta L}{L} = \frac{0.1}{125} = 8 \times 10^{-4}$$

螺栓横截面的正应力为：

$$\sigma = E\varepsilon = 200 \times 10^3 \times 8 \times 10^{-4} = 160(\text{MPa})$$

螺栓对钢板的压紧力为：

$$F = \sigma A = \sigma \frac{\pi d^2}{4} = 160 \times 10^6 \times \frac{\pi \times (16 \times 10^{-3})^2}{4}$$
$$= 32170(\text{N}) = 32.17(\text{kN})$$

四、许用应力和安全系数

(一)极限应力

当塑性材料达到屈服点 σ_s 时,或脆性材料达到强度极限 σ_b 时,材料将产生较大的塑性变形或断裂。工程上把材料丧失正常工作能力的应力,称为极限应力或危险应力,用 σ_0 表示。对于塑性材料,$\sigma_0 = \sigma_s$;对于脆性材料,$\sigma_0 = \sigma_b$。

(二)许用应力和安全系数

把极限应力 σ_0 除以大于1的系数 n,作为材料的许用应力,用 $[\sigma]$ 表示：

$$[\sigma] = \frac{\sigma_0}{n} \qquad (3.1.5)$$

式中,n 为安全系数,n 越大,构件安全,但是材料过大,成本上升;n 越小,构件不安全,所以安全系数的选取一定要适当。对于塑性材料:$n = 1.5 \sim 2$;对于脆性材料:$n = 2.5 \sim 3.5$。

五、轴向拉伸和压缩的强度计算

为了保证杆件正常工作而不失效,必须使其最大正应力不超过材料的许用应力,即:

$$\sigma = \frac{F_{Nmax}}{A} \leqslant [\sigma] \qquad (3.1.6)$$

此为拉伸或压缩的强度条件。利用强度条件可以解决以下三个方面的问题。

1. 强度校核

已知杆件的尺寸、所受载荷和材料的许用应力，根据式(3.1.6)校核杆件是否满足强度条件。

2. 选择截面尺寸

已知杆件所承受的载荷及材料的许用应力，确定杆件所需的最小截面积 A。由式(3.1.6)可得：

$$A \geqslant \frac{F_{Nmax}}{[\sigma]} \qquad (3.1.7)$$

3. 确定许可载荷

已知杆件的横截面尺寸及材料的许用应力，确定许用载荷。由式(3.1.6)可得：

$$F_{Nmax} \leqslant [\sigma]A \qquad (3.1.8)$$

动画：抗拉强度不足

动画：抗压强度不足

※ **任务分析**

在图3.1.1中，各斜拉索只在两端受力，故均为二力杆，因此斜拉索会发生拉伸变形，变形量可在计算出斜拉索中的内力后根据式(3.1.3)求得。斜拉索中的内力为轴力，可用截面法求轴力的大小。再根据式(3.1.6)进行强度计算。

【随堂巩固3.1.5】 图3.1.11a)所示为某车间自制小吊车，已知在 B 点处铰接重物最大重量为 20kN，$AB=2$m，$BC=1$m，杆 AB、BC 均用圆钢制造，材料的许用应力 $[\sigma]=58$MPa，试确定两杆的直径。

解：

(1) 计算两杆的内力。AB 杆和 BC 杆均为二力杆，假设 AB 杆和 BC 杆均受拉，据此可画出 B 点处的受力图，如图3.1.11b)所示。此为平面汇交力系，其受力平衡方程为：

$$\sum F_x = 0, F_{N1}\sin60° - G = 0$$
$$\sum F_y = 0, -F_{N1}\cos60° - F_{N2} = 0$$

解得：

$$F_{N1} = G/\sin60° = 20/0.866 = 23.1(\text{kN})$$

$$F_{N2} = -F_{N1}\cos 60° = -23.1 \times 0.5 = -11.6(\text{kN})$$

F_{N1} 求得的结果为正,说明其受力方向与假设方向相同;F_{N2} 结果为负,说明其受力方向与假设方向相反。故 AB 杆受拉,BC 杆受压。

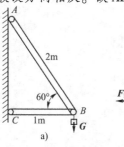
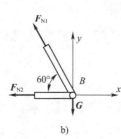

(2)确定两杆直径。

AB 杆: $\quad A_1 = \dfrac{\pi d_1^2}{4}$

由式(3.1.7)得: $\dfrac{\pi d_1^2}{4} \geq \dfrac{F_{N1}}{[\sigma]}$

所以,$d_1 \geq \sqrt{\dfrac{4F_{N1}}{\pi[\sigma]}} = \sqrt{\dfrac{4 \times 23.1 \times 10^3}{\pi \times 58 \times 10^6}} \approx 0.0225$ (m) = 22.5(mm)。

图 3.1.11 小吊车应力分析

BC 杆: $\quad A_2 = \dfrac{\pi d_2^2}{4}$

由式(3.1.7)得: $\dfrac{\pi d_2^2}{4} \geq \dfrac{F_{N2}}{[\sigma]}$

所以,$d_2 \geq \sqrt{\dfrac{4F_{N2}}{\pi[\sigma]}} = \sqrt{\dfrac{4 \times 11.6 \times 10^3}{\pi \times 58 \times 10^6}} \approx 0.016(\text{m}) = 16(\text{mm})$。

【随堂巩固 3.1.6】 一钢木结构如图 3.1.12 所示,AB 为木杆,其截面积 $A_1 = 10 \times 10^3 \text{mm}^2$,许用应力 $[\sigma]_1 = 7\text{MPa}$;BC 杆为钢杆,其截面积 $A_2 = 0.6 \times 10^3 \text{mm}^2$,许用应力 $[\sigma]_2 = 160\text{MPa}$,求该结构在 B 处可吊的最大载荷 P。

解:

(1)先由 AB 杆的最大内力求出最大载荷 P_1。

由: $\quad \sigma = N_{AB}/A_1 \leq [\sigma]_1$

所以,$N_{AB} \leq A_1[\sigma]_1 = 7 \times 10 \times 10^3 = 70(\text{kN})$。

取 B 点为研究对象,画出其受力图。

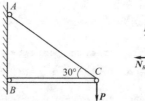

图 3.1.12 钢木结构应力分析

列平衡方程式:

$$\sum F_x = 0, N_{AB} - N_{BC}\cos 30° = 0 \quad ①$$

$$\sum F_y = 0, N_{BC}\sin 30° - P_1 = 0 \quad ②$$

联立①、②两式,得:$P_1 = 40.4(\text{kN})$。

(2)再由 BC 杆的最大内力求出最大载荷 P_2。

因为 $\quad \sigma = N_{BC}/A_2 \leq [\sigma]_2$

得: $\quad N_{BC} \leq A_2[\sigma]_2 = 160 \times 0.6 \times 10^3 = 96(\text{kN})$

列平衡方程式： $\sum F_y = 0, N_{BC}\sin 30° - P_2 = 0$

得： $P_2 = 4.8 \times 10^4 (\text{N}) = 48 (\text{kN})$

(3) 比较 P_1 和 P_2 的大小。

因为 $P_1 = 40.4 \text{kN} < P_2 = 48 (\text{kN})$

所以取最大载荷为： $P_1 = 40.4 (\text{kN})$

巩固与自测

一、选择题

1. 某圆杆受拉，在其弹性变形范围内，将直径增加一倍，则杆的应力将变为原来的（　　）倍。

A. $\dfrac{1}{4}$ 倍　　　　B. $\dfrac{1}{2}$ 倍

C. 无变化　　　　D. 2 倍

2. 两拉杆的材料和所受拉力都相同，且均处在弹性范围内，若两杆长度相同，而横截面积 $A_1 > A_2$，则两杆的伸长 Δl_1（　　）Δl_2。

A. 大于　　　　B. 小于

C. 等于　　　　D. 不确定

3. 杆件受到拉伸时，轴力的符号规定为正，称为（　　）。

A. 切应力　　　　B. 正应力

C. 拉力　　　　D. 压力

4. 下列不是应力单位的是（　　）。

A. N/m^3　　　　B. MPa

C. N/m^2　　　　D. Pa

5. 题图 3.1.1 所示轴向受力杆件中 2—2 截面上的轴力为（　　）。

A. 5kN　　　　B. -5kN

C. 10kN　　　　D. -10kN

二、计算题

1. 杆件受力如题图 3.1.2 所示。试用截面法求各杆指定截面的轴力，并画出各杆的轴力图。

2. 圆截面钢杆长 $l = 3\text{m}$，直径 $d = 25\text{mm}$，两端受到 $F = 100\text{kN}$ 的轴向拉力作用时伸长 $\Delta l = 2.5\text{mm}$。试计算钢杆横截面上的正应力 σ 和纵向线应变 ε。

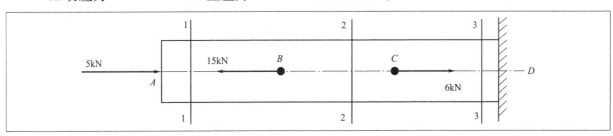

题图 3.1.1

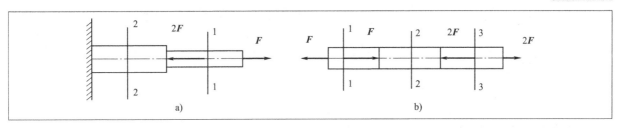

题图 3.1.2

任务 3.2 剪切与挤压的实用计算

知识目标

1. 掌握剪切和挤压的受力情况和变形特点的分析。
2. 掌握剪切和挤压的强度计算。
3. 了解剪切和挤压强度条件在工程实践中的应用。

能力目标

1. 会分析受剪切和挤压变形零件的变形和受力特点。
2. 会分析受剪切和挤压变形零件的剪切面和挤压面。
3. 能够运用剪切强度条件和挤压强度条件进行连接件的强度计算。

素质目标

1. 通过"剪纸"的实例,了解剪切的实际应用,培养应用理论知识解释实际现象的能力。
2. 养成一丝不苟的专业习惯,树立安全意识、责任意识。

任务引入

分析用剪刀剪纸有什么特点?分析被剪的纸张受到的力有什么特点?你还见过跟剪纸相类似的实例吗?

一、剪切与挤压

(一)剪切变形

在工程实际中,经常遇到剪切问题,如键、销钉、螺栓及铆钉等,都是主要承受剪切作用的构件(图3.2.1)。剪切变形的主要受力特点是**构件受到与其轴线相垂直的大小相等、方向相反、作用线相距很近的一对外力的作用**,构件的变形主要表现为沿着与外力作用线平行的剪切面发生相对错动。发生相对错动的面称为**剪切面**,只有一个剪切面的情况,称为**单剪切**。图3.2.1a)、图3.2.1b)所示。有两个剪切面的剪切变形称为**双剪切**,如图3.2.1c)所示。剪切面上与截面相切的内力称为**剪力**,用 F_Q 表示。

以图3.2.2a)所示的铆钉的剪切变形为例,铆钉剪切面上的内力可用截面法求得。如图3.2.2b)所示,将构件沿剪切面 $m—m$ 假想地截开,保留上半部分铆钉,考虑其平衡,如图3.2.2c)所示,用剪切面上的内力 F_Q 代替下半个铆钉对上半个铆钉的作用。

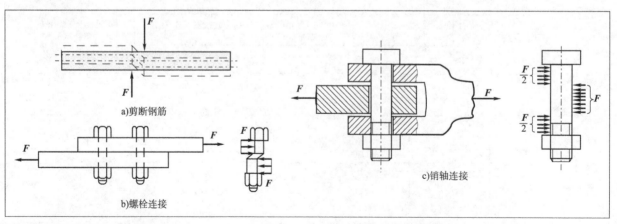

图 3.2.1 零件的剪切和挤压变形

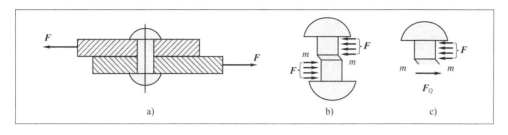

图 3.2.2 铆钉的剪切变形

根据平衡方程 $\sum F_y = 0$,可求得剪力 $F_Q = F$。

(二) 挤压变形

一般情况下,连接件在发生剪切变形的同时,在传递力的接触面上也受到较大的压力作用,从而出现局部压缩变形,这种现象称为**挤压**。发生挤压的接触面称为**挤压面**。挤压面上的压力称为**挤压力**,用 F_{bs} 表示。以铆钉的挤压变形为例,如图 3.2.3a)所示,铆钉连接上下两块钢板,上钢板孔右侧与铆钉上部右侧互相挤压,下钢板孔左侧与铆钉下部左侧互相挤压。以铆钉的挤压变形为例,铆钉上部右侧圆柱面,其挤压面如图 3.2.3b)所示。当挤压力过大时,接触面处将产生局部显著的塑性变形,如铆钉孔被压成长圆孔。

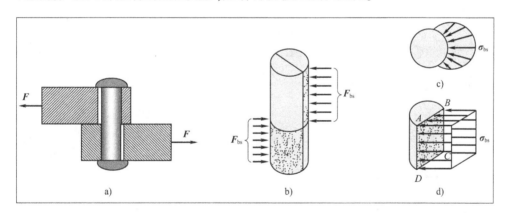

图 3.2.3 铆钉的挤压变形

二、剪切与挤压的强度计算

(一) 剪切强度计算

由于受剪切构件的变形及受力比较复杂,剪切面上的应力分布规律很难用理论方法确定,工程上一般采用实用计算方法来计算受剪构件的应力。在这种计算方法中,假设应力在剪切面内是均匀分布的。若以 A 表示受剪切构件的横截面积,则应力为

$$\tau = \frac{F_Q}{A} \quad (3.2.1)$$

式中:τ——剪切面相切故为切应力。

剪切计算的强度条件可表示为

$$\tau = \frac{F_Q}{A} \leq [\tau] \tag{3.2.2}$$

式中:$[\tau]$——材料的许用切应力。常用材料的许用切应力可从有关手册中查得。

(二)挤压强度计算

当挤压力超过一定限度时,连接件或被连接件在挤压面附近产生明显的塑性变形,称为挤压破坏。在有些情况下,构件在剪切破坏之前可能首先发生挤压破坏,所以需要建立挤压强度条件。**若接触面是圆柱形曲面,如铆钉、销钉、螺栓等圆柱形连接件,挤压面积为半圆柱的正投影面积**。图 3.2.3b)中铆钉与被连接件的实际挤压面为半个圆柱面,其上的挤压应力也不是均匀分布的,铆钉与被连接件的**挤压应力**的分布情况在弹性范围内如图 3.2.3c)所示,其挤压面积如图 3.2.3d)所示,其挤压面积 A_{bs} 等于 td。**若接触面为平面,则挤压面积为有效接触面积**。如图 3.2.4 所示的键连接,其挤压面积为 $A_{bs} = lh/2$。

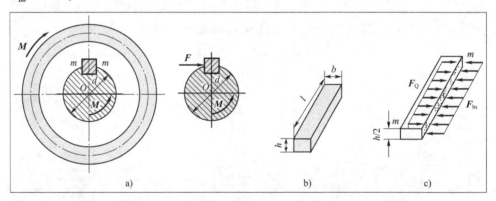

图 3.2.4 键连接的挤压面积

与上面解决抗剪强度的计算方法相似,按构件的名义挤压应力建立**挤压强度条件**:

$$\sigma_{bs} = \frac{F}{A_{bs}} \leq [\sigma_{bs}] \tag{3.2.3}$$

式中:A_{bs}——挤压面积,等于实际挤压面的投影面(直径平面)的面积,见图 3.2.3d);

σ_{bs}——挤压应力;

$[\sigma_{bs}]$——许用挤压应力。

许用应力通常可根据材料、连接方式和载荷情况等实际工作条件在有关设计规范中查得。一般许用切应力 $[\tau]$ 要比同样材料的许用拉应力 $[\sigma]$ 小,而许用挤压应力则比 $[\sigma]$ 大。

对于塑性材料:$[\tau] = (0.6 \sim 0.8)[\sigma]$,$[\sigma_{bs}] = (1.5 \sim 2.5)[\sigma]$;

对于脆性材料:$[\tau] = (0.8 \sim 1.0)[\sigma]$,$[\sigma_{bs}] = (0.9 \sim 1.5)[\sigma]$。

※ 任务分析

当用剪刀剪纸时,纸张受到剪刀作用在纸张上的两个大小相等、方向相反、作用线相距很近的一对外力的作用,纸张会发生剪切和挤压变形,剪刀足够锋利的话,纸张和剪刀的接触面积很小,剪刀将纸剪断。

【随堂巩固 3.2.1】 图 3.2.5a)中,已知钢板厚度 $t=10\text{mm}$,其剪切极限应力 $\tau_b = 300\text{MPa}$。若用冲床将钢板冲出直径 $d=25\text{mm}$ 的孔,问需要多大的冲剪力 F?

解:

剪切面就是钢板内被冲头冲出的圆柱体的侧面,如图 3.2.5b)所示,其面积为:

$$A = \pi dt = \pi \times 25 \times 10 = 785(\text{mm}^2)$$

冲孔所需的冲力应为:

$$F \geq A\tau_b = 785 \times 10^{-6} \times 300 \times 10^6 = 2.36 \times 10^5 (\text{N}) = 236(\text{kN})$$

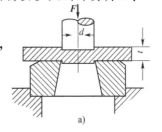
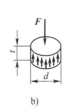

图 3.2.5 冲孔时冲剪力的计算

【随堂巩固 3.2.2】 电瓶车挂钩用插销连接,如图 3.2.6a)所示。已知 $t=8\text{mm}$,插销材料的许用切应力 $[\tau]=30\text{MPa}$,许用挤压应力 $[\sigma_{bs}]=100\text{MPa}$,牵引力 $F=15\text{kN}$。试选定插销的直径 d。

解:

插销的受力情况如图 3.2.6b)所示,可以求得

$$F_Q = \frac{F}{2} = \frac{15}{2}(\text{kN}) = 7.5(\text{kN})$$

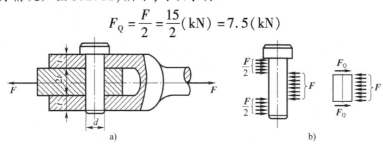

图 3.2.6 电瓶车挂钩插销连接强度计算

先按抗剪强度条件进行设计

$$A \geq \frac{F_Q}{[\tau]} = \frac{7500}{30 \times 10^6}(\text{m}^2) = 2.5 \times 10^{-4}(\text{m}^2)$$

即

$$\frac{\pi d^2}{4} \geq 2.5 \times 10^{-4}(\text{m}^2)$$

$$d \geq 0.0178(\text{m}) = 17.8(\text{mm})$$

再用挤压强度条件进行校核

$$\sigma_{bs} = \frac{F_{bs}}{A_{bs}} = \frac{F}{2td} = \frac{15 \times 10^3}{2 \times 8 \times 17.8 \times 10^{-6}}(\text{Pa}) = 52.7(\text{MPa}) < [\sigma_{bs}]$$

所以挤压强度条件也是足够的。查机械设计手册,最后采用 $d=20\text{mm}$ 的标准圆柱销钉。

巩固与自测

一、选择题

1. 题图 3.2.1 中，已知铆钉的直径为 d，两块被连接板的厚度均为 t，两块板的受力如图所示，此时，铆钉的挤压和剪切面积是（　　）。

　　A. $2t, \pi d^2/4$　　　B. $\pi d^2/4, td$　　　C. $td, \pi d^2/4$　　　D. $\pi d, 2t$

2. 题图 3.2.2 中，拉杆的剪切面形状是（　　）。

　　A. 圆　　　　　　B. 矩形　　　　　　C. 外方内圆　　　　D. 圆柱面

3. 题图 3.2.2 中，拉杆的剪切面面积是（　　）。

　　A. d^2　　　　　B. $h^2 - \pi d^2/4$　　C. $\pi d^2/4$　　　　D. πdh

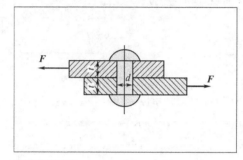

题图 3.2.1

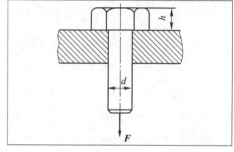

题图 3.2.2

二、计算题

1. 题图 3.2.2 所示螺栓受拉力 F 作用。已知材料的许用切应力 $[\tau]$ 和许用拉应力 $[\sigma]$ 的关系为 $[\tau] = 0.6[\sigma]$。试求螺栓直径 d 与螺栓头高度 h 的合理比例。

2. 题图 3.2.3 所示的销钉式安全联轴器所传递的力矩需小于 300N·m，否则销钉应被剪断，使轴停止工作，试设计销钉直径 d。已知轴的直径 $D = 30\text{mm}$，销钉的剪切极限应力 $\tau = 360\text{MPa}$。

3. 如题图 3.2.4 所示，轴的直径 $d = 80\text{mm}$，键的尺寸 $b = 24\text{mm}$，$h = 14\text{mm}$。键的许用切应力 $[\tau] = 40\text{MPa}$，许用挤压应力 $[\sigma_{bs}] = 90\text{MPa}$。若由轴通过键所传递的扭转力偶矩 $T_e = 3.2\text{kN·m}$，求所需键的长度 l。

4. 已知螺栓的许用切应力 $[\tau] = 100\text{MPa}$，钢板的许用拉应力 $[\sigma] = 160\text{MPa}$。计算题图 3.2.5 所示焊接板的许用载荷 $[F]$。

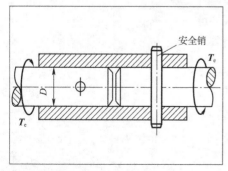

题图 3.2.3

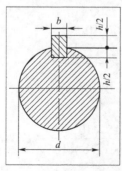

题图 3.2.4

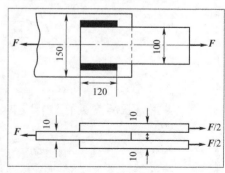

题图 3.2.5

任务3.3 圆轴扭转的实用计算

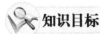

1. 了解圆轴扭转的概念。
2. 掌握力矩图的画法。
3. 掌握圆轴扭转时的强度计算方法。

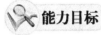

1. 能将工程实际中发生扭转的实例抽象出力学模型。
2. 会分析圆轴扭转的受力和变形特点。
3. 会求圆轴受扭转时轴上的内力，会画力矩图。

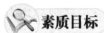

1. 培养应用理论知识分析和解决实际问题的能力。
2. 养成善于思考、勤于思考的习惯，培养认真、严谨、一丝不苟的工作态度和良好的团队协作精神。

任务引入

工程上传递功率的轴，大多数为圆轴，这些传递功率的圆轴承受绕轴线转动的外力偶矩作用时，其横截面将产生绕轴线的相对转动，这种变形称为扭转变形。如图3.3.1所示，在汽车转向时，转向盘受到两手作用在上面的力偶作用，转向盘转轴受到扭转作用。如图3.3.2所示，当用工具拧螺栓时，工具转轴也受到扭转作用。请分析两轴的受力特点和变形特点。

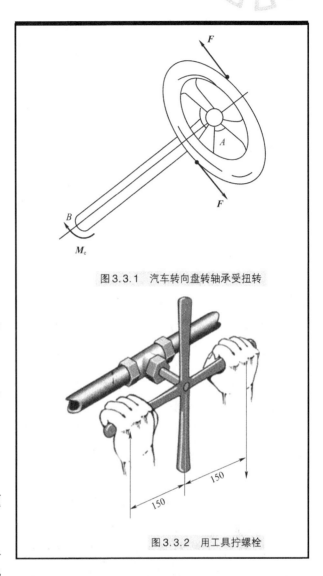

图3.3.1 汽车转向盘转轴承受扭转

图3.3.2 用工具拧螺栓

一、圆轴扭转时的内力和力矩图

(一)圆轴扭转的概念

因设备中的扭转构件多数为圆截面，本任务只研究圆截面杆件的扭转，这种圆截面杆件称为"轴"，又称"圆轴"。

受扭转的圆轴的受力特点是：圆轴受外力偶作用，外力偶作用面和轴线垂直。其变形特点是：圆轴的各横截面绕轴线发生相对转动。

(二)外力偶矩的计算

机器圆轴的外力偶矩多是由电动机、内燃机、柴油机等动力设备所驱动，电动机、内燃机等

设备说明书上一般不说明所提供的力偶矩,多是说明其功率和转速。为此,要用功率和转速计算其力偶矩:

$$M_e = 9550 \frac{P}{n} \quad (3.3.1)$$

式中:M_e——外力偶矩,N·m;

P——轴传递的功率,kW;

n——轴的转速,r/min。

(三)力矩

如图3.3.3a)所示,一等截面圆轴在一对外力偶M作用下平衡。现用截面法求圆轴横截面上的内力。假想将轴从$m—m$横截面处截开,以左段作为研究对象(图3.3.3b),根据平衡条件$\sum M = 0$,$m—m$横截面上必有一个内力偶与M平衡。该内力偶矩称为力矩,用T表示,单位为N·m。若取右段为研究对象,求得的力矩与取左段为研究对象求得的力矩大小相等、转向相反,如图3.3.3c)所示,它们是作用与反作用的关系。

为了使不论取左段还是右段求得的力矩的大小、符号都一致,对**力矩的正负号规定如下:按右手螺旋法则,四指顺着力矩的转向握住轴线,大拇指的指向与横截面的外法线方向一致为正;反之为负**,如图3.3.4所示。

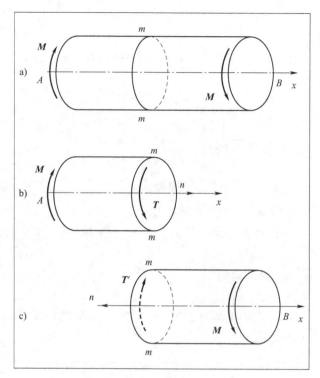

图3.3.3 圆轴扭转时横截面上的内力

当横截面上的力矩的实际转向未知时,一般先假设力矩为正。若求得的结果为负则表示力矩实际转向与假设相反。

(四)力矩图

以与轴线平行的x轴表示横截面的位置,垂直于x轴的T轴表示力矩,按比例画出的曲线称为**力矩图**。具体画法见【随堂巩固3.3.1】。

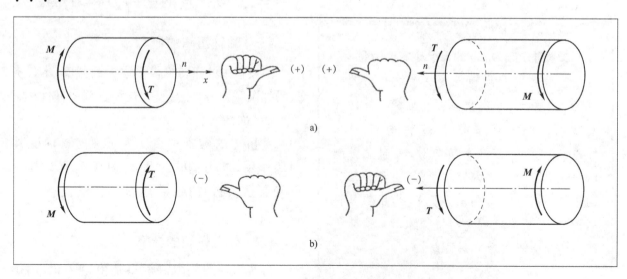

图3.3.4 力矩的正负号规定

【随堂巩固 3.3.1】 已知：图 3.3.5 所示的传动机构中，轴的转速 $n = 200\text{r/min}$，轴上 C、D、E 三处传递的功率分别为 $P_C = 40\text{kW}$，$P_D = 25\text{kW}$，$P_E = 15\text{kW}$，求：

(1) 1—1 截面上的力矩 T_1 和 2—2 截面上的力矩 T_2，画出该轴上的力矩图。

(2) 若调换主动轮 C 和从动轮 D 的位置，求两截面上的力矩并画出力矩图。

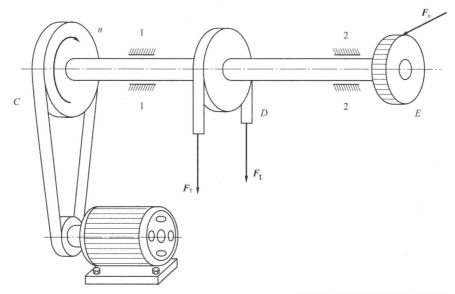

图 3.3.5 传动机构轴上的力矩

解：

(1) 计算各轮的外力偶矩：

$$M_C = 9550\frac{P}{n} = 9550 \times \frac{40}{200} = 1910(\text{N}\cdot\text{m})$$

$$M_D = 9550\frac{P}{n} = 9550 \times \frac{25}{200} = 1194(\text{N}\cdot\text{m})$$

$$M_E = 9550\frac{P}{n} = 9550 \times \frac{15}{200} = 716(\text{N}\cdot\text{m})$$

将图 3.3.5 中轴的受力情况进行简化，得到图 3.3.6a)。

(2) 计算两轮间各截面的力矩：

1—1 段：如图 3.3.6b) 所示，保留左段，去右段，用 T_1 代替，得：$T_1 = M_C = 1910(\text{N}\cdot\text{m})$。

2—2 段：如图 3.3.6c) 所示，保留右段，去左段，用 T_2 代替，得：$T_2 = M_E = 716(\text{N}\cdot\text{m})$。

力矩图如图 3.3.7 所示。

(3) 调换主动轮 C 和从动轮 D 的位置，受力图如图 3.3.8a) 所示。

1—1 段：如图 3.3.8b) 所示，保留左段，去右段，用 T_1 代替，得：$T_1 = -M_D = -1194(\text{N}\cdot\text{m})$。

2—2 段：如图 3.3.8c) 所示，保留右段，去左段，用 T_2 代替，得：$T_2 = M_E = 716(\text{N}\cdot\text{m})$。

力矩图如图 3.3.9 所示。

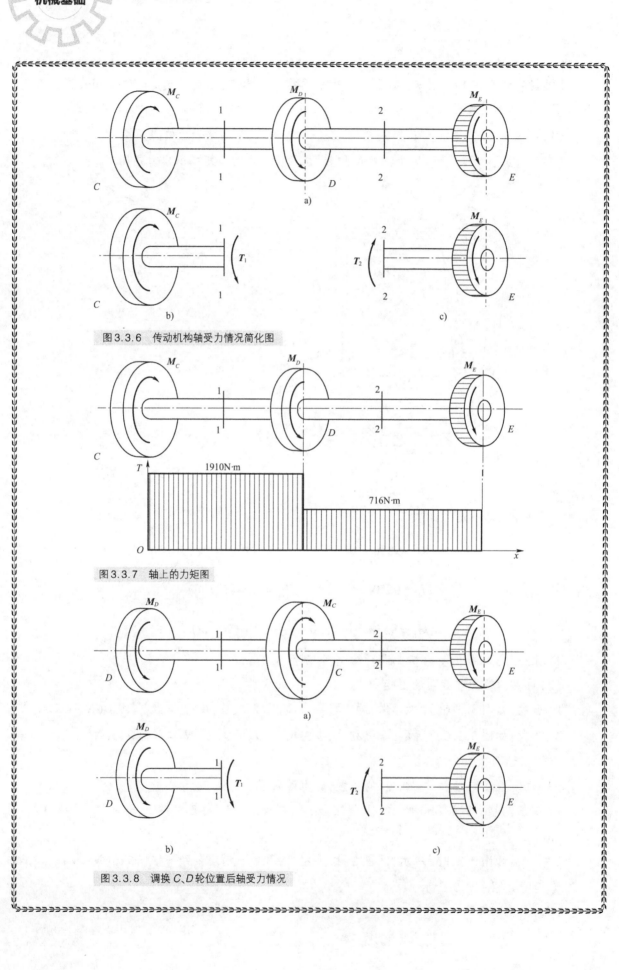

图 3.3.6 传动机构轴受力情况简化图

图 3.3.7 轴上的力矩图

图 3.3.8 调换 C、D 轮位置后轴受力情况

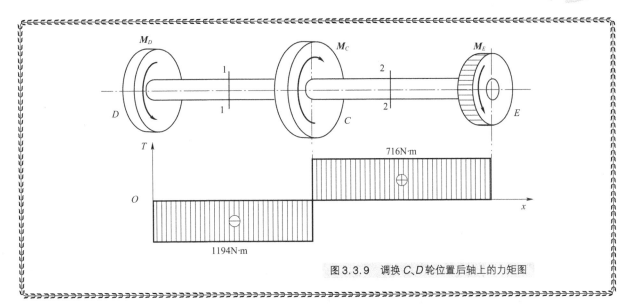

图3.3.9 调换 C、D 轮位置后轴上的力矩图

图3.3.5所示的轴,轴上有一个输入轮,两个输出轮,输入轮放置在端部,轴上的最大力矩为1910N·m;当调换 C、D 轮的位置后(图3.3.8a),主动轮放置在两从动轮之间,轴上的最大力矩为1194N·m。经过上面分析可知:**当轴上有一个输入轮,多个输出轮时,将输入轮设置在中间位置时,轴上的载荷布局较合理。** 因此,通过改变轴上零件的布置,有时可以减小轴上的载荷。

二、圆轴扭转时的强度条件

(一)圆轴扭转时横截面上的切应力

如图3.3.10a)所示,圆轴的横截面变形后仍为平面,其形状和大小不变,仅绕轴线发生相对转动(无轴向移动),这一假设称为圆轴扭转的**刚性平面假设**。

由平面假设可知,圆轴受扭转时,横截面上无正应力,有切应力。切应力的方向垂直于半径,指向与截面力矩的转向相同。轴圆心处变形量为零,圆周表面处变形量最大,在半径相同的同一圆周上的各点的切应力相等。圆轴横截面上切应力的分布规律如图3.3.10b)所示。

(二)圆轴扭转的强度条件

为了保证圆轴在扭转变形中不会因强度不足发生破坏,应使圆轴横截面上的最大切应力不超过材料的许用应力,即:

$$\tau_{\max} = \frac{T_{\max}}{W_T} \leq [\tau] \quad (3.3.2)$$

动画:圆轴扭转变形

式中:$T_{\max}$——危险截面上的力矩;

W_T——危险截面上的抗扭截面系数,圆轴的抗扭截面系数见表3.3.1;

$[\tau]$——材料的许用切应力,$[\tau]$由扭转试验测定,并考虑合理的安全因数,它与许用拉应力$[\sigma]$有如下的近似关系:塑性材料,$[\tau] = (0.5 \sim 0.6)[\sigma]$;脆性材料,$[\tau] = (0.8 \sim 1.0)[\sigma]$。

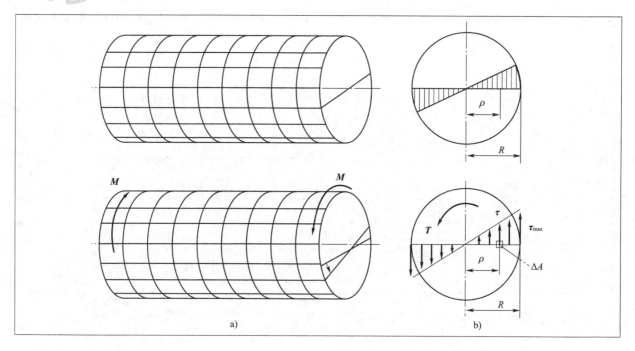

图 3.3.10　圆轴扭转的切应力

圆轴的抗扭截面系数　　　　　　　　　　　　　　　　　表 3.3.1

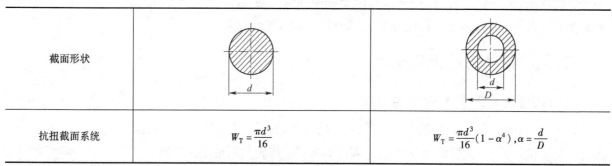

截面形状	（实心圆）	（空心圆）
抗扭截面系统	$W_T = \dfrac{\pi d^3}{16}$	$W_T = \dfrac{\pi d^3}{16}(1-\alpha^4),\ \alpha=\dfrac{d}{D}$

※ **任务分析**

图 3.3.1 中的汽车转向盘转轴和图 3.3.2 中的工具转轴均受到力偶的作用，两轴均受到扭转作用，两轴均会发生扭转变形，两圆轴的横截面会绕各自的轴线发生相对转动。可根据式(3.3.2)对两轴进行强度计算。

一、选择题

1. 实心圆轴扭转，其他条件不变，若要最大切应力变为原来的 8 倍，则轴的直径应变为原来的（　　）。

A. 1/2　　　　B. 不变
C. 2 倍　　　D. 8 倍

2. 两根长度相同的圆轴，受相同的外力偶矩作用，第二根轴直径是第一根轴直径的两倍，则第一根轴与第二根轴最大切应力之比为（　　）。

A. 2∶1　　　B. 4∶1
C. 8∶1　　　D. 16∶1

3. 实心圆轴直径为 d，在计算最大切应力时需要确定抗扭截面系数 W_T，以下正确的是（　　）。

A. $\dfrac{\pi}{16}(1-\alpha^4)$　　　B. $\dfrac{\pi d^3}{16}$

C. $\dfrac{\pi d^3}{32}$　　　D. $\dfrac{\pi}{32}(1-\alpha^3)$

4. 实心圆轴 1 和空心圆轴 2，他们的外径相

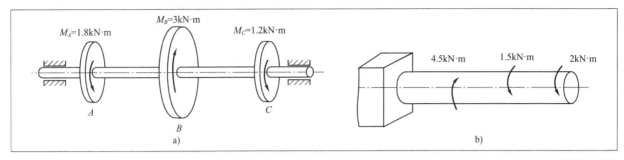

题图 3.3.1

同,受相同力矩作用,则其抗扭截面系数 W_T 正确的是( )。

A. $W_{T2} > W_{T1}$ B. $W_{T1} > W_{T2}$

C. $W_{T1} = W_{T2}$ D. 无法比较

二、计算题

1. 求题图 3.3.1 所示各传动轴上各段的力矩,并画力矩图。

2. 题图 3.3.2 所示为阶梯形圆轴,其中实心 AB 段直径 $d_1 = 40\text{mm}$;BD 段为空心部分,外径 $D = 55\text{mm}$,内径 $d = 45\text{mm}$。轴上 A、D、C 处为皮带轮,已知主动轮 C 输入的外力偶矩为 $M_C = 1.8\text{kN} \cdot \text{m}$,从动轮 A、D 传递的外力偶矩分别为 $M_A = 0.8\text{kN} \cdot \text{m}$,$M_D = 1\text{kN} \cdot \text{m}$,材料的许用切应力 $[\tau] = 80\text{MPa}$。请校核该轴的强度。

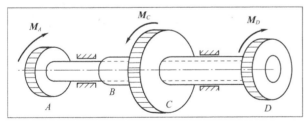

题图 3.3.2

任务 3.4 直梁弯曲时的实用计算

知识目标

1. 掌握梁的受力特点和变形特点。
2. 理解平面弯曲的概念。
3. 掌握平面弯曲的杆件截面上内力的求法以及弯矩图、剪力图的绘制方法。

能力目标

1. 能够用截面法求指定截面上的剪力和弯矩并快速画剪力图和弯矩图。
2. 能够应用强度条件进行强度计算。

素质目标

1. 通过强度计算,树立珍惜资源、反对浪费的意识。
2. 培养理论联系实际、学以致用的学习态度。

任务引入

弯曲是工程实际中最常见的一种基本变形。例如图 3.4.1 所示的轨道交通车辆轮轴受力后的变形,以及公路上的桥梁受力后的变形都属于弯曲变形。请分析这些发生弯曲变形的零件的受力和变形有哪些特点?

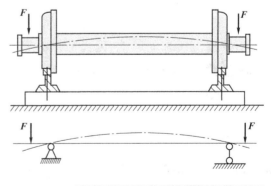

图 3.4.1 轨道交通车辆轮轴的弯曲变形

动画:梁的弯曲变形

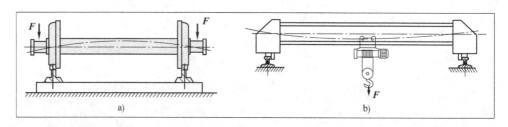

图3.4.2 有对称轴的梁

一、平面弯曲

(一)梁的平面弯曲及应用实例

在外力作用下产生弯曲变形或以弯曲变形为主的杆件,称为**梁**。工程中常见梁的横截面多有一根对称轴,各截面对称轴形成一个纵向对称面,梁的轴线也在该平面内弯成一条曲线,这样的弯曲称为**平面弯曲**,如图3.4.2所示。平面弯曲是最简单的弯曲变形,是工程实际中最常见的一种基本变形。例如:轨道交通车辆轮轴受力后的变形(图3.4.2a)、工厂车间里的桁车受力后的变形(图3.4.2b)等。

这些弯曲变形构件的共同受力特点是:在通过构件轴线的面内,受到力偶或垂直于轴线的外力作用。其变形特点是:构件的轴线被弯曲成一条曲线。本任务主要研究直梁在平面弯曲时横截面上的内力。

(二)梁的计算简图及分类

工程上梁的截面形状、载荷及支承情况一般都比较复杂,为了便于分析和计算,必须对梁进行简化。根据支座对梁约束的不同特点,支座可简化为静力学中的三种基本形式:活动铰链支座、固定铰链支座和固定端,因而简单的梁有三种类型:**悬臂梁、简支梁和外伸梁**。

(1)悬臂梁。一端为固定端支座,另一端自由的梁(图3.4.3a)。

(2)简支梁。一端为活动铰链支座,另一端为固定铰链支座的梁(图3.4.3b)。

(3)外伸梁。一端或两端伸出支座之外的简支梁(图3.4.3c)。

二、梁弯曲时的内力

(一)剪力和弯矩

如图3.4.4a)所示的简支梁,受集中载荷 P_1、P_2、P_3 的作用,为求距 A 端 x 处横截面 m—m 上的内力,首先应根据梁的静力平衡条件,求出支座反力 R_A、R_B,然后用截面法沿截面 m—m 假想地将梁一分为二,取如图3.4.4b)所示的左半部分为研究对象,为使左段梁在垂直方向平衡,在横截面 m—m 上必然存在一个切于该横截面的合力 F_Q,称为**剪力**,它是与横截面相切的分布内力系的合力;同时,为使该段梁不发生转动,在横截面上必定存在一个位于载荷平面内的内力偶,其力偶矩用 M 表示,称为**弯矩**,它是与横截面垂直地分布内力偶系的合力偶的力偶矩。由此可知,**梁弯曲时横截面上一般存在剪力和弯矩两种内力**。

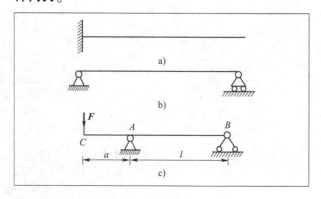

图3.4.3 梁的基本形式

若取左段为研究对象(图3.4.4b),由平衡条件有:

由 $\sum Y = 0, R_A - P_1 - F_Q = 0$,解得:$F_Q = R_A - P_1$

由 $\sum M_A = 0, -R_A x + P_1(x-a) + M = 0$，解得：$M = R_A x - P_1(x-a)$

若取右段为研究对象，同样可求得横截面 m—m 上的内力 F_Q 和 M，两者数值相等，方向相反（图 3.4.4c）。

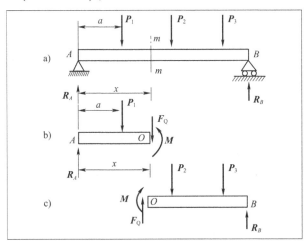

图 3.4.4 截面法求内力

（二）剪力与弯矩的符号规定

为使取左段和取右段得到的剪力和弯矩符号一致，对剪力和弯矩的符号作如下规定：**使分离体产生左侧截面向上、右侧截面向下相对移动的剪力为正**（图 3.4.5a），**反之为负**（图 3.4.5b）；**使分离体产生上凹下凸弯曲变形的弯矩为正**（图 3.4.6a），**反之为负**（图 3.4.6b）。

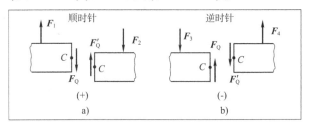

图 3.4.5 剪力的符号规定

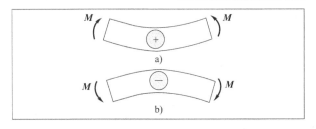

图 3.4.6 弯矩的符号规定

总结上面的例题中对剪力和弯矩的计算，可以看出：横截面上的剪力在数值上等于该截面左段（或右段）梁上所有外力的代数和，即：

$$F_Q = \sum F \qquad (3.4.1)$$

横截面上的弯矩在数值上等于该截面左段（或右段）梁上所有外力对该截面形心的力矩的代数和，即：

$$M = \sum M \qquad (3.4.2)$$

※ **任务分析**

图 3.4.1 所示的轨道交通车辆轮轴受力后的变形、公路上的桥梁受力后的变形都属于平面弯曲变形。它们的共同受力特点是受到的力和力偶都在通过零件轴线的平面内，且受到的力都垂直于零件轴线。它们的变形特点是零件的轴线都被弯曲成曲线。

【随堂巩固 3.4.1】 试求图 3.4.7a)所示的简支梁 AB 截面 1—1 的内力。

解：

(1) 求梁的支座反力。

设 F_{xA} 方向水平向右，F_{yA}、F_{yB} 方向向上，画出梁 AB 的受力分析图，如图 3.4.7b)所示。

$$\sum F_x = 0, F_{xA} = 0$$

$\sum M_A = 0, -10 \times 2 + F_{yB} \times 4 = 0$，计算得：$F_{yB} = 5 (\text{kN})$。

$$\sum F_y = 0, F_{yA} - 10 + F_{yB} = 0, F_{yA} = 5(\text{kN})$$

(2) 求 1—1 截面上的内力

如图 3.4.7c)所示，保留左段，去右段，以内力 F_{Q1} 和 M 代替，根据平衡条件，得：

$$\sum F_y = 0, F_{yA} - F_{Q1} = 0, 即 5 - F_{Q1} = 0, 解得: F_{Q1} = 5(\text{kN})。$$

$$\sum M_A = 0, M - F_{Q1} \times 1 = 0, M = 5(\text{kN} \cdot \text{m})$$

所以，截面 1—1 上的剪力 $F_{Q1} = 5\text{kN}$，弯矩 $M = 5\text{kN} \cdot \text{m}$。

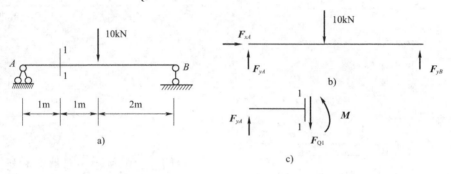

图 3.4.7　简支梁上的内力

三、梁弯曲时的内力图

(一) 剪力图和弯矩图的概念

1. 剪力方程和弯矩方程

梁横截面上的剪力和弯矩是随截面位置而发生变化的，若以横坐标 x 表示横截面的位置，则梁内各横截面上的剪力和弯矩都可以表示为 x 的函数，即：

$$\begin{cases} F_Q = F_Q(x) \\ M = M(x) \end{cases} \quad (3.4.3)$$

式(3.4.3)为梁的剪力方程和弯矩方程。

2. 剪力图和弯矩图

为了表明梁的各截面上剪力和弯矩沿梁轴线的分布情况，通常按剪力方程和弯矩方程绘出函数图形，这种图形分别称为剪力图和弯矩图。

利用剪力图和弯矩图很容易确定梁的最大剪力和最大弯矩，找出梁危险截面的位置，所以正确绘制剪力图和弯矩图是梁的强度和刚度计算的基础。

下面举例说明列剪力方程和弯矩方程以及绘制剪力图和弯矩图的方法。

(二) 绘制剪力图和弯矩图的方法

图 3.4.8 为梁在各种受力状态下的剪力图和弯矩图的画法。表 3.4.1 为剪力图和弯矩图的特征表。

(三) 不同载荷作用下梁的剪力图和弯矩图的特点

在各种载荷作用下，梁的内力图形状有如下的规律：

(1) 梁上只有集中力时，集中力将梁分成若干段无载荷区，在梁的无载荷区，剪力图是与 x 轴平行的直线，弯矩图是斜直线。

(2) 在集中力和集中力偶的作用下，梁的弯矩图是直线，只有在均布载荷作用下，梁的弯矩图才是二次曲线。

(3) 在均布载荷分布段内，当剪力图有一截面剪力为零时，弯矩图上对应于该截面的弯矩为"极值"。

(4) 集中力作用处剪力图发生突变，突变的数值等于该集中力的大小，突变的方向也和该集中力的方向一致。该处的弯矩图出现转折。如集中力作用的简支梁，集中力 F 方向向下，该处剪力图从左至右向下突变；反之，向上突变。

（5）集中力偶作用处弯矩图有突变，突变的数值等于该力偶矩，突变的方向和该力偶的符号形状一致。该处的剪力图不变。如集中力偶作用的简支梁，M_e 符号左高右低，弯矩图突变亦左高右低；反之，左低右高。

（6）集中力的作用点、集中力偶的作用点和分布载荷的边缘点是梁的内力图的分段界线，因为在这些位置的内力图，有的突变，有的转折，有的内力图由直线变为曲线。

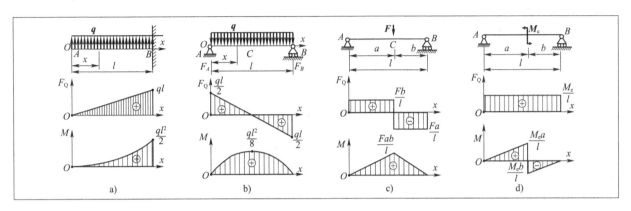

图 3.4.8 各种受力状态下的剪力图和弯矩图

剪力图和弯矩图特征表　　　　　　　　　　　　　　　　　　　　　　　　表 3.4.1

载荷类型	无载荷段	均布载荷段		集中力		集中力偶	
		$q<0$	$q>0$	F↓	F↑	M_e	M_e
剪力图	水平线	倾斜线		产生突变		无影响	
	→	↘	↗	↓F	↑F		
弯矩图	$F_Q>0$ 倾斜线 / $F_Q=0$ 水平线 / $F_Q<0$ 倾斜线	二次抛物线，$F_Q=0$ 处有极值		在作用点 C 处有折角		产生突变	

【随堂巩固 3.4.2】 如图 3.4.9 所示，已知 $M_e = 10\text{kN·m}$，$F = 5\text{kN}$，$a = 1\text{m}$，用截面法求剪力，不列方程，画剪力图和弯矩图，求出 F_{Qmax} 和 M_{max} 的大小。

解：

（1）求 A、B 两点处的约束反力。

$$\sum F_x = 0, F_A + F_B - F = 0$$
$$\sum M_B = 0, -2.5F_A + 10 + 5 \times 1.5 = 0$$

求得：$F_A = 7(\text{kN})$，$F_B = -2(\text{kN})$。

(2) 截面法求剪力。

$$1—1\ 断面：F_{Q1} - 7 = 0, F_{Q1} = 7(\text{kN})$$
$$2—2\ 断面：F_{Q2} - 2 = 0, F_{Q2} = 2(\text{kN})$$

(3) 画剪力图和弯矩图，如图3.4.9b)、图3.4.9c)所示。

(4) 求出 F_{Qmax} 和 M_{max} 的大小。

根据剪力图和弯矩图可知：$F_{Qmax} = 7(\text{kN})$、$M_{max} = 7(\text{kN} \cdot \text{m})$。

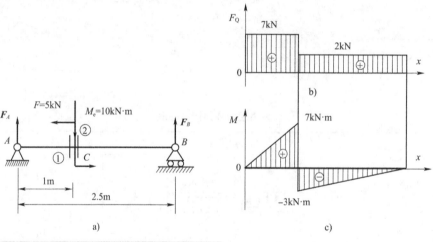

图3.4.9 集中载荷作用下梁的剪力图和弯矩图

【随堂巩固3.4.3】 已知：图3.4.10a)所示的悬臂梁，受到集中力和集中力偶作用，$M_e = 9\text{kN} \cdot \text{m}$，$F = 12\text{kN}$，画出梁的弯矩图。

解：

该悬臂梁的左端是固定约束，用各截面右侧的外力来计算梁的内力，与左端的约束力无关，可以不需要计算固定端的约束力，直接画弯矩图的有关步骤。

① 分段。该梁应分 AC、CB 两段绘制弯矩图。

② 计算各截面的弯矩。

$$M_A = M_e - F \times 1.2 = 9 - 12 \times 1.2 = -5.4(\text{kN} \cdot \text{m})$$
$$M_{C左} = M_e - F \times 0.4 = 9 - 12 \times 0.4 = 4.2(\text{kN} \cdot \text{m})$$
$$M_{C右} = -F \times 0.4 = -12 \times 0.4 = -4.8(\text{kN} \cdot \text{m})$$
$$M_B = 0$$

③ 画弯矩图。

根据上面计算结果，各段弯矩图线两端点的位置坐标 (x, M) 分别是：

AC 段:$(0,-5.4),(0.8,4.2)$;

CB 段:$(0.8,-4.8),(1.2,0)$。

过各段弯矩图线两端点的位置坐标,用两点连直线的方法画弯矩图,如图3.4.10b)所示。

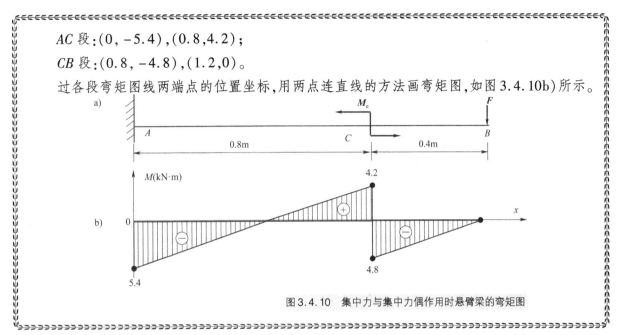

图3.4.10 集中力与集中力偶作用时悬臂梁的弯矩图

四、梁弯曲时的强度条件

(一)中性层与中性轴

由前面内容可知,平面弯曲的梁具有纵向对称面(图3.4.13),外力在对称面内,且垂直于梁轴线,内力有剪力和弯矩。若发生平面弯曲的梁的某段上的弯曲内力只有弯矩,没有剪力,这种弯曲称为**纯弯曲**。如图3.4.11中的AB段发生的弯曲即为纯弯曲。

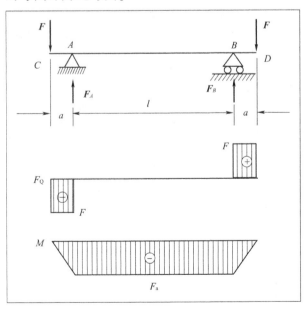

图3.4.11 梁的纯弯曲

为定性分析应力,观察纯弯曲梁的弯曲变形,在梁表面画横线条和纵线条,横线条是横截面外轮廓线,纵线条和轴线平行,两端受外力偶**M**,梁的变形如图3.4.12所示,纯弯曲变形具有以下特点:

(1)横线条依然为直线,横向线间相对地转过了一个微小的角度,但仍与纵向线垂直。

(2)纵线条弯曲成曲线,其间距不变。靠凸边的纵向线伸长,靠凹边的纵向线缩短。

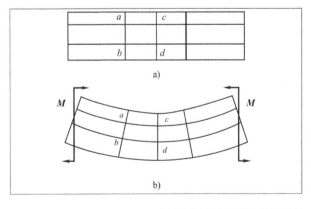

图3.4.12 纯弯曲时梁的变形

纵线条有伸长缩短变形,说明横截面上有拉应力和压应力。横线条偏转一个角度后仍保持直线,说明纵线条伸缩变形后横截面保持平面。

纵线条从伸长到缩短是逐渐变化的,其中必

有既不伸长也不缩短的一层,称为**中性层**(图 3.4.13)。中性层在纵截面上,它和横截面有一条交线,称为**中性轴**。

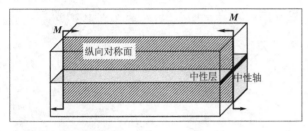

图 3.4.13 中性层

算一算

我们已经计算出图 2.2.13 所示的车轴上的支反力 $F=190$kN,请同学们求出该轴各段的剪力,并绘制出该轴的剪力图和弯矩图。

(二)弯曲正应力强度计算

为了保证梁能够安全地工作,必须使梁具备足够的强度。对于等截面梁来说,最大弯曲正应力发生在弯矩最大的截面的上、下边缘处,而上、下边缘处各点的切应力为零,处于单向拉伸或压缩状态,如果梁材料的许用应力为 $[\sigma]$,则梁正应力强度条件的一般形式为:

$$\sigma_{max}=\frac{M_{max}}{W_z}\leq[\sigma] \quad (3.4.4)$$

式中:M_{max}——梁上的最大弯矩,N·mm;

W_z——抗弯截面系数,mm³,不同截面的抗弯截面系数见表 3.4.2。

梁的抗弯截面系数　　　　　　　　　　　表 3.4.2

截面形状	⊘ d	⊘ d,D
抗弯截面系数	$W_z=\dfrac{\pi d^3}{32}$	$W_z=\dfrac{\pi d^3}{32}(1-\alpha^4)$,$\alpha=\dfrac{d}{D}$

巩固与自测

一、选择题

1. 梁纯弯曲时,其横截面上(　　)。
   A. 只有弯矩,没有切力
   B. 只有切力没有弯矩
   C. 既有弯矩,又有切力
   D. 既无弯矩,也无切力

2. 中性轴是梁的(　　)的交线。
   A. 纵向对称面与横截面
   B. 纵向对称面与中性层
   C. 横截面与中性层
   D. 横截面与顶面或底面

3. 悬臂梁受集中力 F 作用,F 的方向与截面形状如题图 3.4.1 所示,下列各梁可能发生平面弯曲的是(　　)。
   A. A 图　　　　B. B 图
   C. C 图　　　　D. D 图

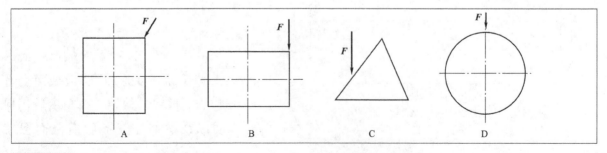

题图 3.4.1

4.实心圆轴直径为 d，在计算最大切应力时需要确定抗弯截面系数 W_z，关于 W_z 的表达式，以下正确的是(　　)。

　　A. $\dfrac{\pi}{16}(1-\alpha^4)$　　B. $\dfrac{\pi d^3}{16}$

　　C. $\dfrac{\pi d^3}{32}$　　D. $\dfrac{\pi}{32}(1-\alpha^3)$

5.现有实心圆轴 1 和空心圆轴 2，它们的横截面积同，承受载荷情况完全相同，则它们的抗弯能力(　　)。

　　A.实心圆轴的抗弯能力强
　　B.空心圆轴的抗弯能力强
　　C.抗弯能力相同

　　D.无法比较

二、计算题

1.如题图 3.4.2 所示，已知 $F=2000\text{N}$，$l=1\text{m}$，用截面法求剪力，不列方程，画剪力图和弯矩图，并求出 F_{Qmax} 和 M_{max} 的大小。

2.如题图 3.4.3 所示，已知 $M_e=5\text{kN}\cdot\text{m}$，$l=1\text{m}$，用截面法求剪力，不列方程，画剪力图和弯矩图，并求出 F_{Qmax} 和 M_{max} 的大小。

3.如题图 3.4.4 所示，已知 $P_1=P_3=2\text{kN}$，$P_2=3\text{kN}$。求 A、B 处反力，用截面法求剪力，并作剪力图和弯矩图。

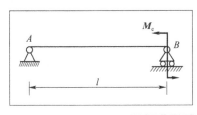

题图 3.4.2

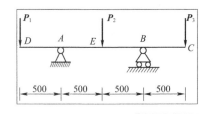

题图 3.4.3

题图 3.4.4

任务 3.5　弯扭组合时的强度计算

知识目标

1.了解组合变形的概念及工程实例。
2.掌握弯扭组合变形时危险截面和危险点的确定、应力分析及强度计算。

能力目标

1.会进行组合变形时危险截面的确定和强度计算。
2.会应用所学知识解决实际中的弯扭组合变形的工程问题。

素质目标

1.认识近代力学之父钱伟长，体悟工程人求实创新的精神和责任担当。

2.通过简化、拆解组合变形，培养分析问题、解决问题的能力。

任务引入

工程实际中有些构件的受力情况比较复杂，往往会同时发生两种及以上的基本变形的组合，**由两种或两种以上的基本变形组合而成的变形形式称为组合变形**。图 3.5.1a)所示起重机的液压缸的变形为压缩和弯曲组合变形，图 3.5.1b)所示电动机的输出轴为弯曲和扭转组合变形。请分析当构件发生组合变形时，如何对它们进行强度计算？请描述弯扭组合变形时强度计算的步骤。

　　a)　　　　　　　b)

图 3.5.1　组合变形实例

在线弹性范围内小变形条件下,各个基本变形所引起的应力和变形是各自独立的,可分别计算每组载荷作用下产生的一种基本变形,再计算构件在基本变形下的应力,最后将基本变形的应力叠加,进而得到构件在组合变形时的应力。之后,分析构件危险点处的应力状态,用相应的强度条件公式进行计算。

构件组合变形有多种形式,下面主要介绍工程中常见的弯曲和扭转组合变形的强度计算。

弯扭组合变形的构件,在危险截面上同时作用着弯矩和力矩,所以该截面上必然同时存在弯曲正应力和扭转切应力。弯矩和力矩组合变形的危险点的应力值分别为:

$$\sigma = \frac{M}{W_z}, \tau = \frac{T}{W_T}$$

由于机械传动中的圆轴一般是用塑性材料制成的,所以采用第三或第四强度理论进行强度计算。

若用第三强度理论的强度条件,可知:

$$\sigma_{r3} = \sqrt{\sigma^2 + 4\tau^2} \leq [\sigma] \quad (3.5.1)$$

对于圆截面轴 $W_z = \frac{\pi d^3}{32}, W_T = \frac{\pi d^3}{16} = 2W_z$,将上面两个式子代入式(3.5.1)中,得到:

$$\sigma_{r3} = \frac{\sqrt{M^2 + T^2}}{W_z} \leq [\sigma] \quad (3.5.2)$$

同理,由式(3.5.2)可得到第四强度理论的强度条件为:

$$\sigma_{r4} = \frac{\sqrt{M^2 + 0.75T^2}}{W_z} \leq [\sigma] \quad (3.5.3)$$

根据上述所建立的弯扭组合变形的强度条件,同样可对弯扭组合变形的构件进行三类计算,即强度校核、尺寸设计和许可载荷的确定。下面举例说明。

【随堂巩固3.5.1】 电动机通过联轴器带动一个齿轮轴,如图3.5.2a)所示。已知两轴承之间的距离 $l = 200$mm,齿轮啮合力的切向分力 $F_t = 5$kN,径向分力 $F_r = 2$kN,齿轮节圆直径 $D = 200$mm,轴的直径 $d = 50$mm,材料的许用应力 $[\sigma] = 55$MPa。试校核此轴强度。

解:

(1)外力分析。将切向力 F_t 向轮心平移,绘出轴的受力图,如图3.5.2b)所示,得附加力偶矩为:

$$M_e = F_t \frac{D}{2} = 5 \times \frac{0.2}{2} = 0.5(\text{kN} \cdot \text{m})$$

F_r 使轴在铅垂平面内产生弯曲变形,力偶 M_e 使轴产生扭转变形,力 F_t 使轴在水平平面内产生弯曲变形。所以,此轴为弯扭组合变形。

(2)内力分析。画轴的力矩图,如图3.5.2c)所示,力矩值为:

$$T = M_e = -0.5(\text{kN} \cdot \text{m})$$

画出轴在铅垂平面内的弯矩图,如图3.5.2d)所示。最大弯矩发生在 C 截面,其值为:

$$M_{xC} = \frac{F_r l}{4} = \frac{2 \times 0.2}{4} = 0.1(\text{kN} \cdot \text{m})$$

由内力图可见,C 截面为危险截面。

(3)强度校核。按第三强度理论校核轴的强度:

$$\sigma_{r3} = \frac{\sqrt{M_{xC}^2 + M_{yC}^2 + T^2}}{W_z}$$

$$= \frac{\sqrt{(0.1 \times 10^3)^2 + (0.25 \times 10^3)^2 + (-0.5 \times 10^3)^2}}{\pi \times (50 \times 10^{-3})^3 / 32} = 46.3(\text{MPa})$$

所以 $\sigma_{r3} < [\sigma] = 55\text{MPa}$，故，此轴的强度能满足要求。

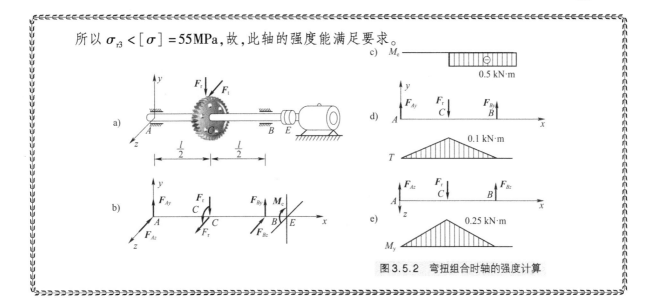

图 3.5.2　弯扭组合时轴的强度计算

※ 任务分析

图 3.5.1a)所示的起重机的液压缸和图 3.5.1b)所示的电动机的输出轴的变形均为组合变形，在对发生组合变形的零件进行强度计算时，要首先对各种变形分别进行强度计算，然后再将多种变形情况按强度条件进行综合，最后确定零件是否满足强度条件。

对发生弯扭组合变形的零件进行强度计算时，按下面步骤进行：

(1) 将横向力沿铅垂方向和水平方向进行分解，然后按垂直和水平平面内的弯矩 M_x 和 M_y，分别画出其弯矩图。

(2) 按式(3.5.4)求出圆轴横截面上的总弯矩值。

(3) 求零件所受的力矩，画出力矩图。

(4) 按第三强度理论或第四强度理论根据式(3.5.5)或式(3.5.6)进行弯扭合成，进行强度校核。

 巩固与自测

计算题

1. 题图 3.5.1 所示传动轴 AD 传递的功率 $P = 2\text{kW}$，转速 $n = 100\text{r/min}$，带轮直径 $D = 250\text{mm}$，带张力 $F_T = 2F_t$，轴材料的许用应力 $[\sigma] = 80\text{MPa}$，轴的直径 $d = 45\text{mm}$。试按第三强度理论校核轴的强度。

2. 题图 3.5.2 所示传动轴传递的功率 $P = 8\text{kW}$，转速 $n = 50\text{r/min}$，轮 A 带的张力沿水平方向，轮 B 带的张力沿竖直方向，两轮的直径均为 $D = 1\text{m}$，重力均为 $G = 5\text{kN}$，带张力 $F_T = 3F_t$，轴材料的许用应力 $[\sigma] = 90\text{MPa}$，轴的直径 $d = 70\text{mm}$。试按第三强度理论校核轴的强度。

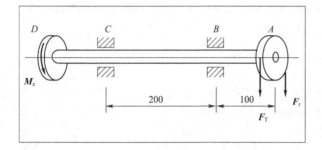

题图 3.5.1

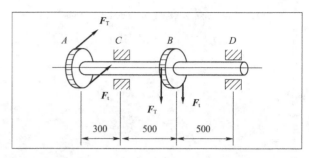

题图 3.5.2

任务 3.6　交变应力作用下零件的疲劳失效分析

1. 了解交变应力与疲劳失效的基本概念。
2. 掌握循环特征、应力幅的概念。
3. 了解对称循环时材料的疲劳失效。

1. 会结合工程实例对疲劳失效的原因进行分析。
2. 会对对称循环的零件进行疲劳失效分析。

通过分析疲劳产生的原因,明确科学是不断发展的,在学习的过程中不要迷信权威,要有批判精神。

任务引入

图 3.6.1a)所示轨道车辆的车轴,其两端的作用力 F 表示车厢的重量作用在此处的载荷。在车辆行驶过程中,车轴会发生转动,力 F 作用的轴段上任意点 a 处(图 3.6.1b)的弯曲应力会随时间做周期性变化。这种随时间做周期性变化的应力,称为**交变应力**。请分析交变应力作用下零件的失效和静应力作用下零件的失效相比是否相同?交变应力作用下零件的疲劳强度如何进行计算?

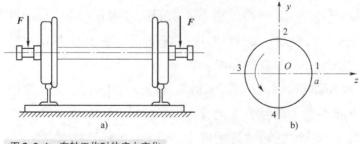

图 3.6.1　车轴工作时的应力变化

一、交变应力的循环特性

前面内容中讨论的零件上的应力都是静应力,其大小、方向基本不随时间变化。实际上,很多设备的零件在工作时,其应力会随时间做周期性的变化。

取时间 t 为横坐标、应力 σ 为纵坐标,在 $\sigma\text{-}t$ 坐标系中,画出一条表示应力随时间变化规律的曲线,称为**应力循环曲线**。图 3.6.2 所示即为前述车轴上 a 点的应力循环曲线。曲线上最高点的纵坐标为最大应力 $\sigma_{\max}$,最低点的纵坐标为最小应力 $\sigma_{\min}$,应力重复变化一次的过程,称为一个应力循环。

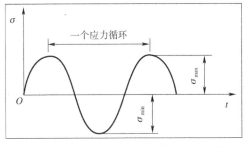

图 3.6.2 应力循环曲线

应力循环中最小应力与最大应力的比值,可用来表示交变应力的变化情况,称为**交变应力的循环特征**,用 r 表示,即:

$$r = \frac{\sigma_{\min}}{\sigma_{\max}} \tag{3.6.1}$$

式中,$\sigma_{\max}$ 和 $\sigma_{\min}$ 均取代数值,拉应力为正,压应力为负。

工程上常见的交变应力有两种:

1. 对称循环

应力循环中的最大应力和最小应力的数值相等、符号相反的交变应力,称为**对称循环交变应力**。如图 3.6.1 和图 3.6.2 所示,车轴上 a 点的交变应力,$\sigma_{\max} = -\sigma_{\min}$,便是对称循环,其循环特征为:

$$r = \frac{\sigma_{\min}}{\sigma_{\max}} = -1$$

2. 脉动循环

应力循环中最小应力为零的情况,称为**脉动循环的交变应力**,其循环特征为:

$$r = \frac{\sigma_{\min}}{\sigma_{\max}} = 0$$

如图 3.6.3 所示,齿轮传动在齿轮转动过程中,某一个轮齿某一点处的交变应力为脉动循环交变应力。

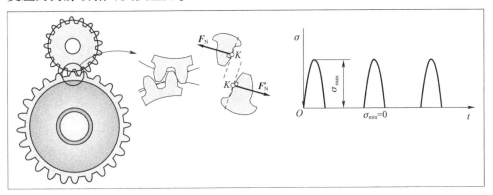

图 3.6.3 对称循环交变应力

二、交变应力作用下圆轴的许用应力

弯曲与扭转组合变形的轮轴,横截面上有弯曲的正应力和扭转的切应力。弯曲正应力是交变应力。而圆轴转动过程中,扭转切应力不一定随时间周期性变化,不一定是交变应力,这样,应用第三强度理论计算圆轴的疲劳强度:

$$\sigma_{r3} = \frac{\sqrt{M^2 + (\alpha T)^2}}{W_z} \leq [\sigma_r] \tag{3.6.2}$$

式中:α——考虑扭转切应力和弯曲正应力具有不同交变特性的折合系数;

$[\sigma_r]$——圆轴的许用应力,MPa。

※ 任务分析

图 3.6.1a)所示的轨道交通车辆的车轴,在车辆行驶过程中,力 F 作用的轴段上任意点 a 处(图 3.6.1b)的弯曲应力为交变应力。

静应力的大小、方向基本不随时间变化,静应力作用下零件的失效只与零件的屈服强度和极限强度有关,失效形式常为塑性变形或断裂;而交变应力会随时间做周期性的变化,交变应力作用下零件的失效是由累积性损伤引起的疲劳失效。交变应力下,零件内微裂纹会不断扩展,常在应力远低于屈服强度时零件就发生破坏。交变应力作用下零件的疲劳强度可根据式(3.6.2)进行计算。

巩固与自测

一、填空题

1. 对称循环时,交变应力的循环特征是_____。
2. 脉动循环时,交变应力的循环特征是_____。
3. 某圆轴两端用滚动轴承支承,以等角速度 ω 旋转,跨度中央有集中力 F 作用,此时轴内应力属_____。

二、简答题

1. 什么是交变应力的循环特征?
2. 某零件的应力循环特征为 1/3,请画出其交变应力的应力-时间曲线。
3. 举出应力循环特征为脉动循环交变应力的实例。
4. 举出应力循环特征为对称循环交变应力的实例。

项目四
平面机构的结构分析

❖ **案例导学**

为了方便自己使用,小王自己设计了如图4.0.1所示的一个手动冲床机构,加工好之后发现该手动冲床无法正常工作,你能帮小王找出原因并提出修改方案吗?

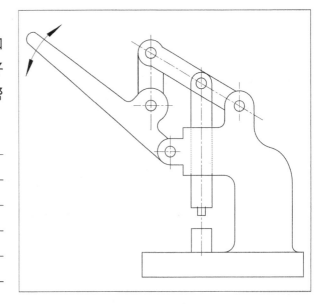

图 4.0.1　手动冲床机构

▶ **技术创新**

钟南山团队研发病毒采样机器人

咽拭子是诊断新冠病毒感染的采样方法。咽拭子操作过程中医务人员需与患者近距离接触,具有较高交叉感染的风险。而且,采集咽拭子过程,因医务人员水平的差异、咽拭子采集操作的不规范,导致拭子质量有差异,容易出现假阴性。

2020年3月疫情期间,由中国工程院院士钟南山团队与中国科学院沈阳自动化研究所联合发起的第一代智能化咽拭子采样机器人系统研发完成。2021年继续推出第二代智能咽拭子机器人"灵采2号"。第二代机器人通过了实战考验,可满足规模化采集需要。

第二代智能咽拭子采集机器人,面向智能化大规模采集的需求,具有可以实现远程的半自动操作、降低医患交叉风险的特点。同时,机器人采集能控制拭子采集力度与位置,统一采集的质量,并能通过更小的采集力度和最优的采集轨迹,减少被采集者的不良反应。

(摘编自央视新闻)

任务 4.1 机器和机构的判别

1. 熟悉机器、机械传动系统的一般组成。
2. 熟悉机器、机构的特征以及构件与零件的区别与联系。

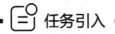

1. 会分析常见机器的原动机部分、传动部分和执行部分,会分析机器工作原理。
2. 能识别组成机器的机构、构件和零件。

培养严谨的学习态度和一丝不苟的工作作风。

图 4.1.1 所示的事物都属于机器吗?请说明你的判断依据。

a) 自行车   b) 城市轨道交通车辆   c) 链传动

图 4.1.1 机器的判别

一、机器与机构

人们在生产和生活中广泛使用着各种机器,机器进入社会的各个领域,改善了劳动条件,提高了生产率。

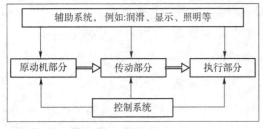

图 4.1.2 机器的组成

(一) 机器的组成

一部完整的机器一般有三个基本组成部分,如图 4.1.2 所示。

1. 原动机部分

它是驱动整个机器的动力源,常用的原动机有电动机、内燃机等。

2.传动部分

处于整个机器传动路线终端,是工作任务的执行者。如起重机的吊钩、车床的刀架、磨床的砂轮等。

3.执行部分

介于原动机与执行机构之间,用于把原动机的运动和动力传递给执行机构。利用它可以调速、改变转矩及改变运动形式等,以满足执行部分的工作需要。如机床变速器、带传动等。

较复杂的机器还包括控制系统(如制动器)、润滑和照明等辅助系统。

(二)机器的特征

图4.1.3所示为单缸四冲程内燃机。它由汽缸体、活塞、连杆、曲轴、进气阀和排气阀、曲轴、凸轮轴、气门顶杆、正时齿轮等组成。

燃料在汽缸体1内燃烧膨胀做功,驱动活塞2向下移动,经连杆3带动曲轴4转动。曲轴经过一对正时齿轮5和6,带动凸轮轴7和气门顶杆8运动,以控制进、排气阀9相对活塞的移动,实现定时启闭。通过燃气在汽缸内的进气—压缩—做功—排气过程,将燃料燃烧时的热能转变为曲轴转动的机械能。

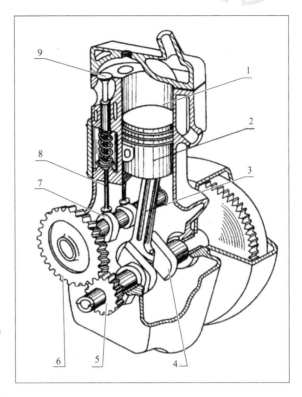

图4.1.3 单缸内燃机

1-汽缸体;2-活塞;3-连杆;4-曲轴;5、6-正时齿轮;7-凸轮轴;8-气门顶杆;9-进、排气阀

机器种类繁多,结构形式和用途也各不相同,但总的来说机器具有三个典型基本特征:

(1)都是人为的实物组合。

(2)各运动单元之间具有确定的相对运动。

(3)能代替或减轻人类的劳动,完成有用的机械功或能量转换。

想一想

图4.1.3所示单缸内燃机中,正时齿轮5是构件吗?是零件吗?活塞2是构件吗?是零件吗?零件和构件有什么区别和联系?

(三)机构的特征

机构是指具有确定相对运动的各种实物的组合,即它仅具备机器的前两个特征。在图4.1.3中,齿轮机构将曲轴的转动传递给凸轮轴,凸轮机构将凸轮轴的转动变换为顶杆的直线往复运动,保证了进、排气阀有规律启闭。由此可见,机器是由机构组成的,但从运动观点来看,两者并无差别,工程上将机构和机器统称为"机械"。

※ 任务实施

完成任务4.1的内容,将答案写至下方。

图4.1.1a):＿＿＿＿＿＿机器,

图4.1.1b):＿＿＿＿＿＿机器,

图4.1.1c):＿＿＿＿机器,

判断依据:＿＿＿＿＿＿

二、构件与零件

动画:内燃机连杆

(一)零件

零件是组成机器的最小制造单元。它分为两类:一类是通用零件,是各种机器中经常使用的零件,如螺栓、螺母等;另一类是专用零件,是仅在特定类型机器中使用的零件,如活塞、曲轴等。

(二)构件

构件是组成机器的最基本的运动单元。它可以是单一零件,如内燃机的曲轴(图4.1.3);也可以是多个零件的刚性组合体,如内燃机的连杆(图4.1.4)。

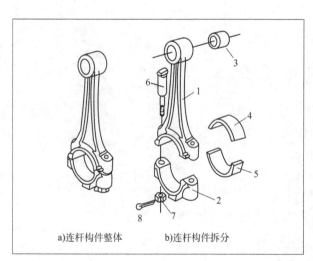

a)连杆构件整体　　b)连杆构件拆分

图4.1.4　内燃机连杆构件图

1-连杆体;2-连杆盖;3-衬套;4、5-轴瓦;6-螺栓;7-螺母;8-开口销

巩固与自测

一、选择题

1.机器中各制造单元称为(　　)。
  A.零件　　　　　　B.构件
  C.机构　　　　　　D.部件

2.机器中各运动单元称为(　　)。
  A.零件　　　　　　B.部件
  C.机构　　　　　　D.构件

二、简答题

1.机器具有什么特征?

2.简述构件与零件的区别和联系。

3.机器、机构、构件、零件四者有什么关系?

任务4.2　平面机构运动简图的绘制

知识目标

1.熟悉机构的组成要素。

2.掌握平面运动副的定义、分类、特征和表示方法。

3.掌握平面机构运动简图的绘制方法。

能力目标

1.会判断运动副的类型。

2.会对运动副和构件进行图形表达。

3.会绘制平面机构运动简图。

素质目标

1.通过绘制平面机构运动简图,培养自主学习的能力和团队协作的能力。

2.具备沟通、协作的能力以及观察、信息收集的能力。

任务引入

如图4.2.1a)所示,分析合页的左右两片之间是如何连接到一起的?如图4.2.1b)所示,轨道交通车轮1和铁轨2在A接触处的接触形式是什么形式(点、线、面)?两图中构成的运动副属于哪一种类型?

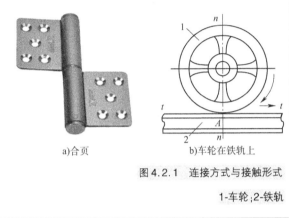

a)合页　　b)车轮在铁轨上

图4.2.1　连接方式与接触形式

1-车轮;2-铁轨

平面机构是指组成机构的所有构件均在同一平面或相互平行的平面内运动的机构,否则称为空间机构。工程中使用的机构多属于平面机构,本书仅讨论平面机构。平面机构由做平面运动的构件和运动副组成。

一、运动副和构件的表示方法

(一)运动副及其分类

1. 运动副

机构中,每个构件都以一定的方式与其他构件进行连接,这种**使两构件直接接触并能产生一定相对运动的连接**,称为运动副。如轴与轴承的连接(图4.2.2①)、铰链连接(图4.2.2②)、活塞与汽缸的连接(图4.2.2③)、凸轮和从动件的连接(图4.2.3a)、相互啮合的轮齿间的连接(图4.2.3b)等。

2. 运动副的分类

两构件间构成的运动副,其接触形式有点、线和面三种。根据接触形式的不同,运动副可分为低副和高副。

1)低副

两构件通过面接触构成的运动副称为低副。根据构成低副的两构件间相对运动形式不同,可将平面低副分为转动副和移动副。

(1)转动副。两构件间只能产生相对转动的运动副称为转动副,也称铰链,如图4.2.2a)所示。

(2)移动副。两构件间只能产生相对移动的运动副称为移动副,如图4.2.2b)所示。

2)高副

两构件以点或线接触而构成的运动副。图4.2.3a)中推杆1与凸轮2、图4.2.3b)轮齿1与轮齿2、图4.2.1b)车轮1与铁轨2在A接触处构成的运动副均为高副。

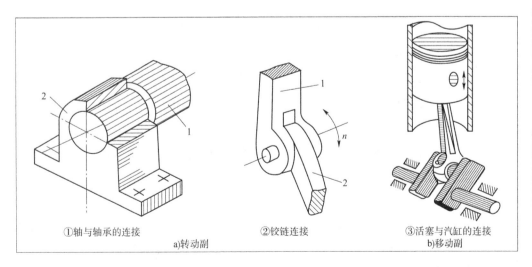

①轴与轴承的连接　　②铰链连接　　③活塞与汽缸的连接

a)转动副　　　　　　　　　　　　　　b)移动副

图4.2.2　低副(面接触)

动画:转动副①

动画:转动副②

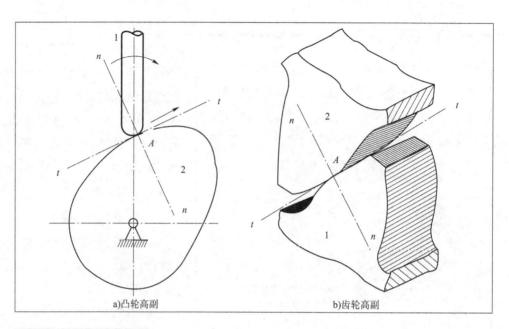

a)凸轮高副　　　　　　b)齿轮高副

图4.2.3　高副(点或线接触)

动画:低副

动画:高副

> ※ **任务分析**
>
> 　　如图4.2.1a)所示的合页左右两片之间是通过销轴连接到一起的,使合页的两片都可以绕连接销轴转动。图4.2.1b)车轮1和铁轨2在A接触处为线接触。
>
> ※ **任务实施**
>
> 　　根据任务4.2的要求,填写下面的内容。
>
> 　　图4.2.1a),接触形式:_____,运动副类型:_____。
>
> 　　图4.2.1b),接触形式:_____,运动副类型:_____。

(二)构件的分类

机构中的构件可分为三类:

1. 机架

机架是机构中固定不动的构件,如图4.2.4中的唧筒。机构中必须且只能有一个机架。

2. 主动件

机构中输入运动的构件称为主动件,也称为原动件,如图4.2.4中的手柄。每个机构中都至少有一个主动件。

3. 从动件

从动件是机构中除主动件和机架以外的所有构件,如图4.2.4中的连杆和活塞杆都是从动件。当从动件输出运动或实现机构功能时,便称其为输出构件或执行件。

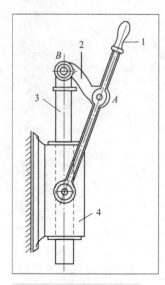

图4.2.4　抽水唧筒结构图

1-手柄;2-连杆;3-活塞杆;4-唧筒

二、平面机构运动简图的绘制

（一）机构运动简图的概念

实际的机械往往都具有复杂的外形和结构，但在对机构进行运动分析时，并不需要了解机构的真实外形和具体结构。这种用规定的线条和符号表示构件和运动副，并按比例绘制出的能够表达各构件间相对运动关系的简图，称为机构运动简图。

若不按比例绘制，仅用规定的线条和符号表示各构件间的相对运动关系的简图称为机构示意图。

（二）平面机构运动简图的绘制

1. 构件的表示方法

构件常用线段或小方块等来表示，如图4.2.5a)所示。机架的表示方法如图4.2.5b)所示。

2. 运动副的表示方法

1) 转动副的表示方法

转动副用圆圈表示，其圆心必须与回转轴线重合。两个构件组成转动副时，表示方法如图4.2.6a)所示。一个构件具有多个转动副时，应在两条线交接处涂黑或在构件内画上斜线，如图4.2.6b)所示。

2) 移动副的表示方法

两构件组成移动副的表示方法如图4.2.7所示，移动副的导路必须与相对移动方向一致。

3) 高副的表示方法

平面高副直接用接触处的曲线轮廓表示。对于凸轮、滚子，习惯画出其全部轮廓；对于齿轮，常用细点画线画出其节圆，如图4.2.8所示。

其他机构运动简图的常用符号参见《**机械制图 机构运动简图用图形符号**》（GB/T 4460—2013）。

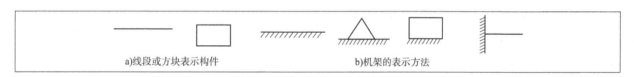

图4.2.5 构件的表示方法

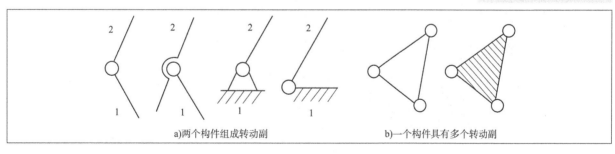

图4.2.6 转动副的表示方法

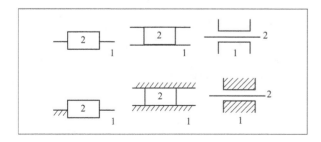

图4.2.7 移动副的表示方法图

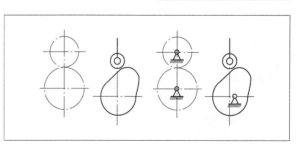

图4.2.8 高副的表示方法

3.平面机构运动简图的绘制步骤

(1)分析机构的组成,确定机架、主动件和从动件。

(2)分析机构运动情况。从主动件开始,循着运动传递路线,依次分析构件间的运动形式,并确定运动副的种类及数目。

(3)选择视图平面。通常选择与构件运动平行的平面作为投影面。

(4)测量出各运动副间的相对位置。

(5)选择适当的比例尺,$\mu_l = \dfrac{\text{构件的实际长度}}{\text{构件的图示长度}}\left(\dfrac{\text{m}}{\text{mm}}\right)$,用规定的线条和符号绘出机构运动简图,并用箭头注明主动件。

【随堂巩固 4.2.1】 绘制图 4.2.9a)所示颚式破碎机的平面机构运动简图。

解:

(1)分析机构的组成,确定机架、主动件、从动件。

构件 1 是机架,偏心轮 2 是主动件,动颚板 3、肘板 4 是从动件。

(2)分析机构运动情况。偏心轮 2 与机架 1 构成转动副,动颚板 3 与偏心轮 2 构成转动副;肘板 4 和动颚板 3 构成转动副,肘板 4 和机架 1 构成转动副。

(3)选择视图平面。选择连杆 1 的工作平面为正投影面,确定各运动副的相对位置。

(4)测量出各运动副间的相对位置。

(5)选择适当的比例尺,用规定的符号和线条绘出颚式破碎机的机构运动简图,并在偏心轮 2(主动件)上标注箭头,如图 4.2.9b)所示。

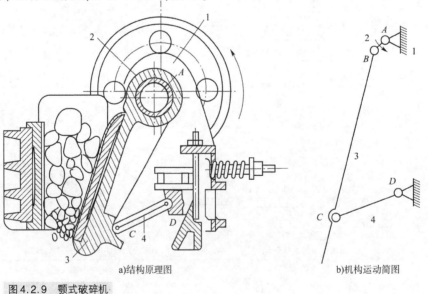

a)结构原理图 b)机构运动简图

图 4.2.9 颚式破碎机

1-机架;2-偏心轮;3-动颚板;4-肘板

巩固与自测

一、填空题

1.两构件接触并具有确定相对运动的连接称为_____。

2.平面运动副可分为_____和_____,低副又可分为_____和_____。

3.平面机构中,两构件通过点、线接触而构成的运动副称为_____。

二、选择题

1. 若两构件组成低副,则其接触形式为(　　)。
   A. 面接触
   B. 点或线接触
   C. 点或面接触
   D. 线或面接触
2. 若两构件组成高副,则其接触形式为(　　)。
   A. 线或面接触
   B. 面接触
   C. 点或面接触
   D. 点或线接触
3. 若组成运动副的两构件间的相对运动是移动,则称这种运动副为(　　)。
   A. 转动副
   B. 移动副
   C. 球面副
   D. 螺旋副
4. 组成运动副的两构件之间的关系是(　　)。
   A. 不接触
   B. 直接接触
   C. 间接接触
   D. 其他
5. 齿轮啮合时两啮合轮齿之间构成的运动副属于(　　)。
   A. 移动副
   B. 低副
   C. 高副
   D. 转动副

任务 4.3 平面机构自由度的计算

知识目标

1. 理解自由度和运动副约束的概念。
2. 掌握计算机构自由度时如何处理复合铰链、局部自由度、虚约束的特殊情况。
3. 掌握判别机构是否具有确定运动的方法。

能力目标

1. 能够处理复合铰链、局部自由度、虚约束的特殊情况,并计算机构的自由度。
2. 会判别机构是否具有确定运动。
3. 会应用平面机构的相关知识对实际应用中的机构进行分析,具有对机构进行创新设计的能力。

素质目标

养成勤于思考、主动钻研的良好习惯,克服学习的畏难情绪,增强学习信心。

任务引入

分别计算图 4.3.1 所示的多杆机构的自由度,并判断它们是否有确定的运动。

a) 三杆机构

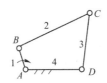
b) 四杆机构

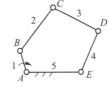
c) 一个主动件五杆机构

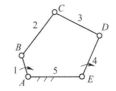
d) 两个主动件五杆机构

图 4.3.1 多杆机构

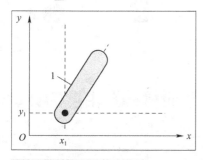

图 4.3.2 单个构件的自由度

一、平面机构自由度的计算

(一)自由度和运动副约束

一个在平面内处于自由状态的构件具有 3 个独立的运动,如图 4.3.2 所示,即沿 x 轴和 y 轴的移动以及绕垂直于 xOy 平面的轴的转动。构件相对于参考系具有的独立运动的数目称为自由度。一个在平面内处于自由状态的构件具有 3 个自由度。

当两个构件通过运动副连接后,构件的独立运动会受到限制。运动副对构成运动副的构件的运动所作的限制称为约束。每引入 1 个约束,构件的自由度就减少 1 个。运动副的类型不同,引入的约束数目也不同。

动画:平面内单个构件的自由度

低副引入 2 个约束,保留 1 个自由度。图 4.3.3a)所示的转动副,限制了构件 2 沿 x 轴和 y 轴方向的移动,只允许构件 2 绕其轴线转动;图 4.3.3b)所示移动副,构件之间只能沿 x 轴做相对运动,限制了构件在平面内的转动和沿 y 轴的移动。

动画:转动副的自由度

高副引入 1 个约束,保留 2 个自由度。图 4.3.3c)所示的凸轮高副,构件 2 相对于构件 1 既可沿切线 t—t 方向移动,又可绕接触点 A 转动,限制了其在接触点法线 n—n 方向的运动。

动画:移动副的自由度

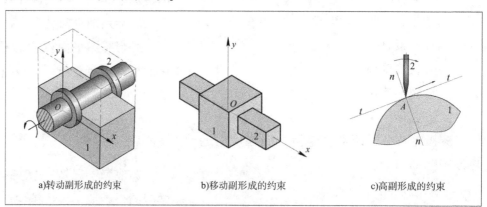

a)转动副形成的约束 b)移动副形成的约束 c)高副形成的约束

图 4.3.3 运动副约束

动画:凸轮高副的自由度

💡 想一想

如图 4.3.4 所示,构件 1 和构件 2 连接构成的转动副限制了构件 1 和构件 2 几个方向的运动?移动副限制了构件几个方向的运动?高副呢?

(二)平面机构的自由度

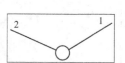

设一个平面机构包含 N 个构件,其中 1 个构件为机架,则活动构件数为 $n = N - 1$。n 个活动构件有 $3n$ 个自由度。如果机构中有 P_L 个低副,P_H 个高副,1 个低副限制 2 个自由度,1 个高副限制 1 个自由度,则该机构的自由度为:

图 4.3.4 转动副对构件的运动所做的限制

$$F = 3n - 2P_{\mathrm{L}} - P_{\mathrm{H}} \qquad (4.3.1)$$

动画:齿轮高副的自由度

【随堂巩固 4.3.1】 求图 4.2.9b)所示颚式破碎机的自由度。

解:

图 4.2.9b)中,机构的活动构件数目 $n = 3$,转动副数目为 4,$P_{\mathrm{L}} = 4$,高副数目 $P_{\mathrm{H}} = 0$,故

$$F = 3n - 2P_{\mathrm{L}} - P_{\mathrm{H}} = 3 \times 3 - 2 \times 4 - 0 = 1$$

(三)计算机构的自由度时应注意的问题

1. 复合铰链

两个以上的构件共用同一转动轴线所构成的转动副称为复合铰链。图 4.3.5a)是由 1、2、3 三个构件构成的复合铰链,由图 4.3.5b)可以看出,此处包含 2 个转动副。当 m 个构件形成复合铰链时,构成 $m - 1$ 个转动副。

2. 局部自由度

机构中不影响输出与输入运动关系的某些构件的局部独立运动称为局部自由度。在计算机构自由度时应将局部自由度去除。

如图 4.3.6a)所示的凸轮机构中,滚子绕本身轴线的转动不影响其他构件的运动,构成局部自由度。计算机构自由度时,应将滚子看成与从动件连成一体,消除局部自由度(图 4.3.6b)所示。该机构活动构件数目 $n = 2$,低副数目 $P_{\mathrm{L}} = 2$,高副数目 $P_{\mathrm{H}} = 1$,则该机构自由度为:

$$F = 3n - 2P_{\mathrm{L}} - P_{\mathrm{H}} = 3 \times 2 - 2 \times 2 - 1 \times 1 = 1$$

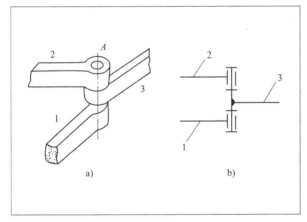

图 4.3.5 复合铰链

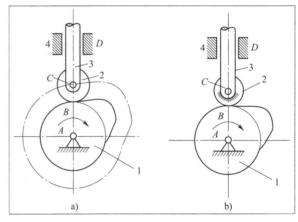

图 4.3.6 凸轮机构的局部自由度

3. 虚约束

对运动不起独立限制作用的约束称为虚约束。在计算自由度时应先去除虚约束。

虚约束常在下列情况下发生:

1) 两构件在连接点处的运动轨迹重合

如图 4.3.7a)所示的平行四边形机构中,若 $EF /\!/ AB /\!/ CD$ 且 $EF = AB = $

CD，则构件5上E点的轨迹与连杆BC上E点的轨迹重合。因此，EF杆引进了虚约束，在计算自由度时应简化成图4.3.7b)。

2) 重复运动副

(1) 重复移动副。两构件构成多个导路平行或重合的移动副时，会引入虚约束。如图4.3.8所示，计算机构自由度时只考虑其中一处的约束，其余为虚约束。

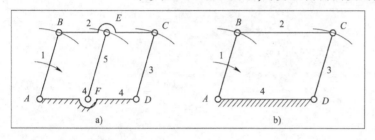

图4.3.7 运动轨迹重合引入虚约束

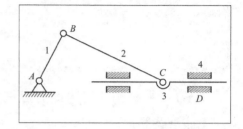

图4.3.8 重复移动副引入虚约束

(2) 重复转动副。两构件间在多处构成轴线重合的转动副时，会引入虚约束。图4.3.9中，齿轮1和齿轮2左侧和右侧的转动副计算自由度时只考虑一处。

(3) 重复高副。两构件间形成多处接触点公法线重合的高副时，会引入虚约束。如图4.3.10所示，计算机构自由度时，只算一处高副。

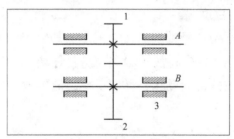

图4.3.9 重复转动副引入虚约束　　图4.3.10 重复高副引入虚约束

3) 重复或对称部分

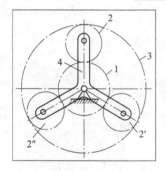

图4.3.11 差动齿轮系

机构中对运动不起独立作用的重复或对称部分会引入虚约束。图4.3.11所示轮系中，齿轮2、2'和2″为对称布置，从运动关系看，只需要一个齿轮2便可达到相同的运动传递效果。齿轮2'和2″对运动传递不起独立作用，引入的高副为虚约束，计算自由度时，需去掉再计算。

虚约束虽不影响机构的运动，但能增加机构的刚性，改善受力情况，因而被广泛采用。

【随堂巩固4.3.2】 计算图4.3.12所示惯性筛机构的自由度。

解：

(1) 判断机构中有无3种特殊情况。

C处是复合铰链；滚子F处有一个局部自由度；E和E'为两构件组成的两个导路平行的移动副，其中之一为虚约束。

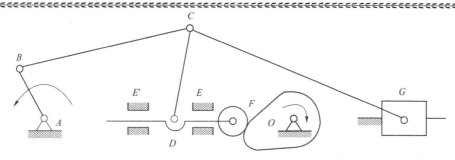

图 4.3.12 惯性筛机构

（2）计算自由度。

机构的活动构件数目 $n=7$，低副数目 $P_L=9$（7 个转动副和 2 个移动副），高副数目 $P_H=1$，则机构自由度为

$$F = 3n - 2P_L - P_H = 3 \times 7 - 2 \times 9 - 1 \times 1 = 2$$

※ 任务实施

根据任务 4.3 的要求，完成下面的内容。

图 4.3.1a)，$n=$ _____，$P_L=$ _____，$P_H=$ _____，$F=$ _____，主动件数目：_____。

图 4.3.1b)，$n=$ _____，$P_L=$ _____，$P_H=$ _____，$F=$ _____，主动件数目：_____。

图 4.3.1c)，$n=$ _____，$P_L=$ _____，$P_H=$ _____，$F=$ _____，主动件数目：_____。

图 4.3.1d)，$n=$ _____，$P_L=$ _____，$P_H=$ _____，$F=$ _____，主动件数目：_____。

二、机构具有确定运动的条件

现以图 4.3.13 的四个多杆机构为例，分别计算它们的自由度。

图 4.3.13a) 为三角形桁架，它没有运动的可能性，其自由度 $F = 3n - 2P_L - P_H = 3 \times 2 - 2 \times 3 - 0 = 0$。若添加原动力，该桁架必遭破坏。

图 4.3.13b) 为四杆机构，其自由度 $F = 3n - 2P_L - P_H = 3 \times 3 - 2 \times 4 - 0 = 1$。该四杆机构自由度为 1，当有 1 个主动件时，机构运动确定。

图 4.3.13c) 为五杆机构，其自由度 $F = 3n - 2P_L - P_H = 3 \times 4 - 2 \times 5 - 0 = 2$。该五杆机构自由度为 2。若只有 1 个主动件，当构件 1 位置给定时，构件 2、3、4 既可以处于实线位置，也可以处于虚线或其他位置，因此，机构的运动不确定；若构件 1、4 的位置给定时，构件 2、3 的位置就被确定了，所以，当五杆机构有 2 个主动件时，该机构的运动确定。

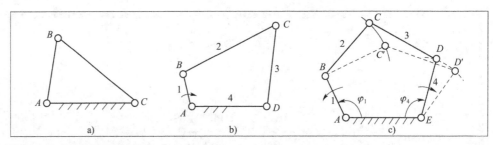

图 4.3.13 机构运动不确定

由上述分析可知,机构具有确定运动的条件是:自由度 F 大于 0 且机构主动件的数目等于机构自由度的数目。

巩固与自测

一、选择题

1. 机构具有确定相对运动的条件是( )。
   A. 机构的自由度数目 = 主动件数目
   B. 机构的自由度数目 > 主动件数目
   C. 机构的自由度数目 < 主动件数目
   D. 机构的自由度数目 ≥ 主动件数目

2. 由 m 个构件所组成的复合铰链所包含的转动副个数为( )。
   A. 1　　　　B. $m-1$　　　　C. m　　　　D. $m+1$

3. 一个构件在平面内做自由运动,具有( )。
   A. 0 个自由度　B. 1 个自由度　C. 2 个自由度　D. 3 个自由度

4. 齿轮啮合中两轮齿之间构成的运动副属于( )。
   A. 移动副　　B. 低副　　　C. 高副　　　D. 转动副

5. 一个低副引入的约束数为( )。
   A. 1 个约束　B. 2 个约束　C. 3 个约束　D. 4 个约束

6. 题图 4.3.1 所示的机构中有( )个虚约束。
   A. 0　　　　B. 1　　　　C. 2　　　　D. 3

7. 题图 4.3.2 所示机构要有确定运动,需要有( )个主动件。
   A. 0　　　　B. 1　　　　C. 2　　　　D. 3

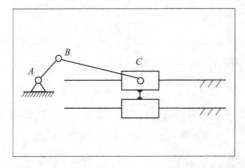

题图 4.3.1

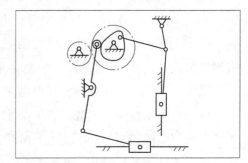

题图 4.3.2

二、分析题

确定题图 4.3.3 各图中运动副的个数。

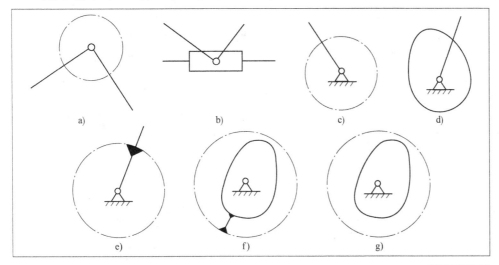

题图 4.3.3

三、机构的自由度计算

计算题图 4.3.4 中各机构的自由度(要求:有复合铰链、局部自由度和虚约束的地方要说明)。

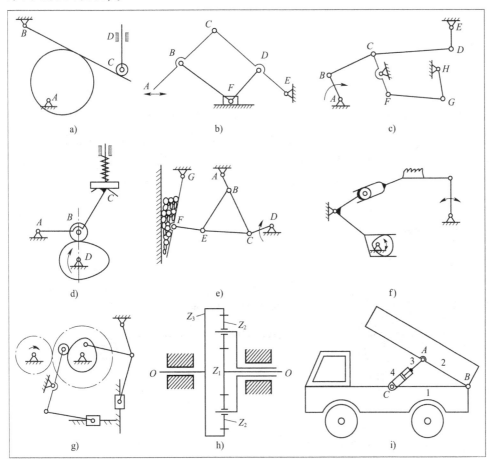

题图 4.3.4 计算机构自由度

项目五
常用机构的运动分析

❖ **案例导学**

在生活、生产的实例中,很多都应用了机构,机构是机械装备的核心骨架。比如图5.0.1所示的内燃机,其进、排气的控制是采用凸轮机构实现;发动机的连杆、活塞和发动机缸体组成一个四杆机构。

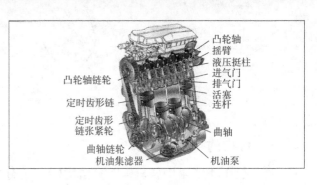

图5.0.1 内燃机

▶ **技术创新**

中国空间站的"天宫神臂"

2021年6月17日18时48分,中国人首次进入自己的空间站,和空间站共同亮相的是一个印有五星红旗及中国载人航天标志的机械臂。这个堪比"变形金刚"的"大力神臂",臂长10.2m,重738kg,承载能力25t,有7个自由度(图5.0.2)。该机械臂是我国目前智能程度最高、规模与技术难度最大、系统最复杂的空间智能制造系统,是经过14年研发,打破西方垄断,技术领先全世界的"中国神臂"。机械臂需可完成舱表状态检查、舱外状态监视、辅助航天员舱外活动和舱表爬行转移四项主要功能。

 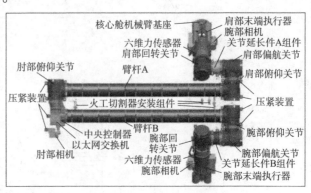

图5.0.2 "天宫神臂"

任务 5.1　平面连杆机构的运动分析

知识目标

1. 了解铰链四杆机构的基本类型及应用。
2. 掌握铰链四杆机构的传动特性和曲柄存在的条件。

能力目标

1. 会判断铰链四杆机构的类型。
2. 会分析平面四杆机构的运动特性和传力特性。
3. 会分析机构的急回特性和死点位置,知道如何克服死点位置。

素质目标

1. 通过学习机构死点的两面性,树立正确的人生观。
2. 四杆机构的演变是发明新机构最有效的方法,培养创造意识和科学思维。

任务引入

现有五根杆件,尺寸分别为 30cm、40cm、50cm、60cm、70cm。请根据杆件的长度,选择其中 4 根,用螺栓、螺母将它们连接在一起,组成一个四杆机构。连接完成后分别固定其中一根杆件,在其他三根杆件中任选一根作为主动件,观察其他杆随其运动的情况,判断得到的机构属于哪种类型。

一、平面连杆机构

(一)平面连杆机构概述

平面连杆机构是由若干个构件通过低副连接而成的机构,又称**平面低副机构**。由四个构件通过低副连接而成的平面连杆机构,称为**平面四杆机构**。平面四杆机构中如果所有低副都是转动副,称为**铰链四杆机构**。**铰链四杆机构是平面四杆机构的最基本形式**,其他形式的四杆机构都可看作是在它的基础上演化而成的。

(二)铰链四杆机构的基本形式

图 5.1.1 所示的铰链四杆机构中,AD 杆为机架。与机架相连的杆 AB 和

CD 称为连架杆,其中能做整周转动的连架杆称为**曲柄**,只能在小于360°范围内摆动的连架杆称为**摇杆**。连接两连架杆的杆 BC 称为**连杆**。

根据连架杆运动情况的不同,**铰链四杆机构可分为三种基本形式:曲柄摇杆机构、双曲柄机构和双摇杆机构**。

1. 曲柄摇杆机构

铰链四杆机构的两连架杆若一个为曲柄,另一个为摇杆,此机构称为曲柄摇杆机构,如图 5.1.2 所示。曲柄摇杆机构能实现等速转动和摆动之间的相互转换。

动画:曲柄摇杆机构

动画:雨刷机构

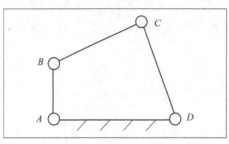
图 5.1.1 铰链四杆机构

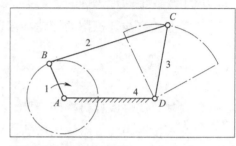
图 5.1.2 曲柄摇杆机构

图 5.1.3 所示的汽车刮水器及图 5.1.4 所示的缝纫机脚踏板机构均为曲柄摇杆机构。其中,汽车刮水器以曲柄为主动件,缝纫机脚踏板机构以摇杆为主动件。

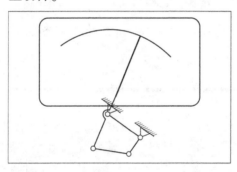
图 5.1.3 汽车刮水器

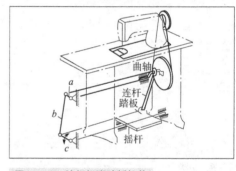
图 5.1.4 缝纫机脚踏板机构

2. 双曲柄机构

如图 5.1.5 所示,两个连架杆均为曲柄的铰链四杆机构,称为双曲柄机构。双曲柄机构可以将主动曲柄的匀速连续转动转变为从动曲柄的变速连续转动。图 5.1.6 所示的惯性筛机构就是利用主动曲柄 1 等速回转时,从动曲柄 3 变速转动,使筛子 6 获得加速度,从而筛选物料。

动画:双曲柄机构

动画:惯性筛机构

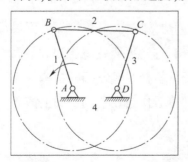
图 5.1.5 双曲柄机构

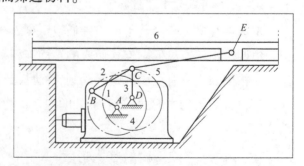
图 5.1.6 惯性筛机构

如果两曲柄的长度相等,且连杆与机架的长度也相等,称为平行双曲柄机构。两曲柄的角速度始终保持相等,图5.1.7所示的机车车轮联动机构。图5.1.8所示的车门启闭机构是反向双曲柄机构,AB 与 CD 长度相等但不平行,两曲柄做不同速反向转动,从而保证两扇门能同时开启和关闭。

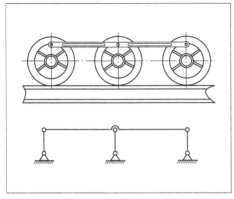 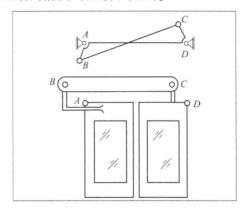

图5.1.7 机车车轮联动机构　　　图5.1.8 车门启闭机构

动画:机车车轮联动机构

动画:车门启闭机构

3. 双摇杆机构

如图5.1.9所示,两连架杆均为摇杆的铰链四杆机构,称为双摇杆机构。双摇杆机构可以将主动摇杆的往复摆动转变为从动摇杆的往复摆动。图5.1.10所示的鹤式起重机是双摇杆机构。

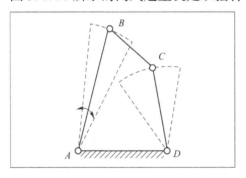 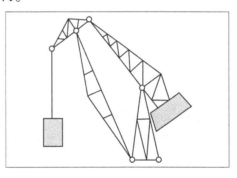

图5.1.9 双摇杆机构　　　图5.1.10 鹤式起重机

动画:双摇杆机构

动画:鹤式起重机

(三)铰链四杆机构基本类型的判别

1. 曲柄存在的条件

铰链四杆机构三种基本形式的区别在于连架杆是否存在曲柄。如图5.1.11a)所示,铰链四杆机构各杆的长度分别为 a、b、c、d。若构件1为曲柄,其回转过程中必有两次与机架共线,如图5.1.11b)、图5.1.11c)所示。根据三角形任意两边之和大于第三边定理,并考虑运动过程中四杆出现共线情况,由图5.1.11b)、图5.1.11c)和图5.1.12可得:

$$a + d \leqslant b + c \tag{5.1.1}$$

$$a + b \leqslant d + c \tag{5.1.2}$$

$$a + c \leqslant d + b \tag{5.1.3}$$

将以上三式两两相加,可得

$$a \leqslant b \quad (5.1.4)$$

$$a \leqslant c \quad (5.1.5)$$

$$a \leqslant d \quad (5.1.6)$$

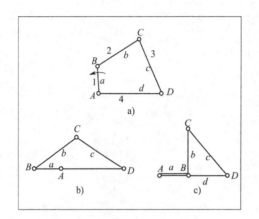

图 5.1.11　铰链四杆机构的运动过程

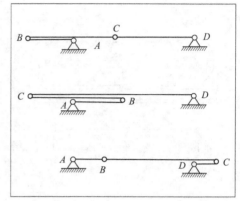

图 5.1.12　运动中可能出现的四杆共线情况

由式(5.1.4)、式(5.1.5)、式(5.1.6)可知,曲柄 AB 必为最短杆,BC、CD、AD 杆中必有一个最长杆。再根据式(5.1.1)、式(5.1.2)、式(5.1.3)可得**曲柄存在的条件为**:

(1) 连架杆与机架两构件中有一个是最短杆。

(2) 最短杆与最长杆的长度之和小于或等于其他两杆长度之和(称为杆长和条件)。

※ **任务实施**

根据任务 5.1 的要求,完成下面的内容。

(1)从五根杆件中选出能组成四杆机构的四根杆件,记录无法组成四杆机构的组合有几种,四杆共线的组合有哪几种。

(2)用螺栓、螺母将选出的四根杆件连接在一起,组成一个四杆机构。

(3)固定四杆机构的任意一根杆件,在剩余的三根杆件中任选一根杆作为主动件,观察其他杆随其运动的情况,判断此机构属于哪种类型的机构。

(4)固定其他杆件,再试一试,看机构的类型有没有发生变化,发生了怎样的变化,多试几种情况。

动画:铰链四杆机构取不同构件作机架时得到不同的机构

2.铰链四杆机构基本类型的判别方法

在铰链四杆机构中,当不满足杆长和条件时,只能得到双摇杆机构;当满足杆长和条件时,取不同的构件作机架,可得到不同类型的铰链四杆机构:

(1)取最短杆为机架时,得到双曲柄机构。

(2)取最短杆相邻的杆为机架时,得到曲柄摇杆机构。

(3)取最短杆对面的杆为机架时,得到双摇杆机构。

二、铰链四杆机构的基本特性分析

做一做

自制一个曲柄摇杆机构,观察当曲柄为主动件时,摇杆什么时候处于极限位置;当曲柄匀速转动时,摇杆往返速度是否相同?如果不同,什么时候速度快?当取摇杆为主动件时,观察当曲柄和连杆共线时,会出现什么情况?

(一)急回特性

如图5.1.13所示,在曲柄摇杆机构中,当曲柄为主动件做匀速转动时,摇杆作为从动件做往复摆动,曲柄在回转一周的过程中有两次与连杆共线(AB_1和至AB_2)。此时摇杆分别处于两个极限位置(C_1D和C_2D)。摇杆的两个极限位置之间的夹角ψ称为摇杆的摆角。摇杆处于两极限位置时曲柄所在直线之间所夹的锐角θ称为极位夹角。

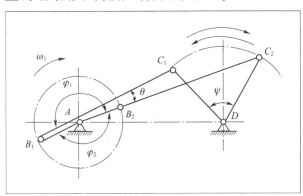

图5.1.13 曲柄摇杆机构的急回特性

当曲柄作为主动件以角速度ω_1顺时针方向匀速转动时,摇杆作为从动件从DC_1摆动至DC_2时称为工作行程,所用时间为t_1,C点的平均速度为v_1;摇杆从DC_2回到DC_1时称为回程,所用时间为t_2,C点的平均速度为v_2。工作行程和回程时曲柄AB和摇杆CD的运动情况如表5.1.1所示。

由图5.1.13和表5.1.1可知,$t_1 > t_2$,所以$v_2 > v_1$,说明当曲柄匀速转动时,摇杆往返的速度不同,返回时速度较大。机构回程速度大于工作行程速度的特性称为急回特性。通常用行程速比系数K来表示,即

$$K\frac{\text{从动件回程平均速度}}{\text{从动件工作行程平均速度}} = \frac{v_2}{v_1} = \frac{t_1}{t_2} = \frac{\varphi_1}{\varphi_2} = \frac{180°+\theta}{180°-\theta}$$

(5.1.7)

行程速比系数的大小表达了机构的急回程度。$\theta > 0$,$K > 1$,机构有急回特性;$\theta = 0$,$K = 1$,机构没有**急回特性**。K越大,急回特性越显著。

四杆机构的急回特性可以节省空回时间,提高效率,如牛头刨床中退刀速度明显高于工作速度,就是利用了摆动导杆机构的急回特性。

(二)传力特性

1.压力角α和传动角γ

衡量机构传力性能好坏的特性参数是压力角和传动角。在不计摩擦力和杆件的重力时,从动件上受力点的速度方向与所受力方向之间所夹的锐角,称为机构的**压力角**,用α表示。

曲柄摇杆机构的工作过程　　　　　　表5.1.1

工作过程	构件	
	曲柄AB	摇杆CD
工作行程	$AB_1 \xrightarrow[\text{时间}:t_1]{\text{转角}:\varphi_1=180°+\theta} AB_2$,$\omega_1$,$t_1=\dfrac{\varphi_1}{\omega_1}$	$DC_1 \xrightarrow{\psi}_{t_1} DC_2$,$v_1 = \dfrac{\widehat{C_1C_2}}{t_1}$
回程	$AB_1 \xleftarrow[\text{时间}:t_2]{\text{转角}:\varphi_1=180°-\theta} AB_2$,$\omega_1$,$t_1=\dfrac{\varphi_2}{\omega_1}$	$DC_1 \xrightarrow{\psi}_{t_1} DC_2$,$v_2 = \dfrac{\widehat{C_2C_1}}{t_2}$

它的余角(传力杆和从动件之间所夹的锐角)称为**传动角**,用 γ 表示,$\gamma = 90° - \alpha$。

曲柄摇杆机构的压力角和传动角如图 5.1.14 所示。F 可分解成两个分力 F_t 和 F_n,其中 $F_t = F\cos\alpha = F\sin\gamma$,沿 v_C 方向,它能推动从动件运动,为有效分力。$F_n = F\sin\alpha = F\cos\gamma$,垂直于从动件方向,它引起摩擦阻力,为有害分力。**显然,压力角 α 越小,传动角 γ 越大,有效力 F_t 越大,有害力 F_n 越小,机构的传力性能越好**;反之,机构的传力性能越差。生产中常用传动角 γ 来判断机构的传力性能的好坏。

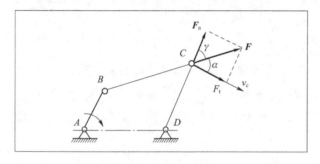

图5.1.14 曲柄摇杆机构基本特性

机构工作时传动角 γ 的大小是变化的。为了保证机构具有良好的传力性能,设计时要求传动角不小于许可值,一般应使最小传动角 $\gamma_{min} \geq 40°$,对于高速大功率机械应使 $\gamma_{min} \geq 50°$。

曲柄摇杆机构当曲柄与机架共线的两个位置即为可能出现最小传动角的位置。如图 5.1.15a)所示,当 AB 和 AD 重合共线时,连杆和从动件间的夹角 δ 为最小值,此时 δ_{min} 为锐角,故 $\gamma_{min} = \delta_{min}$。如图 5.1.15b)所示,当 AB 和 AD 延长共线时,δ 为最大值,若 δ_{max} 为锐角,$\gamma_{min} = \delta_{max}$;若 δ_{max} 为钝角,$\gamma_{min} = 180° - \delta_{max}$。

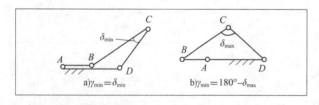

图5.1.15 曲柄摇杆机构的 γ_{min}

2. 死点

所谓死点是指当传动角 $\gamma = 0°$ 时机构所处的位置。图 5.1.16 所示曲柄摇杆机构中,若以摇杆 CD 为主动件,曲柄 AB 与连杆 BC 共线时,连杆 BC 作用于曲柄 AB 上的力通过其回转中心 A,传动角 $\gamma = 0°$,力对 A 点产生的力矩为零,此时无论作用力有多大,都不能使曲柄转动,机构出现"卡死"现象,机构此时所处位置的称为死点位置。

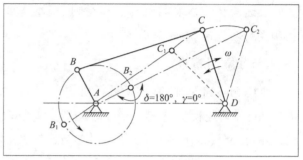

图5.1.16 死点位置

💡**想一想**

死点位置对机构肯定是有害的吗?

死点位置对机构传动往往是不利的,实际机械中常借助于飞轮惯性通过死点位置,如缝纫机的大带轮就兼有飞轮的作用。另外还可以利用机构错位排列的方法通过死点,如图 5.1.17 所示的机车车轮联动装置。

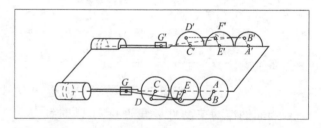

图5.1.17 机车车轮联动装置

工程上有时也利用死点来实现一定的工作要求。如图 5.1.18 所示的飞机起落架,当机轮放下时 BC 杆与 CD 杆共线,机构处在死点位置,确保地面对机轮的力不会使 CD 杆转动,使降落可靠。图 5.1.19 所示的夹紧机构,工件夹紧后 BCD 成一条线,机构处于死点位置,即使工件反力很大也不能使机构反转,使夹紧牢固可靠。

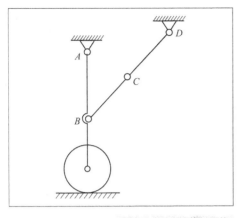
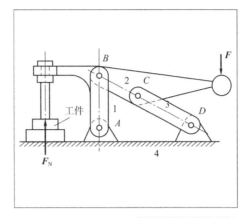

动画:飞机起落架-利用死点

动画:夹具-利用死点

图5.1.18 起落架机构　　图5.1.19 夹紧机构

三、铰链四杆机构的演化

做一做

自制一对心曲柄滑块机构,观察一下当固定的构件不同时,机构是如何运动的。

一般生产实践中广泛应用各种平面四杆机构,这些机构虽然具有不同的外形和构造,但有一定的内在联系,其他类型的平面四杆机构(如曲柄滑块机构和导杆机构)都可以看作是在铰链四杆机构的基础上演化而来的。

(一)曲柄滑块机构

图5.1.20a)所示的曲柄摇杆机构,若将CD杆做成滑块,构件4做成环形槽,环形槽的中心为D点,使滑块沿环形槽移动,如图5.1.20b)所示。当环形槽半径趋于无穷大时,C点轨迹变成直线,曲柄摇杆机构演化为曲柄滑块机构,如图5.1.20c)所示。

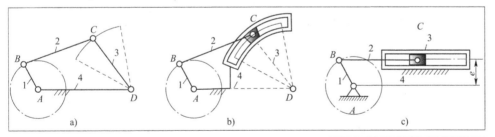

动画:变转动副为移动副

图5.1.20 铰链四杆机构的演化

如图5.1.21a)所示,曲柄转动中心A至滑块导轨m—m的距离e,称为偏距。若e=0,称为对心曲柄滑块机构。如图5.1.21b)所示,若e≠0,称为偏置曲柄滑块机构。

动画:对心曲柄滑块机构

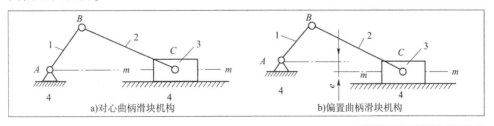

图5.1.21 曲柄滑块机构

动画:偏置式曲柄滑块机构

曲柄滑块机构用于实现转动与往复移动之间的运动转换，常应用于内燃机、空气压缩机、雨伞的收放机构中。

💡 想一想

对心曲柄滑块机构有没有急回特性？

(二)导杆机构和摇块机构

在曲柄滑块机构中，当取不同的构件作机架时，可以得到不同类型的机构。

1. 导杆机构

对心曲柄滑块机构，当取杆1为机架时，可得到图5.1.22a)所示的导杆机构。其中，与滑块组成移动副的长杆4称为导杆。若杆长 $l_1 < l_2$，杆2和杆4均做整周回转，这种导杆机构称为转动导杆机构，图5.1.23a)所示的小型刨床机构是应用转动导杆机构的实例；若 $l_1 > l_2$，杆2整周回转时，杆4往复摆动，称为摆动导杆机构，图5.1.23b)所示的牛头刨床主运动机构即为摆动导杆机构应用的实例。

动画：对心曲柄滑块机构取不同构件作机架

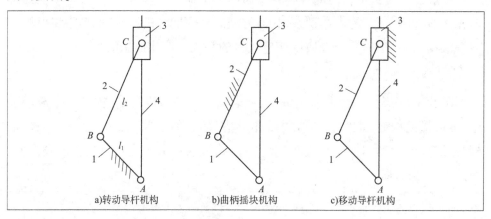

图5.1.22 曲柄滑块机构取不同的构件为机架时的演化

动画：牛头刨床主运动机构

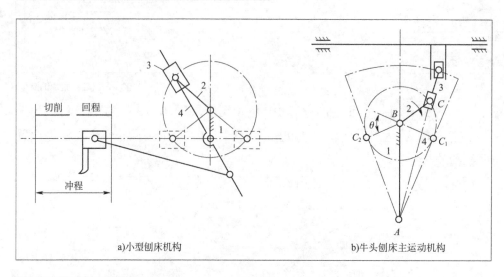

图5.1.23 导杆机构的应用

2. 曲柄摇块机构

对心曲柄滑块机构,若取杆 2 为机架,可得到曲柄摇块机构,如图 5.1.22b)所示,机构中杆 1 绕 B 点整周回转时,杆 4 相对滑块 3 移动,并与滑块 3 一起绕 C 点摆动。图 5.1.24 所示的载货汽车自动翻转卸料机构即为曲柄摇块机构,主动件是活塞杆 4,油缸 3 是摇块,车厢 AB 是曲柄。油缸进出液压油,通过活塞杆往复移动,控制车厢翻起、放回。

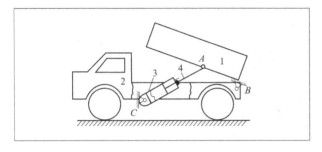

图 5.1.24 载货汽车自动翻转卸料机构

3. 移动导杆机构

对心曲柄滑块机构中,当取滑块作机架,可得到移动导杆机构,如图 5.1.22c)所示。常用的抽水唧筒是其应用实例,如图 5.1.25 所示,滑块 3 为机架,摇动手柄 1,使导杆 4 上下移动,实现抽水动作。

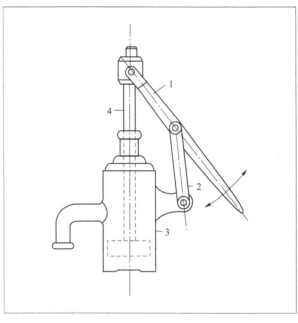

图 5.1.25 抽水唧筒

(三)双滑块机构

双滑块机构是具有两个移动副的四杆机构。图 5.1.26 所示的椭圆仪是它的应用实例。

动画:椭圆仪

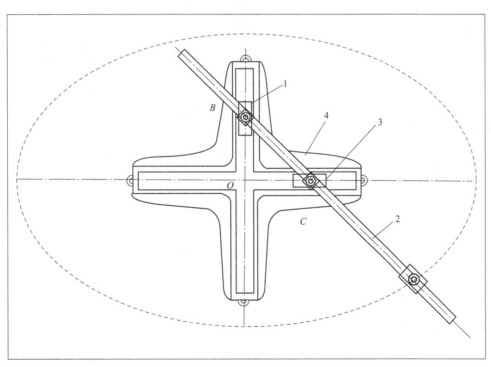

图 5.1.26 椭圆仪

巩固与自测

一、填空题

1. 在曲柄摇杆机构中,当曲柄等速转动时,摇杆往复摆动的平均速度不同的运动特性称为_____。
2. 在平面四杆机构中,用_____来判别机构是否具有急回特性以及该机构急回特性的显著程度。
3. 当摇杆为主动件时,曲柄摇杆机构的死点发生在曲柄与_____共线的位置。
4. 四杆机构中是否存在死点位置,决定于从动件是否与连杆_____。
5. 铰链四杆机构的三种基本类型是_____、_____、_____。

二、判断题

1. 在曲柄摇杆机构中,曲柄和连杆共线,就是死点位置。（   ）
2. 在平面四杆机构中,传动角为0°时,是机构的死点位置。（   ）
3. 在实际生产中,机构的死点位置对工作都是不利的,处处都要考虑克服。（   ）
4. 缝纫机脚踏板机构是以摇杆为主动件的曲柄摇杆机构。（   ）
5. 机构有无急回特性用行程速比系数 K 来衡量,K 越大,急回特性越显著。（   ）

三、选择题

1. 铰链四杆机构中,不与机架相连的构件称为（   ）。
   A. 曲柄　　　　　B. 连杆
   C. 连架杆　　　　D. 摇杆
2. 在曲柄摇杆机构中,只有当（   ）主动件时,机构才会出现死点位置。
   A. 连杆　　　　　B. 机架
   C. 摇杆　　　　　D. 曲柄
3. 当机构的急回特性系数 K 为（   ）时,曲柄摇杆机构有急回特性。
   A. $K<1$　　　　B. $K=1$
   C. $K>1$　　　　D. $K=0$
4. 曲柄滑块机构中,若机构存在死点位置,则主动件应为（   ）。
   A. 曲柄　　　　　B. 滑块
   C. 连杆　　　　　D. 机架
5. 能把旋转运动转变成往复直线运动的机构有（   ）。
   A. 曲柄摇杆机构　　B. 双曲柄机构
   C. 双摇杆机构　　　D. 曲柄滑块机构

四、简答题

1. 铰链四杆机构的三种基本类型分别是什么?它们分别有什么样的特点?你在哪些机械中见到它们的应用?
2. 在什么情况下曲柄滑块机构才会有急回特性?
3. 曲柄摇杆机构中,摇杆为什么会产生急回运动?

五、作图与分析题

1. 题图5.1.1所示的铰链四杆机构,根据注明的尺寸判定其类型。

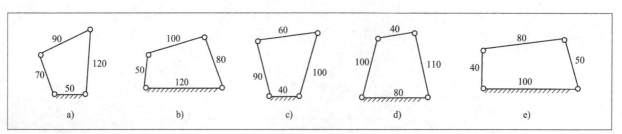

题图5.1.1　铰链四杆机构基本类型的判定

2.判断题表5.1.1所示机构的极限位置、有无死点位置,若有死点位置在何处。

机构的极限位置和死点位置　　　　题表5.1.1

名　　称	机　构　简　图	主动件	极限位置	有无死点位置	死点位置
曲柄摇杆机构		曲柄			
		摇杆			
曲柄滑块机构		曲柄			
		滑块			

3.题图5.1.2所示的机构中,曲柄AB为主动件时,作出机构在图示位置处的压力角。

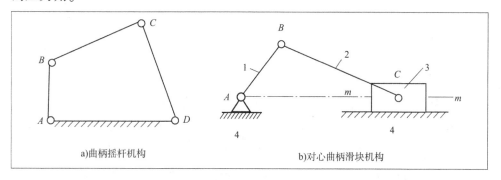

题图5.1.2　作机构的压力角

任务5.2　凸轮机构的运动分析与设计

知识目标

1.了解凸轮机构的组成、分类、特点及应用。
2.掌握凸轮机构从动件运动规律。
3.掌握图解法设计凸轮轮廓曲线。

能力目标

1.会分析各种机器中凸轮机构的工作原理。

2. 会分析盘形凸轮机构的工作过程。

3. 会根据从动件的运动规律,用作图法设计盘形凸轮机构轮廓曲线。

通过凸轮轮廓曲线的设计,懂得做机械设计要一丝不苟、精益求精,确保每个部件的质量,树立责任意识。

任务引入

为内燃机中的配气机构选择合适的凸轮机构的类型,并选择合适的从动件的运动规律。如图 5.2.1 中的内燃机,用作图法设计其配气机构凸轮轴的凸轮轮廓,此凸轮机构为对心式直动尖顶从动件盘形凸轮。已知基圆半径 $r_b=35\text{mm}$,行程 $h=20\text{mm}$,凸轮顺时针匀速转动,从动件的运动规律见表 5.2.1。

内燃机配气机构凸轮机构从动件运动规律　　　　表 5.2.1

凸轮转角 φ	0°~180°	180°~210°	210°~300°	300°~360°
从动件的运动规律	等加速等减速上升	停止不动	等速下降回到原处	停止不动

一、凸轮机构的认知

(一)凸轮机构的组成及应用

凸轮是一个具有曲线轮廓或凹槽的构件,通常做连续的等速转动,但也有做往复摆动或往复直线运动的。被凸轮直接推动的构件称为从动件(或称推杆)。从动件在凸轮轮廓的控制下,按预定的运动规律做往复移动或摆动。凸轮机构是由凸轮、从动件和机架三个基本构件组成的高副机构。

图 5.2.1 所示为内燃机配气机构,当凸轮 1 做等速转动时,通过其径向的变化使气阀 2 按预期的规律做上、下往复运动,使气阀按汽缸工作循环要求有规律地开启或关闭(关闭是借弹簧 3 的作用)。

图 5.2.2 为靠模车削机构,工件 1 做回转运动,当拖板 2 纵向移动时,刀架 3 在靠模板 4(凸轮)曲线轮廓的推动下做横向移动,从而切削出与靠模板曲线形状一致的工件。

图 5.2.3 所示为一自动机床的走刀机构。当具有凹槽的圆柱凸轮 1 等速转动时,其凹槽的侧面通过嵌于凹槽中的滚子 2 迫使从动件 3 绕点 O 做往复摆动,从而控制刀架的进刀和退刀运动。

(二)凸轮机构的特点

由上述例子可以看出,从动件的运动规律是由凸轮轮廓曲线的形状决定的,只要凸轮轮廓设计得当,就可以使从动件实现任意给定的运动规律。凸轮机构结构简单紧凑,运动可靠。凸轮机构的缺点是凸轮副是高副,接触应力较大,易于磨损,所以凸轮机构多用于传递动力不大的场合。

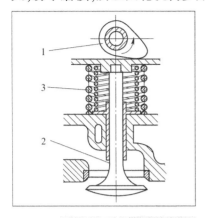

图5.2.1 内燃机配气机构

1-凸轮;2-气阀;3-弹簧

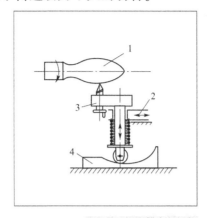

图5.2.2 靠模车削机构

1-工件;2-拖板;3-刀架;4-靠模板

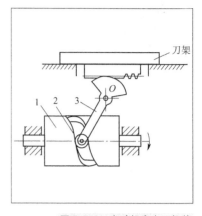

图5.2.3 自动机床走刀机构

1-圆柱凸轮;2-滚子;3-从动件

(三)凸轮机构的分类

凸轮机构的种类很多,可以从以下几个不同的角度进行分类。

1. 按凸轮的形状分类

(1)盘形凸轮。如图5.2.1所示,它是凸轮最基本的形式。凸轮绕固定轴线转动时,从动件运动平面与凸轮轴线垂直。

(2)移动凸轮。如图5.2.2所示,它可以看作是回转半径无穷大的盘形凸轮,凸轮做往复直线移动。

(3)圆柱凸轮。如图5.2.3所示,它是在圆柱端面上作出曲线轮廓或在圆柱面上开出曲线凹槽的构件。当凸轮转动时,其曲线凹槽可推动推杆产生预期的运动。这种凸轮可看成是移动凸轮卷制而成的圆柱体。

动画:靠模车削机构

2. 按从动件的端部形状分类

(1)尖顶从动件。如图5.2.4a)所示,这种从动件结构简单,但由于凸轮与从动件之间为点或线接触,接触应力高,易磨损,所以只适用于作用力不大和速度较低的场合。

(2)滚子从动件。如图5.2.4b)所示,从动件为自由转动的滚子,滚子与凸轮之间为滚动摩擦,磨损较小,可实现较大动力的传递,应用较广。

动画:自动机床走刀机构

(3)平底推杆从动件。如图5.2.4c)所示,从动件的端部为平底,这种从动件与凸轮间的作用力始终垂直于从动件的底面,受力平稳。凸轮与平底间易形成油膜,润滑较好,所以常用于高速传动中。

3. 按凸轮与从动件保持高副接触(称为锁合)的方法分类

(1)力锁合。主要利用重力、弹簧力或其他外力使从动件与凸轮始终保持接触,如图5.2.1所示。

(2)形锁合。靠凸轮和从动件推杆的特殊几何形状来保持两者的接触,如图5.2.3所示。

4. 按推杆的运动形式分类

(1)直动从动件。从动件做往复直线运动。若直动从动件的轴线通过凸轮的回转轴线则称其为对心直动从动件(图5.2.4a、c),不通过的为偏置直动推杆(图5.2.4b)。

动画:尖顶从动件
凸轮机构

动画:滚子从动件
凸轮机构

动画:平底从动件
凸轮机构

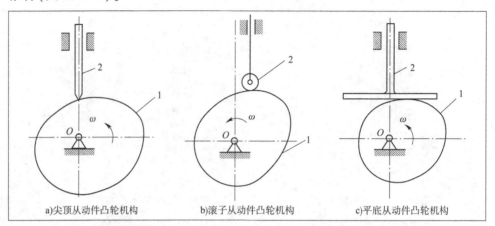

a)尖顶从动件凸轮机构　　b)滚子从动件凸轮机构　　c)平底从动件凸轮机构

图5.2.4　按凸轮形状的分类

1-凸轮;2-从动件

(2)摆动从动件。从动件做往复摆动。图5.2.5所示为摆动滚子从动件盘形凸轮机构。

二、凸轮机构的运动特性分析

(一)凸轮机构的工作过程

图5.2.6a)所示为一尖顶对心直动从动件盘形凸轮机构。以 O 点为圆心,以圆心 O 距凸轮轮廓最小距离为半径所作的圆称为凸轮的基圆,r_b 为基圆半径。凸轮轮廓由 AB、BC、CD 及 DA 四段曲线组成,其中 BC、DA 两段为圆弧。设点 A 为凸轮廓线的起始点,当从动件与凸轮在点 A 接触时,从动件处于最低位置。

(1)推程。当凸轮以等角速度 ω 逆时针方向转动时,凸轮廓线上的 AB 段推动从动件从最低位置到达最高位置 B',这一过程称为推程,凸轮相应转过的角度 Φ_0 称为推程角。

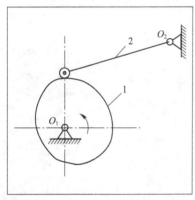

图5.2.5　摆动凸轮

(2)远停程。凸轮继续转动,当从动件与凸轮廓线的 BC 段接触时,由于 BC 段为以凸轮轴心 O 为圆心的圆弧,从动件处于最高位置静止不动,这一过程称为远停程,此过程凸轮相应转过的角度 Φ_S 称为远停程角。

动画:摆动从动件
凸轮机构

(3)回程。而后,当从动件与凸轮廓线的 CD 段接触时,从动件又由最高位置回到最低位置,这一运动过程称为回程,回程凸轮相应的转角 Φ'_0 称为回程角。

(4)近停程。最后,当从动件与凸轮廓线 DA 段圆弧接触时,从动件在最低位置静止不动,此过程称为近停程,凸轮相应的转角 Φ'_S 称为近停程角。

凸轮再继续转动时,从动件又重复上述升—停—降—停的运动过程。从动件在推程或回程中移动的距离用 h 表示,称为从动件的行程。

从动件的位移 S 与凸轮转角 φ 的关系可以用从动件的 $s-\varphi$ 线图来表示（图 5.2.6b）所示。由于大多数凸轮做等速转动，转角与时间成正比、因此横坐标也代表时间 t。

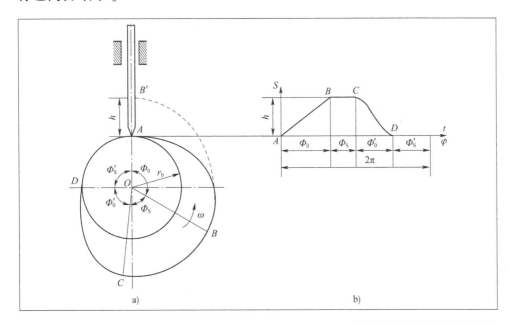

动画:凸轮工作过程

图 5.2.6　凸轮机构的工作过程

从动件的运动规律主要取决于凸轮的轮廓曲线形状，因此根据工作要求选定从动件的运动规律，是凸轮轮廓曲线设计的前提。

(二)盘形凸轮机构的运动特性

常用的从动件运动规律有等速运动规律、等加速-等减速运动规律、余弦加速度运动(简谐运动)规律、正弦加速度运动(摆线运动)规律等，它们的运动线图如图 5.2.7 所示。

1. 等速运动规律

从动件做等速运动时，如图 5.2.7a)所示，在行程始末速度有突变，理论上加速度可达到无穷大，产生极大的惯性力，导致机构产生强烈的刚性冲击，因此，等速运动只能用于低速、轻载的场合。

2. 等加速-等减速运动规律

从动件做等加速-等减速运动时，如图 5.2.7b)所示，在 A、B、C 三点加速度存在有限值突变，导致机构产生柔性冲击，可用于中速轻载的场合。

3. 余弦加速度运动规律（又称简谐运动规律）

从动件按余弦加速度运动规律运动时，如图 5.2.7c)所示，在行程始末加速度存在有限值突变，也将导致机构产生柔性冲击，适用于中速场合。

4. 正弦加速度运动规律（又称摆线运动规律）

从动件按正弦加速度运动规律运动时，如图 5.2.7d)所示，在全行程中无速度和加速度的突变，因此，不产生冲击，适用于高速场合。

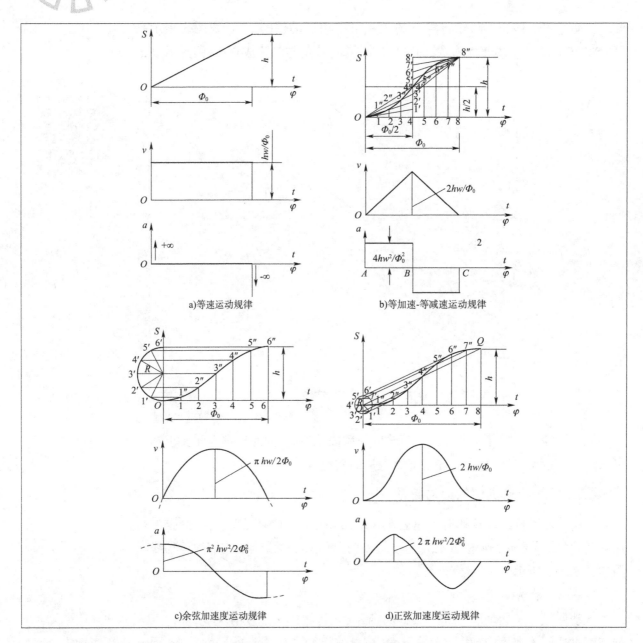

图 5.2.7 常用的从动件运动规律

工程中所采用的凸轮机构的运动规律,往往不是上述几种运动规律中的某一种,而是根据工作需要,将上述几种常用的运动规律组合使用,以改善其运动特性。

三、盘形凸轮机构的设计

(一)凸轮机构基本尺寸的确定

设计凸轮机构不仅要保证从动件能实现预期的运动规律,还要求整个机构传力性能良好、结构紧凑。因此,凸轮机构的设计还要考虑压力角、基圆半径、滚子半径等因素。凸轮机构的设计还要考虑到机构的受力情况是否良好、动作是否灵活等许多因素。

1. 凸轮机构的压力角 α

凸轮机构的压力角 α 是凸轮和从动件在接触点处的力的方向与该点处速度 v 方向之间所夹的锐角,如图 5.2.8 所示。凸轮轮廓上各点的压力角是不同的。图 5.2.8 为凸轮机构在推程某位置的受力情况。F 为凸轮对从动件在 A 点处的作用力,若不考虑摩擦,该力将与接触点 A 处的法线 n—n 方向一致。将力 F 沿从动件轴向和径向进行分解,得两分力 F_1、F_2。

$$\left. \begin{array}{l} F_1 = F_n\cos\alpha \\ F_2 = F_n\sin\alpha \end{array} \right\} \quad (5.2.1)$$

显然 F_1 是推动从动件移动的有效分力,随着 α 的增大而减小;F_2 是引起导路中摩擦阻力的有害分力,随着 α 的增大而增大。当 α 增大到一定程度后,以至于导路的摩擦阻力大于有效分力时,无论凸轮给予从动件多大的力,从动件都不能运动,机构发生产生自锁。设计上规定最大压力角 α_{max} 要小于许用压力角 $[\alpha]$。一般推荐许用压力角 $[\alpha]$ 的数值如下:直动从动件的推程,$[\alpha] \leqslant 30° \sim 40°$;摆动从动件的推程,$[\alpha] \leqslant 40° \sim 50°$。在空回行程,从动件没有负载,不会自锁。但为防止从动件在重力或弹簧力作用下,产生过高的加速度,取 $[\alpha] = 70° \sim 80°$。

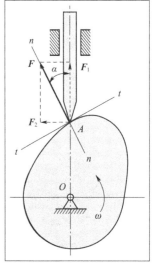

图 5.2.8 凸轮机构的压力角

2. 凸轮机构基圆半径 r_b 的确定

基圆半径 r_b 是凸轮的主要尺寸参数,基圆半径取较小值时,可使凸轮机构结构紧凑,但基圆半径取得过小时压力角会增大。基圆半径大的凸轮,轮廓较平缓,压力角较小。所以在设计凸轮机构时可通过增大基圆半径来获得较小的压力角。凸轮基圆半径的选择需要综合考虑。通常,在设计凸轮时先根据结构条件初定基圆半径 r_b。当凸轮与轴制成一体时,r_b 略大于轴的半径;当单独制造凸轮,然后装配到轴上,$r_b = (1.6 \sim 2)r$(r 为轴的半径)。

动画:反转法原理

动画:反转原理求位移线图

(二) 盘形凸轮轮廓曲线的设计

凸轮轮廓曲线的设计方法有图解法和解析法两种。图解法简单易行、直观,但精度不高。对于高速凸轮或精确度要求较高的凸轮,必须采用解析法。本节仅介绍图解法。

1. 反转法

设计凸轮廓线的基本原理是"反转法"。

如图 5.2.9 所示的对心式尖顶从动件盘形凸轮机构中,凸轮以等角速度 ω 逆时针转动时,根据相对运动的原理,假设给整个机构加上一个与 ω 相反的公共角速度 -ω,并不会改变凸轮与从动件之间的相对运动,但此时凸轮静止不动,从动件既随导路以角速

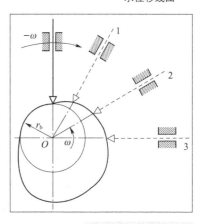

图 5.2.9 反转法原理

动画:对心尖顶从动件盘形凸轮机构廓线设计

度 $-\omega$ 绕轴心 O 转动的同时又在导轨内做预期的往复移动。由于从动件的尖顶始终与凸轮廓线接触,所以从动件尖顶的运动轨迹就是凸轮的理论廓线。这一原理方法称为反转法。

下面介绍用"反转法"设计凸轮廓线的方法。

2. 对心尖顶从动件盘形凸轮机构廓线设计

【随堂巩固5.2.1】 如图5.2.10所示,若已知凸轮的基圆半径 $r_b = 25\text{mm}$,凸轮以等角速度 ω 逆时针方向回转。从动件的运动规律如表5.2.2所示,设计该对心尖顶从动件盘形凸轮机构。

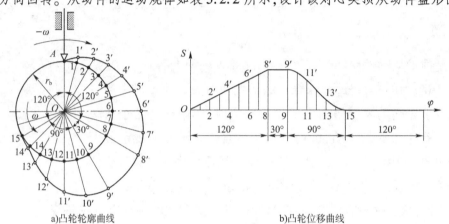

a)凸轮轮廓曲线　　　　　　　　　　　b)凸轮位移曲线

图5.2.10　对心直动尖顶从动件盘形凸轮机构廓线设计

从动件的运动规律　　　　　　　　　　　　表5.2.2

序　号	凸轮运动角 $\varphi(°)$	从动件的运动规律
1	0 ~ 120	等速上升 $h = 20\text{mm}$
2	120 ~ 150	从动件在最高位置不动
3	150 ~ 240	余弦加速度下降 $h = 20\text{mm}$
4	240 ~ 360	从动件在最低位置不动

解：

(1) 选取适当的比例尺 μ_l,根据已知的基圆半径 r_b 作出凸轮的基圆。

(2) 运用反转法,按顺时针方向量出推程角120°,远停程角30°,回程角90°和近停程角120°。

(3) 按一定的分度值(凸轮精度要求高时,分度值取小些,反之可以取大些,本题中取分度值为15°)将推程角若干等分,得到基圆上的各分点 $1,2,3,\cdots$。连接 $O_1,O_2,O_3,\cdots$,得到数条径向线。

(4) 依据从动件的运动规律作出从动件的 $S-\varphi$ 曲线,如图5.2.10b)所示。将位移曲线的推程横坐标也分成和第(2)步相同的份数,得到横坐标上的各分点 $1,2,3,\cdots$,过各分点作横坐标的垂线,与位移曲线交于 $1',2',3',\cdots$。

(5) 确定出从动件在复合运动中其尖顶所占据的一系列位置。

根据 S-φ 曲线，由基圆上的各分点 1,2,3,… 沿各径向线向外量取从动件在位移线图中各相应位置的位移量 11′,22′,33′，得到凸轮上的 1′,2′,3′,… 各点，这些点就是从动件在复合运动中尖顶所占据的一系列位置。

（6）用光滑曲线连接 $A\to 8'$，即得从动件推程时凸轮的一段廓线。

（7）凸轮再转过 30° 时，为远停程，所以此段廓线为圆弧。以 O 为圆心，以 $O8'$ 为半径画一段圆弧 $8'9'$，即为远停程时的凸轮廓线。

（8）当凸轮再转过 90° 时，为回程，廓线可仿照 $1\to 6$ 的步骤进行。

（9）凸轮转过其余的 120° 时，为近停程，该段又是一段圆弧。

上述即为对心直动尖顶从动件盘形凸轮机构廓线的设计方法。

※ 任务分析

内燃机中的配气机构通常选用对心式平底从动件盘形凸轮机构。凸轮机构从动件的运动规律取决于凸轮机构的工作条件，低速轻载时，选用等速运动规律，但是会存在刚性冲击；中速中载时，可选用等加速-等减速运动规律或余弦加速度运动规律，高速重载时选用正弦加速度运动规律。

※ 任务实施

根据任务 5.2 的要求，根据表 5.2.1 给定的信息，参照【随堂巩固 5.2.1】中的步骤完成任务内容。

3. 对心直动滚子从动件盘形凸轮机构

（1）将滚子中心看作尖顶推杆的尖顶，按前述方法设计出廓线 β'，这一廓线称为理论廓线。

（2）以理论廓线上的各点为圆心、以滚子半径 r_g 为半径作一系列的圆，这些圆的内包络线 β 即为所求凸轮的实际廓线。如图 5.2.11 所示。

动画：对心滚子从动件盘形凸轮机构廓线设计

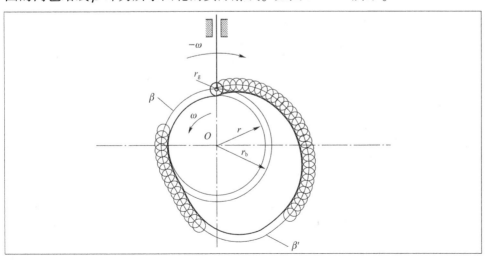

图 5.2.11　对心直动滚子从动件盘形凸轮廓线设计

巩固与自测

一、选择题

1. 凸轮机构的从动件选用等速运动规律时,其从动件的运动( )。
   A. 将产生刚性冲击   B. 将产生柔性冲击
   C. 没有冲击   D. 既有刚性冲击又有柔性冲击

2. 在凸轮机构中,当从动件按等加速等减速运动规律运动时,机构将( )。
   A. 产生刚性冲击   B. 产生柔性冲击
   C. 既有刚性冲击又有柔性冲击   D. 既无刚性冲击又无柔性冲击

3. 凸轮机构的主要优点是( )。
   A. 实现任意预期的从动件运动规律   B. 承载能力大
   C. 适合于高速场合   D. 凸轮轮廓加工简单

4. 压力角增大时,对凸轮机构的工作( )。
   A. 有利   B. 不利   C. 无影响   D. 以上都不对

5. ( )对于较复杂的凸轮轮廓曲线,也能准确地获得所需要的运动规律。
   A. 尖顶式从动件   B. 滚子式从动件   C. 平底式从动件

6. 压力角是指凸轮轮廓曲线上某点的( )。
   A. 切线与从动件速度方向之间的夹角
   B. 速度方向与从动件速度方向之间的夹角
   C. 法线方向与从动件速度方向之间的夹角
   D. 以上都不对

二、判断题

1. 凸轮机构的压力角越小,则其动力特性越差,自锁可能性越大。( )
2. 凸轮机构的滚子半径越大,实际轮廓越小,则机构越小越轻,所以我们希望滚子半径尽量大。( )
3. 平底从动件凸轮机构盘形凸轮的压力角是0°。( )
4. 凸轮机构压力角越大越好。( )

三、作图题

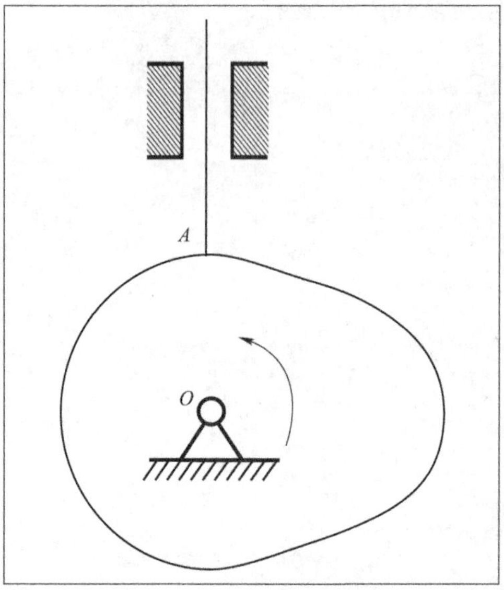

1. 题图5.2.1所示凸轮机构,用作图法求当凸轮从图示位置转过60°后,从动件与凸轮接触点处的压力角。

2. 若已知凸轮的基圆半径 $r_b = 25$ mm,凸轮等角速度 ω 逆时针方向转动,推杆的运动规律如题表5.2.1所示,

题图5.2.1 作凸轮机构的压力角

请用作图法设计出对心直动尖顶从动件盘形凸轮机构的凸轮轮廓曲线的形状。

推杆运动规律 题表 5.2.1

序 号	凸轮运动角 φ(°)	推杆的运动规律
1	0~120	等速上升，h = 20mm
2	120~150	推杆在最高位置不动
3	150~210	等速下降，h = 20mm
4	210~360	推杆在最低位置不动

任务 5.3　其他常用机构的分析与应用

知识目标

1. 了解棘轮机构、槽轮机构、不完全齿轮机构的组成、特点及应用。
2. 熟悉螺旋机构的类型和特点。

能力目标

1. 会分析机械装置中间歇运动机构的工作原理。
2. 会分析螺旋传动的工作原理。
3. 会进行滑动螺旋传动机构移动件移动方向的判别和移动距离的计算。

素质目标

通过分析间歇运动机构的运动特点和应用实例，培养理论联系实际的思维方式。

📋 任务引入

　　汽车驻车制动系统(手刹)内部装有棘轮机构，如图 5.3.1 所示，利用棘轮机构完成驻车制动自动锁止任务。棘轮机构中，棘轮固定不动，主要起锁止作用。当车停稳后，驾驶员将驻车制动器手柄向上拉紧，此时会发出"哒哒哒"的响声。通常规定，当手柄提拉到整个行程的 70% 时，驻车制动系统就处于正常的驻车制动位置了，驾驶员可通过响声的次数来确定驻车制动系统的工作位置。棘轮机构是一种间歇运动机构。请举出几个你知道的间歇运动机构应用的例子。

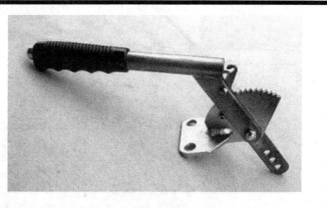
图5.3.1 汽车驻车制动中棘轮机构的应用

一、间歇运动机构的认知

在许多机械中,当主动件连续运动时,常需要从动件实现周期性的运动和停歇。能实现这种运动的机构,称为间歇运动机构。常见的间歇运动机构有棘轮机构、槽轮机构、不完全齿轮机构等。

(一)棘轮机构的认知

1. 棘轮机构的组成和工作原理

如图5.3.2所示,棘轮机构主要由棘轮、棘爪、摇杆、止回棘爪和扭簧组成。棘轮装在轴上,用键与轴连接在一起。棘爪铰接于摇杆上,摇杆可绕棘轮轴摆动。当摇杆顺时针方向摆动时,棘爪插入棘轮齿间推动棘轮转过一定角度;当摇杆逆时针方向摆动时,棘爪在棘轮齿顶滑过,棘轮静止不动。摇杆连续往复摆动,棘轮即可实现单向的间歇运动。止回棘爪用以防止棘轮倒转和定位,扭簧使棘爪紧贴在棘轮上。

2. 棘轮机构的分类

常见棘轮机构按工作原理可分为齿啮式和摩擦式两大类,常用的是齿啮式棘轮机构。齿啮式棘轮机构是靠棘爪和棘轮齿啮合传递运动。

按啮合方式的不同,齿啮式棘轮机构分为外啮式和内啮式两种。棘齿在棘轮的外缘称为外啮合棘轮机构(图5.3.2);棘齿在棘轮的内缘称为内啮合棘轮机构(图5.3.3)。

按棘轮机构的运动形式不同可分为三类。

(1)单动式棘轮机构。如图5.3.3所示,其特点是摇杆向某一方向摆动时,棘爪驱动棘轮沿同一方向转过一定角度,摇杆反方向转动时,棘轮静止。

(2)双动式棘轮机构。如图5.3.4所示,棘爪可制成直爪(图5.3.4a)或钩头爪(图5.3.4b)。当主动摇杆往复摆动一次时,能使棘轮沿同一方向做二次间歇转动。这种棘轮机构每次停歇的时间间隔较短,棘轮每次转过的转角也较小。

动画:外啮式棘轮机构

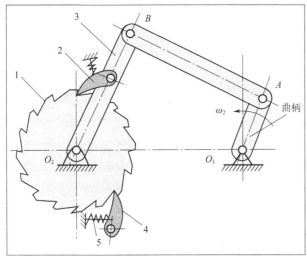

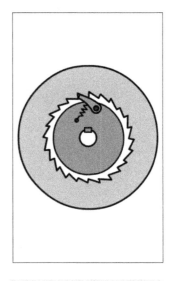

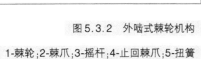

图 5.3.2　外啮式棘轮机构　　　图 5.3.3　内啮式齿式棘轮机构

1-棘轮;2-棘爪;3-摇杆;4-止回棘爪;5-扭簧

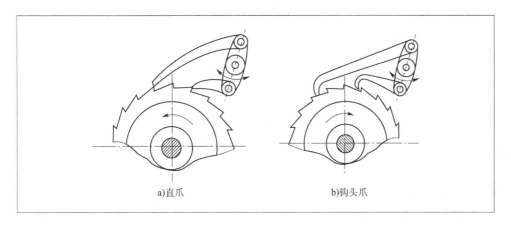

图 5.3.4　双动式棘轮机构

如果棘轮需要做双向的间歇运动,可把棘轮的齿形制成矩形,而棘爪制成可翻转的结构,如图 5.3.5a)所示。其特点是当棘爪处于实线位置 B,摇杆往复摆动时,棘轮可获逆时针方向的间歇运动;而当把棘爪绕其销轴 O_2 翻转到虚线所示位置 B',摇杆往复摆动时,棘轮则可获得顺时针方向的间歇运动。也可做成可回转的结构,如图 5.3.5b)所示,棘爪在图示位置,推动棘轮逆时针转动;棘爪转 180°后,推动棘轮顺时针转动。

3. 棘轮机构的特点和应用

棘轮机构结构简单、制造方便、运动可靠,且棘轮的转角可以根据需要进行调节,但棘轮机构传力小,工作时有冲击和噪声。因此,棘轮机构只适用于低速轻载、转角不大的场合。棘轮机构在生产中可满足进给、制动、超越和转位分度等要求。

想一想

图 5.3.6 所示的自行车后轴的齿式棘轮超越机构是如何工作的?

动画:翻转变向棘轮机构

图片:回转变向棘轮机构

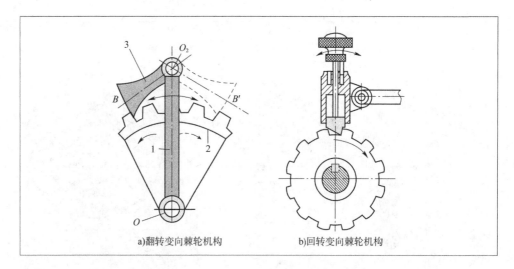

a)翻转变向棘轮机构　　b)回转变向棘轮机构

图 5.3.5　矩形齿式双向棘轮机构

1-主动摇杆;2-棘轮;3-棘爪

※ 任务实施

完成任务 5.3 的内容,将你知道的有间歇运动机构应用的例子写至下方。

_____

_____

(二)槽轮机构的认知

1.槽轮机构的工作原理

槽轮机构是由带有圆销 C 的主动拨盘、带径向槽的从动槽轮和机架组成,如图 5.3.7 所示。当拨盘以 ω_1 做等速转动时,圆销 C 由左侧进入槽轮,拨动槽轮顺时针转动,拨盘转过 $2\varphi_1$ 角,槽轮相应反向转过 $2\varphi_1$ 角。圆销 A 未进入槽轮的径向槽时,槽轮静止不动。

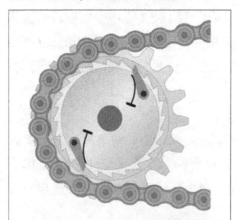

图 5.3.6　自行车后轴的齿式棘轮超越机构

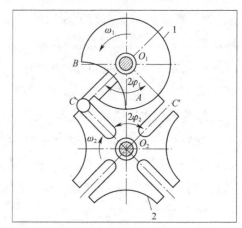

图 5.3.7　单圆销外啮合槽轮机构工作原理

1-主动拨盘;2-从动槽轮

2. 槽轮机构的工作特点和应用

槽轮机构结构简单、转位方便,工作可靠,但因圆柱销突然进入与脱离径向槽时,存在柔性冲击,不适用于高速场合。此外,槽轮的转角不可调节,故只能用于定转角的间歇运动机构中。

图5.3.8为电影放映机卷片机构。当拨盘转动一周,槽轮转过1/4周,卷过一张底片并停留一定时间。拨盘继续转动,重复上述过程。利用人眼视觉暂留的特性,可使观众看到连续的动作画面。

(三)不完全齿轮机构的认知

不完全齿轮机构是由一个或几个齿的不完全齿轮1、具有正常轮齿和带锁止弧的齿轮2及机架组成。如图5.3.8所示的不完全齿轮机构中,在主动轮等速连续转动中,当主动轮上的轮齿与从动轮的正常齿相啮合时,主动轮驱动从动轮转动;当主动轮的锁止弧与从动轮锁止弧接触时,则从动轮停歇不动并停止在确定的位置上,从而实现周期性的单向间歇运动。

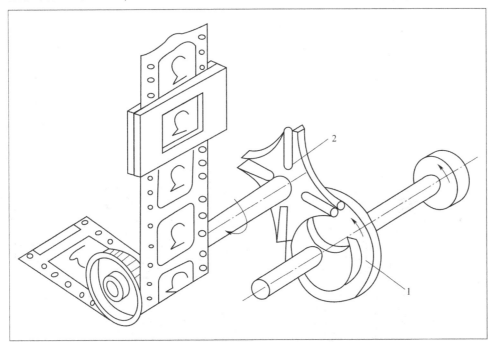

动画:单圆销外啮合槽轮机构工作原理

动画:双圆销外啮合槽轮机构工作原理

图5.3.8 电影放映机卷片机构

1-拨盘;2-槽轮

不完全齿轮机构有外啮合和内啮合两种类型。图5.3.9a)所示为外啮合不完全齿轮机构,轮1只有1段锁止弧,轮2有4段锁止弧,当轮1每转1周,轮2转1/4周,两轮转向相反;图5.3.9b)为内啮合不完全齿轮机构,轮1只有1段锁止弧,轮2有8段锁止弧,当轮1每转1周,轮2转1/8周,两轮转向相同。

不完全齿轮机构与其他间歇机构相比,结构简单,制造方便,但从动轮在转动开始或结束时,冲击较大,一般用于低速或轻载场合,如计数器、电影放映机和某些进给机构中。

动画:外啮合不完全齿轮机构

动画:内啮合不完全齿轮机构

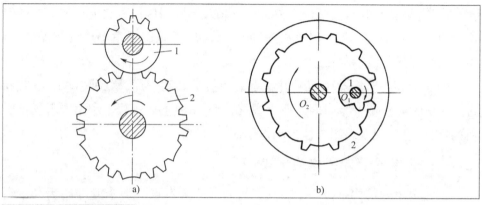

图 5.3.9 不完全齿轮机构

二、螺旋机构的认知

> ▶ 技术创新
>
> **天马望远镜**
>
> 　　上海 65m 口径射电望远镜(天马望远镜)是亚洲最大、国际先进的全天线、可转动的大型射电望远镜,它的主反射面主动调整系统专用促动器采用了丝杠升降机(图 5.3.10),该促动器定位精度要求很高,仅为 15μm 以内,并且能承受 150kg 侧向载荷,工作寿命要求达到 20 年以上,这使丝杠螺母机构的优点得到充分的体现。
>
>
>
> 图 5.3.10 丝杠升降机

(一)螺旋机构的特点和应用

螺旋传动是靠螺杆和螺母组成的螺旋副来实现传动要求的,主要用来把回转运动变为直线运动,并传递运动和动力。

螺旋传动的主要优点是结构简单,制造方便,能将较小回转力矩变成较大轴向力,工作平稳,传动精度高,易于实现自锁。它的主要缺点是摩擦损失大,传动效率低。

(二)螺纹的类型

螺纹有外螺纹和内螺纹两种,两者共同组成螺纹副。按用途可分为连接螺纹和传动螺纹。本任务只学习传动螺纹,连接螺纹见任务8.2。

按螺纹旋绕方向的不同分为左旋螺纹和右旋螺纹,如图5.3.11所示。一般机械中常用右旋螺纹。在判断螺纹的旋向时,螺纹轴线竖直放置,面对螺纹,螺旋线右边高为右旋;螺旋线左边高为左旋。

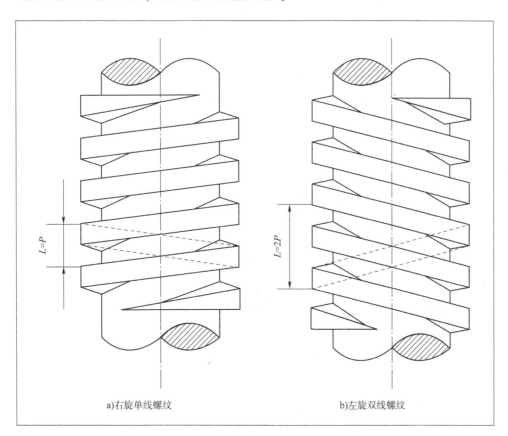

a)右旋单线螺纹　　　　b)左旋双线螺纹

图5.3.11　螺纹的旋向与线数

按螺旋线数目的不同分为单线(图5.3.11a)和多线螺纹(图5.3.11b),其中单线螺纹最常见。

螺纹轴向剖面的形状称为螺纹的牙型,常用的螺纹牙型有三角形、矩形、梯形和锯齿形等,标准螺纹的基本尺寸,可查阅有关标准。常用螺纹的类型、特点和应用,见表5.3.1。

常用螺纹的类型、特点及应用　　　　　　　　表 5.3.1

螺纹类型		牙型图	特点及应用
连接螺纹	三角形螺纹 — 三角形普通螺纹	(牙型图，α=60°)	牙型为等边三角形，牙型角 α=60°，内外螺纹旋合后存在径向间隙。同一公称直径按螺距大小分为粗牙螺纹和细牙螺纹。细牙螺纹的螺距小，升角小，自锁性较好，强度高，但不耐磨，容易滑扣。 一般连接多用粗牙螺纹。细牙螺纹常用于细小零件，薄壁管件或变载荷的连接中，也可用于微调机构的调整螺纹
	管螺纹	(牙型图，α=55°)	牙型为等腰三角形，牙型角 α=55°，公称直径为其内径。可分为圆柱管螺纹和圆锥管螺纹，前者用于低压场合，后者适用于高温、高压或密封性要求较高的管连接
传动螺纹	矩形螺纹	(牙型图)	牙型为正方形，牙型角 α=0°。传动效率最高，但牙根强度弱，传动精度降低。该类型螺纹尚未标准化，已逐渐被梯形螺纹代替
	梯形螺纹	(牙型图，30°)	牙型为等腰梯形，牙型角 α=30°。旋合后不易松动。与梯形螺纹相比，传动效率略低，但工艺性好，牙根强度高，对中性好。是目前最常用的传动螺纹
	锯齿形螺纹	(牙型图，3°/30°)	工作面的牙型斜角为 3°，非工作面的牙型角为 30°。兼有矩形螺纹传动效率高、梯形螺纹牙根强度高的特点。缺点是只能用于单向受力的传力螺旋中

(三) 螺纹的主要参数

以图 5.3.12 所示圆柱普通螺纹为例介绍螺纹的主要参数。

1) 大径 (d, D)

与外螺纹牙顶或内螺纹牙底相重合的假想圆柱的直径，是螺纹的最大直径，标准中称为螺纹的公称直径。外螺纹记为 d，内螺纹记为 D。

2) 小径 (d_1, D_1)

与外螺纹牙底或内螺纹牙顶相重合的假想圆柱的直径，是螺纹的最小直径，一般取为强度计算直径。外螺纹记为 d_1，内螺纹记为 D_1。

3) 中径 (d_2, D_2)

在螺纹的轴向剖面内，牙厚和牙槽宽相等处的假想圆柱体的直径。外螺纹记为 d_2，内螺纹记为 D_2。

4) 螺距 P

螺纹相邻两牙在中径线上对应两点间的轴向距离。

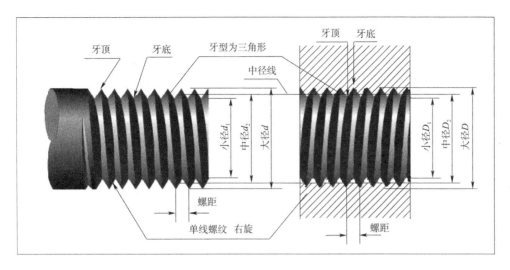

图 5.3.12 圆柱螺纹的主要参数

5)导程 S

同一螺旋线上的相邻两牙在中径线上对应两点间的轴向距离。导程与螺距的关系为：

$$S = nP \tag{5.3.1}$$

式中：n——螺纹线数。

6)升角 λ

在中径圆柱面上，螺旋线的切线与垂直于螺纹轴线的底面间夹角。其计算公式为：

$$\tan\lambda = \frac{S}{\pi d_2} = \frac{nP}{\pi d_2} \tag{5.3.2}$$

一般情况下，$\lambda < 6°$ 就可获得自锁，普通连接的三角螺纹升角 $\lambda = 1.5° \sim 3.5°$，所以在静载荷下都能自锁。

7)牙型角 α

在轴向剖面内螺纹牙型相邻两侧边之间的夹角称为牙型角 α。

(四)螺旋传动的类型

1. 按用途分类

1)传力螺旋

这种螺旋以传递动力为主，要求用较小的力矩转动螺杆(或螺母)，使螺母(或螺杆)产生轴向运动和较大的轴向力，一般为间歇性的工作，工作速度不高，要求有较高的强度和自锁性，广泛应用于压力机(图 5.3.13a)、螺旋千斤顶(图 5.3.13b)等各种起重或加压装置。

2)传导螺旋

以传递运动为主，一般需在较长时间内连续工作，速度较高，并要求具有很高的运动精度，机床刀架或工作台的进给机构(图 5.3.14)以及城市轨道交通车辆塞拉门的驱动传动装置中均采用螺旋机构。

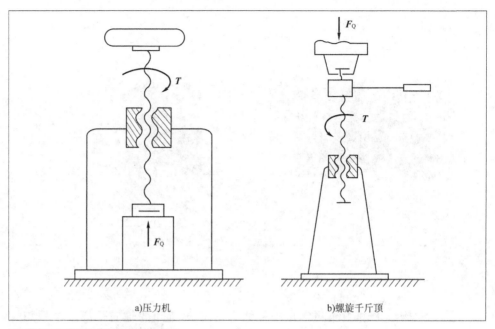

a)压力机　　　　b)螺旋千斤顶

图 5.3.13　液压千斤顶中的传力螺旋

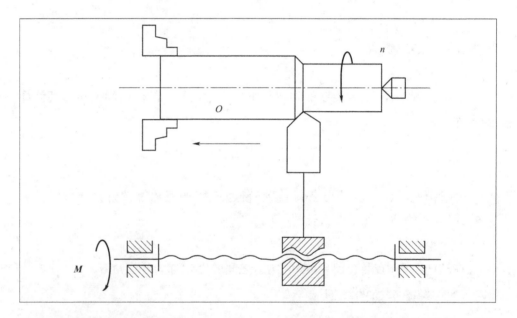

图 5.3.14　机床刀架螺旋进给机构

3）调整螺旋

用于调整并固定零件或部件之间的相对位置，如机床、仪器或测试装置中微调机构，调整螺旋不经常转动，一般在空载下进行调整，图 5.3.15 所示量具的测量螺旋。

2. 按摩擦性质分类

1）滑动螺旋

滑动螺旋螺旋副做相对运动时产生滑动摩擦的螺旋，图 5.3.13、图 5.3.14、图 5.3.15 所示均为滑动螺旋。滑动螺旋结构简单、工作平稳、制造方便、易于自锁，但其摩擦阻力大、传动效率低（30%～40%）、磨损大、传动精度较低,寿命短、不适于高速和大功率传动。

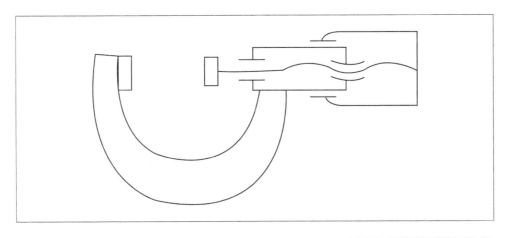

图 5.3.15 量具螺旋测量机构

2)滚动螺旋

滚动螺旋是螺旋副做相对运动时产生滚动摩擦的螺旋。滚动螺旋的摩擦阻力小、传动效率高(90%以上),但结构复杂、成本高,主要用在高精度、高效率的重要传动中。

如图 5.3.16 所示,滚动螺旋在螺杆和螺母之间设有封闭循环的滚道,滚道间充以钢球,这样就使螺旋面的摩擦成为滚动摩擦,这种螺旋称为滚动螺旋或滚珠丝杠。

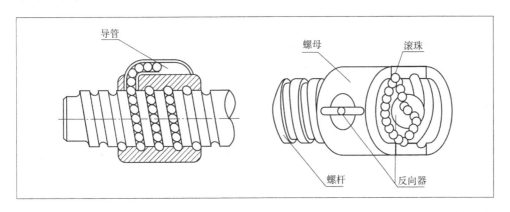

图 5.3.16 滚动螺旋

3)静压螺旋

静压螺旋的摩擦阻力小、传动效率高(90%以上),但结构复杂,需要供油系统。适用于高精度、高效率的重要传动中,如自动控制系统、测试装置和精密机床中。

(五)滑动螺旋运动分析

1. 运动方向的判定

如图 5.3.13 ~ 图 5.3.15 所示,滑动螺旋传动螺杆和螺母的相对运动关系,有以下几种情况:

1）运动发生在一个构件上

（1）螺母固定不动,螺杆回转并做直线运动。

（2）螺杆固定不动,螺母回转并做直线运动。

2）运动发生在两个构件上

（1）螺杆回转,螺母做直线运动。

（2）螺母回转,螺杆做直线运动。

判定方法:左右手定则。右旋螺纹用右手,左旋螺纹用左手。手握螺杆轴线,四指指向与螺杆(或螺母)回转方向相同,大拇指竖直。

当运动发生在一个构件上时,大拇指指向即为螺杆(或螺母)的移动方向;运动发生在两个构件上时,大拇指指向的相反方向即为螺母(或螺杆)的移动方向。

2. 移动距离计算

螺杆(或螺母)的移动距离,由导程决定。螺杆(或螺母)每转一圈,螺杆(或螺母)就移动一个导程,则转过 n 圈时的移动距离为

$$L = z \cdot S \tag{5.3.3}$$

式中：L——螺杆(或螺母)每分钟的移动距离,mm/min；

z——螺杆(或螺母)转过的圈数；

S——螺杆(或螺母)的导程,mm。

(六)螺杆和螺母的材料

螺杆和螺母的材料要求有足够的强度、耐磨性及良好的加工性,常用材料见表5.3.2。

螺旋传动常用的材料　　　　　　　　　　　表5.3.2

螺纹副	材料牌号	应用范围
螺杆	Q235、Q275、45、50	材料不经热处理,适用于经常运动、受力不大、转速较低的传动
	40Cr、65Mn、40CrMn、20CrMnTi	材料需经热处理,以提高其耐磨性。适用于重载、转速较高的重要传动
	9Mn2V、CrWMn、38CrMoAl	材料需经热处理,以提高其尺寸的稳定性。适用于精密传导螺旋传动
螺母	ZCuSn10Pb1、ZCuSn5Pb5Zn5	材料耐磨性好,适用于一般传动
	ZCuAl10Fe3、ZCuZn25Al6Fe3Mn3	材料耐磨性好,适用于重载低速传动。对于尺寸较大或高速传动,螺母可采用钢或铸铁制造,内孔浇注青铜或巴氏合金

巩固与自测

一、填空题

1. 在外啮合槽轮机构中,主动拨盘与从动槽轮的转向_____。
2. 棘轮机构中采用止回棘爪主要是为了_____。
3. 螺旋传动通常是将旋转运动转变成_____运动。

二、判断题

1. 能使从动件得到周期性的时停、时动的机构,都是间歇运动机构。（ ）
2. 棘轮机构只能用在要求间歇运动的场合。（ ）
3. 槽轮机构的主动件是槽轮。（ ）

三、选择题

1. 棘轮机构的主动件是（   ）。
   A. 棘轮   B. 棘爪
   C. 止回棘爪   D. 摇杆
2. 槽轮机构的主动件在工作中是做（   ）运动的。
   A. 往复摆动   B. 直线运动
   C. 等速旋转   D. 以上都不对
3. 机床进给机构的螺旋传动中,采用双线螺纹,螺距为 4mm,若螺杆转 4 周,则螺母(刀具)的位移是（   ）。
   A. 32mm   B. 16mm   C. 8mm   D. 4mm
4. 螺纹的公称直径是（   ）。
   A. 大径   B. 中径
   C. 小径   D. 分度圆直径
5. 在常用的螺纹连接中,自锁性能最好的螺纹是（   ）。
   A. 三角形螺纹   B. 梯形螺纹
   C. 锯齿形螺纹   D. 矩形螺纹
6. 单线螺纹的螺距（   ）导程。
   A. 等于   B. 大于   C. 小于   D. 与导程无关

四、分析与计算题

1. 在题图 5.3.1 所示的螺旋传动中,已知左旋双线螺杆的螺距为 8mm,若螺杆按图示方向回转 2 周。
   (1) 求螺母移动的距离 L。
   (2) 在图中标出螺母的移动方向。
2. 判断题图 5.3.2 中螺旋传动的类型分别属于传力

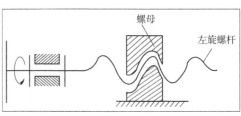

题图 5.3.1　螺旋传动

螺旋、传导螺旋、调整螺旋三种中的哪一种？

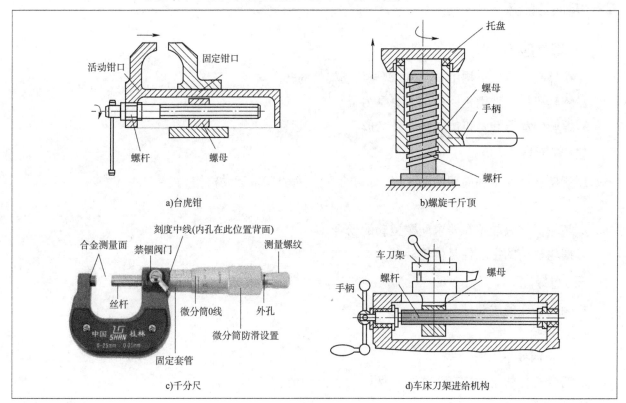

题图 5.3.2　螺旋传动类型判断

项目六
常用机械传动的运动分析

❖ **案例导学**

转向架是城市轨道交通车辆中支承车体及其载荷并引导车辆沿轨道运行的走行装置。转向架上装有电机和驱动装置,以驱动车辆运行。现代轻轨车辆和地铁车辆转向架大多采用挠性浮动齿式联轴器式架悬式驱动机构,如图6.0.1所示。驱动机构中的传动齿轮箱是转向架上的关键零部件,它通过大、小齿轮间啮合,将牵引电机的牵引力传递给车轴,驱动车辆前进。

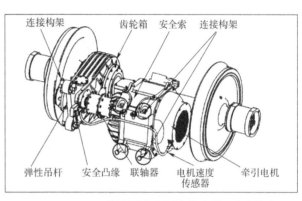

图6.0.1 城市轨道交通车辆挠性浮动齿式联轴器架悬式驱动装置结构图

> ▶ **技术工艺**
>
> **全球首个轨道交通转向架智能制造车间**
>
> 我国轨道交通在整个装备制造行业都占据着重要的地位,现在我国已经是运营线路规模和客流规模均排全球第一的"城轨大国"。智能化、集成化、平台化、轻量化、绿色化是轨道交通发展的趋势,以5G、物联网、云计算、大数据、人工智能、区块链为代表的新一代信息技术与制造业融合将大大提升列车控制系统、车地数据传输系统、车辆智能运维系统的数字化及智能化水平。
>
> 转向架相当于轨道交通车辆的"底盘",是决定车辆安全、舒适、导向以及支承车身的核心部件。2019年,全球首个轨道交通转向架智能制造车间投产运行,相比传统人工操作模式,人员精简50%,生产效率提升30.1%,产品研制周期缩短35%以上。全面提升了我国轨道交通车辆的核心竞争力,助力轨道交通装备制造业向智能制造转型。

任务6.1 带传动的运动分析

知识目标

1. 了解带传动的类型、工作特点及应用,熟悉普通V带及V带轮结构。
2. 理解带传动的工作原理、受力和应力分析。
3. 掌握带传动弹性滑动和打滑的区别。
4. 掌握带传动的主要失效形式。

能力目标

1. 会对V带传动的工作能力进行分析。
2. 会分析带传动的弹性滑动产生的原因。
3. 会对V带传动进行张紧、安装和维护。

素质目标

由带传动打滑现象的两面性,知道任何事物都具有两面性,树立辩证统一的意识。

任务引入

当机械传动系统中有多种传动形式时,常常会把V带传动放置在高速级。在图6.1.1所示的某带式输送机的传动系统中,包含V带传动和齿轮传动两种传动形式,图中将V带传动放置在高速级,请分析为何要这样布置?如何完成V带传动的安装与调试?

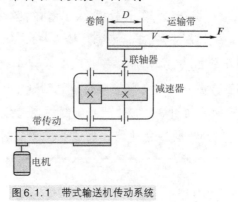

图6.1.1 带式输送机传动系统

一、带传动的认知

(一)带传动的组成

如图6.1.2所示,带传动是一种常用的机械传动形式,它的主要作用是传递转矩和改变转速。带传动由主动带轮、从动带轮、传动带及机架组成。

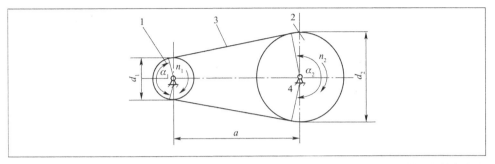

图6.1.2 带传动
1-主动带轮;2-从动带轮;3-传动带;4-机架

(二)带传动的主要类型

1. 按传动原理分

(1)摩擦式带传动。靠传动带与带轮间的摩擦力实现传动,如V带传动、平带传动等。

(2)啮合式带传动。靠带内侧凸齿与带轮外缘上的齿槽相啮合实现传动,如同步带传动。

2. 按用途分

(1)传动带。传递运动和动力用。

(2)输送带。输送物品用。

3. 按传动带的截面形状分

(1)平带(图6.1.3a)。平带的截面形状为矩形,内表面为工作面。

(2)V带(图6.1.3b)。截面形状为梯形,两侧面为工作表面。在同样的压紧力的作用下,V带的传动能力约为平带的3倍,所以V带传动能力强,结构紧凑,应用最广泛。

(3)多楔带(图6.1.3c)。它是在平带基体上由多根V带组成的传动带。可传递很大的功率。

(4)圆形带。横截面为圆形。只用于小功率传动,如家用缝纫机。

(5)同步带(图6.1.3d)。带的截面为齿形,它是靠传动带与带轮上的齿互相啮合来传递运动和动力的。具有传递功率大、传动比准确等优点,多用于要求传动平稳、传动精度高的场合。

图片:平带传动

图片:V带传动

图片:同步带传动

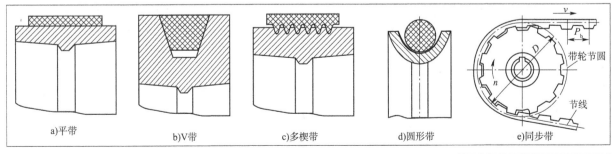

图6.1.3 不同截面形状的带传动

(三)带传动的特点及应用

机械中常用的摩擦式带传动具有以下主要特点:

1. 优点

(1)带是挠性体,能缓冲吸振,传动平稳,噪声小。

(2)过载时,带会在带轮上打滑,起到保护其他传动件免受破坏的作用。

(3)结构简单,制造、安装和维护方便,不需要润滑。

(4)允许较大的中心距。

2. 缺点

(1)带与带轮间存在弹性滑动,不能保证恒定的传动比,传动效率低。

(2)带需要张紧在带轮上,对轴的压力大。

(3)带的寿命较短,需要定期更换。

(4)不适用于高温、易燃及有腐蚀介质的场合。

摩擦带传动常用于中、小功率 $P \le 100\text{kW}$,带速在 $5 \sim 25\text{m/s}$ 之间,传动比不高(平带 $i \le 5$, $\eta = 0.94 \sim 0.97$;V带 $i \le 7$)的情况下。

同步带传动的带速为 $40 \sim 50\text{m/s}$,传动比 $i \le 10$,传递功率可达 200kW,效率高达 $0.98 \sim 0.99$。

(四)普通V带结构和尺寸标准

普通V带为无接头的环形带,其结构分为包边V带、切边V带(普通切边V带、有齿切边V带和底胶夹布切边V带)两种。V带由胶帆布(顶布)、顶胶、缓冲胶、抗拉体、底胶、底布(底胶夹布)等组成(图6.1.4)。

普通V带的尺寸已经标准化,根据《带传动 普通V带和窄V带 尺寸(基准宽度制)》(GB/T 11544—2012),按截面尺寸由小到大,可分为Y、Z、A、B、C、D、E七种型号,切边带在型号后加符号"X",其截面尺寸见表6.1.1。在相同的条件下,截面尺寸大则传递的功率就大。

V带绕在带轮上产生弯曲,外层受拉伸长,内层受压缩短,内、外层之间必有一长度不变的中性层,称为节面,节面上带的宽度 b_p 称为**节宽**,见表6.1.1。V带轮上与节宽 b_p 相对应的带轮直径 d_d 称为**基准直径**,带轮的基准直径系列见表6.1.2。在规定的张紧力的作用下,带轮基准直径上V带的周线长度称为**基准长度**,用 L_d 表示。V带的基准长度 L_d 已经标准化。

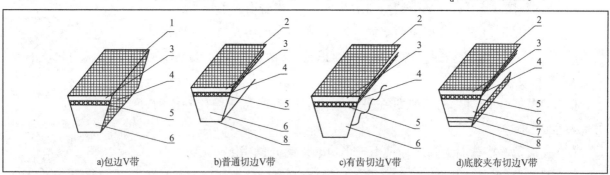

图6.1.4 V带的结构
1-胶帆布;2-顶布;3-顶胶;4-缓冲胶;5-抗拉体;6-底胶;7-底胶夹布;8-底布

普通V带的截面尺寸　　　　　表6.1.1

型号	Y	Z	A	B	C	D	E
顶宽 b (mm)	6	10	13	17	22	32	38
节宽 b_p (mm)	5.3	8.5	11	14	19	27	32
高度 h (mm)	4	6	8	11	14	19	23
楔角 α (°)	40						

根据《一般传动普通V带》(GB/T 1171—2017),普通V带的标记由带型、基准长度和标准号组成。例如,A型普通V带,基准长度为1430mm,其标记为:A1430 GB/T 1171。带的标记通常压印在外表面上,以便选用和识别。

(五)V带轮的结构

1.带轮的材料

V带轮的材料可采用灰铸铁、钢、铝合金或工程塑料,以灰铸铁应用最为广泛。当带速 $v \leq 25$m/s 时,采用 HT150;$v > 25$m/s 时采用 HT200,速度更高的带轮可采用球墨铸铁或铸钢,也可采用钢板冲压后焊接带轮。小功率传动可采用铸铝或工程塑料。

2.带轮的结构

V带轮由轮缘、轮毂和轮辐三部分组成。V带轮轮槽的槽角小于 $40°$,常用的有 $32°$、$34°$、$36°$、$38°$。根据轮辐结构的不同可将带轮分为实心式(图6.1.5a)、腹板式(图6.1.5b)、孔板式(图6.1.5c)和椭圆轮辐式(图6.1.5d)四种形式。

V带轮的结构形式及腹板(轮辐)厚度的确定可参阅有关设计手册。

二、V带传动的工作能力分析

(一)带传动的受力分析

为保证带传动正常工作,传动带必须以一定的张紧力紧套在带轮上。当传动带静止时,带的上、下两边承受相同的拉力,称为初拉力 F_0,如图6.1.6a)所示。带传动工作时,由于带与带轮接触面之间摩擦力的作用,带两边的拉力不再相等,绕入主动轮的一边被拉紧,拉力由 F_0 增大到 F_1,称为紧边;绕入从动轮的一边被放松,拉力由 F_0 减少到 F_2,称为松边,如图6.1.6b)所示。由于环形带在节面上的总长度不变,则紧边拉力的增加量 $F_1 - F_0$ 应等于松边拉力的减少量 $F_0 - F_2$,即:

$$F_0 = \frac{1}{2}(F_1 + F_2) \qquad (6.1.1)$$

带两边的拉力之差 F 称为带传动的有效拉力。F 实际上是带与带轮之间摩擦力的总和,在最大静摩擦力范围内,带传动的有效拉力 F 与总摩擦力相等,F 同时也是带传动所传递的圆周力,即:

$$F = F_1 - F_2 = \sum F_f \qquad (6.1.2)$$

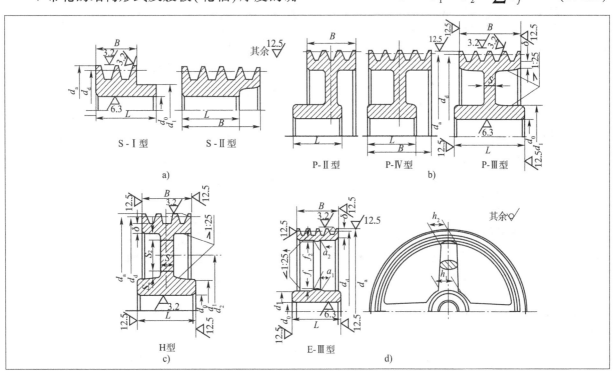

图6.1.5 V带轮的结构

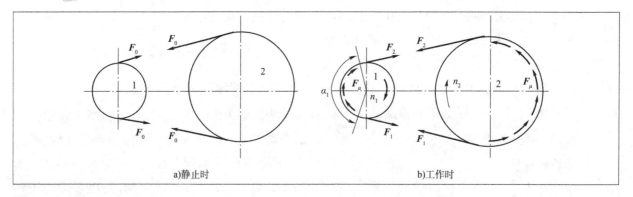

图 6.1.6 带传动工作原理图

带传动所传递的功率为：

$$P = \frac{Fv}{1000} \quad (6.1.3)$$

式中：P——传递功率，kW；
F——有效圆周力，N；
v——带的速度，m/s。

在一定的初拉力 F_0 作用下，带与带轮接触面间摩擦力的总和有一极限值。当带所传递的圆周力超过这一极限值时，带与带轮间将发生明显的相对滑动，这种现象称为打滑。带打滑时，从动轮转速急剧下降，甚至停止转动，带不仅失去正常的工作能力，同时还会产生急剧磨损，因此应避免打滑现象的发生。

当带在带轮上即将打滑时，F_1 与 F_2 之间的关系可用欧拉公式表示为：

$$\frac{F_1}{F_2} = e^{f_v \alpha} \quad (6.1.4)$$

式中：f_v——当量摩擦系数，可根据式(6.1.5)计算；
α——带轮包角，rad；
e——自然对数的底数。

$$f_v = \frac{f}{\sin \frac{\varphi}{2}} \quad (6.1.5)$$

式中：φ——带的楔角，(°)。

联立式(6.1.2)和式(6.1.4)可得：

$$F_{max} = 2F_0 \frac{e^{f_v \alpha} - 1}{e^{f_v \alpha} + 1} \quad (6.1.6)$$

上式表明，带所传递的圆周力 F 与下列因素有关：

(1)初拉力 F_0。F_0 增大，F_{max} 增大。但 F_0 过大，会降低带的使用寿命，同时会产生过大的压轴力。

(2)当量摩擦系数 f_v。f_v 增大，F_{max} 增大。

(3)小带轮包角 α_1。α_1 增大，F_{max} 增大。因为 $\alpha_1 < \alpha_2$，故打滑首先发生在小带轮上。一般要求 $\alpha_1 \geq 120°$，否则应适当增大中心距或减小传动比，也可以加张紧轮进行调整。

📝 **想一想**

为了提高 V 带传动的传动能力，通过将带轮工作表面加工粗糙来增大摩擦系数，这种方法可取吗？

※ **任务分析 1**

当机械传动系统中有多种传动形式时，常常会把 V 带传动装置放置在高速级，主要是因为：

(1)带是挠性体，具有缓冲吸振的作用，能使系统传动平稳。

(2)由式(6.1.3)可知，当带传动传递的功率 P 一定时，带速 v 越高，带内的有效张力越小；带速 v 越低，带内的有效张力越大，皮带能传递的张力是有限的，因此，皮带不适合低速大功率运行。带传动在低速大功率运行时，皮带容易伸长、打滑，影响传动质量。

(3)中低速端的皮带传动，必然会大大增大皮带传动的几何尺寸，这不仅使皮带传动尺寸增大，而且还会影响机器其他部件的尺寸。

(4)V 带传动过载时，会出现打滑现象，对带传动后面的传动装置能起到保护作用。

(二)带传动的应力分析

带传动工作时,带中的应力由以下三部分组成:

1. 由拉力产生的拉应力

紧边拉应力 σ_1(MPa):

$$\sigma_1 = \frac{F_1}{A}$$

松边拉应力 σ_2(MPa):

$$\sigma_2 = \frac{F_2}{A}$$

式中:A——带的横截面积,mm^2。

2. 由离心力产生的拉应力

由于带本身的质量,使带在带轮上做圆周运动时将产生离心力 F_c。离心力作用于带的全长上,在截面产生离心拉应力为:

$$\sigma_c = \frac{F_c}{A} = \frac{qv^2}{A} \qquad (6.1.7)$$

σ_c 的单位为 MPa;v 为带速,单位为 m/s;带速太高会因惯性离心力过大而降低带与带轮间的正压力,从而降低摩擦和传动能力;带速过低,则在传递相同功率的条件下所需有效拉力 F 较大,要求带的根数较多。一般以 $v = 5 \sim 25 \text{m/s}$ 为宜。q 为带单位长度上的质量,单位为 kg/m,见表 6.1.2。

3. 弯曲应力

带绕经带轮时会产生弯曲应力,由材料力学公式可得:

$$\sigma_b \approx \frac{Eh}{d_d} \qquad (6.1.8)$$

式中:E——带的弹性模量,MPa;

h——带的厚度,mm;

d_d——带轮的基准直径,mm。

由式(6.1.8)可知,当 d_d 越小,带的弯曲应力 σ_b 越大。为防止弯曲应力过大,对每种型号的 V 带都规定了相应的最小带轮基准直径 d_{dmin},见表 6.1.2。

带全长上的应力分布情况如图 6.1.7 所示。**最大应力发生在紧边绕上小带轮的接触处**,其值为:

$$\sigma_{max} = \sigma_1 + \sigma_c + \sigma_{b1} \qquad (6.1.9)$$

由于带是在交变应力状态下工作的,当应力循环次数达到一定值时,带就会发生疲劳破坏。

(三)带传动的弹性滑动

带是弹性体,受拉力后会产生弹性伸长。带由紧边绕过主动轮进入松边时,带的拉力由 F_1 减小为 F_2,其弹性伸长量由 δ_1 减小为 δ_2。这说明带在绕过带轮的过程中,相对于轮面向后收缩了 ($\delta_1 - \delta_2$),带与带轮轮面间出现局部相对滑动,导致带的速度 v 逐渐小于主动轮的圆周速度 v_1,如图 6.1.8 所示。同样,当带由松边绕过从动轮进入紧边时,拉力增加,带逐渐被拉长,沿轮面产生向前的弹性滑动,使带的速度 v 逐渐大于从动轮的圆周速度 v_2。这种由于带的弹性变形而产生的带与带轮间的滑动称为弹性滑动。

带与轮面之间的弹性滑动使得从动轮的圆周速度 v_2 总是低于主动轮的圆周速度 v_1,其速度的降低率称为带传动的滑动率 ε:

基准宽度制 V 带每米长的质量 q 及带轮最小基准直径　　　　表 6.1.2

带型	Y	Z	A	B	C	D	E	SPZ	SPA	SPB	SPC
q(kg/mm)	0.02	0.06	0.10	0.17	0.30	0.62	0.90	0.07	0.12	0.20	0.37
d_{dmin}(mm)	20	50	75	125	200	355	500	63	90	140	224
基准直径系列 (mm)	28　31.5　40　50　56　63　71　75　80　90　100　106　112　118　12　132　140　150　160　180　200　212　224　250　280　315　355　375　400　450　500　560　630										

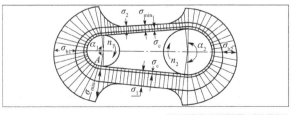

图 6.1.7 带的应力分布图

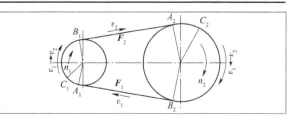

图 6.1.8 带传动的弹性滑动

动画:弹性滑动

$$\varepsilon = \frac{v_1 - v_2}{v_1} \times 100\% = \frac{\pi d_{d1} n_1 - \pi d_{d2} n_2}{\pi d_{d1} n_1} \times 100\% \tag{6.1.10}$$

式中：n_1、n_2——主、从动轮转速，r/min；

d_{d1}、d_{d2}——主、从动轮基准直径，mm。

由式(6.1.10)得带传动的传动比为：

$$i = \frac{n_1}{n_2} = \frac{d_{d2}}{d_{d1}(1-\varepsilon)} \tag{6.1.11}$$

带传动的滑动率很小，$\varepsilon = 0.01 \sim 0.02$，在一般传动计算中可不予考虑。

(四) V 带传动的失效形式

带传动的主要失效形式是打滑和带的疲劳断裂。因此，在对带传动进行设计时，应在保证带传动不打滑的前提下，具有足够的疲劳强度和一定的寿命。为使各带受力均匀，其根数不宜过多，一般取 z 为 $2 \sim 5$ 根为宜，最多不能超过 $8 \sim 10$ 根。

三、V 带传动的安装与维护

(一) V 带传动的张紧

带传动运转一定时间后就会由于塑性变形而松弛，使初拉力减小，传动能力下降，必须重新张紧，才能正常工作。

动画:定期张紧

常用的张紧方式可分为调整中心距和安装张紧轮两种。

1. 调整中心距

如图 6.1.9a)所示，调节调节螺钉，使电动机在滑道上左右移动，以调节两带轮中心距；如图 6.1.9b)所示，依靠电动机和机架的自重使电动机带动带摆动实现自动张紧。

动画:自动张紧

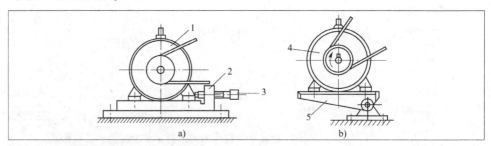

图 6.1.9 调整中心距方式

1-电动机；2-滑道；3-调节螺钉；4-电动机；5-机架

2. 采用张紧轮

如图 6.1.10 所示，当中心距不能调节时，可采用张紧轮。张紧轮一般应放在松边的内侧，使带只受单向弯曲。同时张紧轮应尽量靠近大轮，以免过分影响小带轮的包角。张紧轮的轮槽尺寸与带轮的相同。

动画:张紧轮张紧

(二) 带传动的安装和维护

(1) 如图 6.1.11 所示，平行轴传动时，两轮轴线应相互平行；两轮相对应的 V 形槽的对称平面应重合，误差不得超过 20′，否则带侧面磨损严重。

(2) 安装 V 带时，应通过调整中心距使带张紧，严禁强行撬入和撬出，以免损伤 V 带。

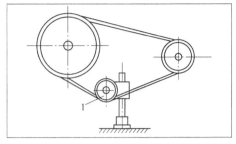

图6.1.10 安装张紧轮
1-张紧轮

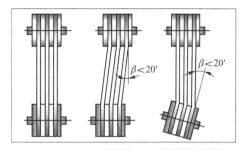

图6.1.11 V带轮的相对位置

(3)不同厂家的V带和新旧不同的V带,不能同组使用。

(4)安装V带时,应按规定的初拉力张紧。对于中等中心距的带传动,可凭经验张紧,带的张紧程度以拇指能将带按下15mm为宜,如图6.1.12所示。

(5)带传动装置外面应加防护罩,以保证安全,防止带与酸、碱或油接触而腐蚀传动带。

(6)带传动无须润滑,禁止往带上加润滑油或润滑脂。

图6.1.12 V带的张紧程度

(7)应定期检查带传动,如果带有一根松弛或损坏应全部换用新带。

(8)带传动的工作温度不应超过60℃。

(9)如果带传动装置需闲置一段时间后再用,应将传动带放松。

> ※ **任务分析2**：
>
> 在对图6.1.1所示的V带传动进行安装与调试时,要按上述带传动的安装调试规定的方法进行,同时要对V带传动进行定期检查,主要包括：
>
> (1)要定期检查带的张紧程度,发现带有打滑、跳动等现象时,说明带松弛,要对V带传动进行张紧。
>
> (2)检查V带有没有早期损坏现象。当传动带磨损、老化或个别带出现疲劳、撕裂等现象需要更换时,一定要整组更换,不允许只更换一根。

四、同步带传动

如图6.1.13a)所示,同步带是以细钢丝绳或玻璃纤维为强力层,外覆以聚氨酯或氯丁橡胶的环形带。由于带的强力层承载后变形小,且内周制成齿状使其与齿形的带轮相啮合,故带与带轮间无相对滑动,构成同步传动,如图6.1.13b)所示。

同步带传动具有传动比恒定、不打滑、效率高、初张力小、对轴及轴承的压力小、速度及功率范围广、不需润滑、耐油、耐磨损以及允许采用较小的带轮直径、较短的轴间距、较大的速比,使传动系统结构紧凑的特点。一般参数为:带速$v \leqslant 50 \mathrm{m/s}$,功率$P \leqslant 100 \mathrm{kW}$,速比$i \leqslant 10$,效率$\eta$为0.92~0.98,工作温度-20~80℃。

目前同步带传动主要用于中小功率要求速比准确的传动中,如地铁车站的站台门、电梯的门系统、汽车发动机中都有同步带的使用。

图片:电梯门系统中的同步带传动

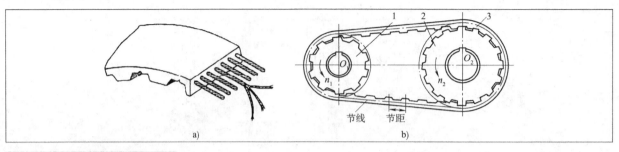

图6.1.13 同步带结构与同步带传动
1-主动轮；2-从动轮；3-同步带

巩固与自测

一、填空题

1. 普通V带传动中，其工作面为_____，V带的楔角为_____，V带轮轮槽的槽角_____（大于、小于）V带的楔角。

2. V带传动中，小带轮的包角不能小于_____。

3. 传动带中的工作应力包括_____、_____和_____。

4. 在带、链和齿轮合成的多级传动中，带宜布置在_____级。

二、选择题

1. 下列普通V带中，承载能力最小的是（　）。
   A. A型　B. Y型　C. D型　D. E型

2. 带传动最大应力发生在（　）。
   A. 松边绕出主动轮的点
   B. 松边绕上从动轮的点
   C. 紧边绕出从动轮的点
   D. 紧边绕上主动轮的点

3. 带传动打滑总是首先发生在（　）。
   A. 小带轮上　B. 大带轮上
   C. 在两轮上同时开始　D. 不一定

4. 普通V带传动中，若主动轮圆周速度为v_1，从动轮圆周速度为v_2，则（　）。
   A. $v_1 > v_2$　B. $v_1 < v_2$　C. 不确定　D. $v_1 = v_2$

5. V带传动工作时，带的工作面是（　）。
   A. 底面　B. 顶面
   C. 两侧面　D. 底面和两侧面

6. 带传动在正常工作时产生弹性滑动，是由于（　）。
   A. 包角α_1太小
   B. 初拉力F_0太小
   C. 紧边与松边拉力不等
   D. 传动过载

7. V形带传动主要依靠（　）传递运动和动力的。
   A. 紧边拉力
   B. 松边拉力
   C. 带与带轮接触面间的摩擦力
   D. 初拉力

8. 带传动的主要失效形式是带的（　）。
   A. 疲劳破坏和打滑　B. 磨损和胶合
   C. 胶合和打滑　D. 磨损和疲劳点蚀

9. 在V带传动中，下列哪种说法是正确的？（　）
   A. 打滑不可避免
   B. 弹性滑动不可避免
   C. 弹性滑动和打滑均不可避免
   D. 以上都不对

三、简答题

1. 影响带传动承载能力的主要因素有哪些？

2. 为什么常将带传动配置在机械传动装置的高速级？

3. 带传动的最大应力发生在何处？最大应力由哪几部分组成？

4. 请列举你知道的设备中，哪里用到了同步带传动？

任务 6.2 链传动的运动分析

知识目标

1. 了解链传动的类型、结构、特点、工作原理和应用。
2. 了解常见链条和链轮的结构形式。
3. 了解链传动的布置、张紧和维护方法。

能力目标

1. 会分析链传动的运动特性。
2. 会布置链传动,会对链传动进行张紧。
3. 会选择链传动的润滑方式。

素质目标

1. 通过分析链传动的运动特点和应用实例,培养理论联系实际的思维方式。
2. 具备严谨细致、一丝不苟、实事求是的科学态度和探索精神。

任务引入

自动扶梯在地铁车站、商场百货大楼、医院、地下通道等处随处可见,其高效地携带大量乘客跨越不同的楼层,节约了乘客通行时间,已成为我们日常生活中不可或缺的基础设施。图 6.2.1 所示为自动扶梯的梯级和扶手带的传动系统均采用链传动。自动扶梯通过驱动链条将驱动装置的驱动力传递给主传动轴,主传动轴的旋转带动梯级链条的运动,同时通过扶手驱动链带动扶手传动轴的转动,从而驱动扶手带的运转。试分析此处采用链传动而不采用其他的传动方式的原因是什么?

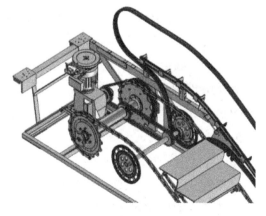

图 6.2.1 自动扶梯中的链传动

动画:链传动

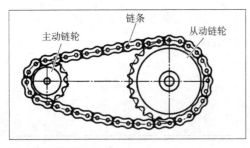

图6.2.2 链传动

一、链传动概述

(一)链传动的组成和类型

链传动由主动链轮、从动链轮和绕在链轮上的中间链条组成,如图6.2.2所示。链传动靠链条与链轮轮齿的啮合来传递平行轴间的运动和动力。

按照用途不同,链传动可分为起重链、牵引链和传动链三大类。起重链、牵引链主要用于起重机械和运输机械,传动链用于一般机械中传递运动和动力。

传动链按结构不同分为滚子链(图6.2.3a)和齿形链(图6.2.3b)两种类型。

图6.2.3 链传动的类型

(二)链传动的特点及应用

与带传动相比,链传动能保持准确的平均传动比,径向压轴力小,适于低速情况下工作。与齿轮传动相比,链传动安装精度要求较低,成本低廉,可远距离传动。链传动由于不能保持恒定的瞬时传动比,传动的平稳性较差,且磨损后会发生跳齿现象,不宜用于高速和急速反向场合。

二、滚子链和链轮结构的结构分析

(一)滚子链的结构

滚子链是由滚子、套筒、销轴、内链板和外链板组成,如图6.2.4所示。内链板与套筒之间、外链板与销轴之间为过盈配合,滚子与套筒之间、套筒与销轴之间为间隙配合,使套筒可绕销轴转动、滚子可绕套筒转动。链的磨损主要发生在销轴和套筒的接触面上,因此,内、外链板之间应留少许间隙,以便润滑油深入销轴和套筒的摩擦面间。链板制成∞形,使链板各截面强度大致相等,并减轻重量。

当传递功率较大时,可采用双排链(图6.2.5)或多排链。当多排链的排数较多时,容易造成各排受载不均,因此实际运用中排数一般不超过4。

套筒滚子链的接头形式如图6.2.6所示。链节数为偶数时,节距较大时,接头处用开口销固定,如图6.2.6a)所示;节距较小时,接头处用弹簧卡片固定,如图6.2.6b)所示。链节数为奇数时,采用过渡链节,如图6.2.6c)所示。由于过渡链节的链板是弯的,承载后会受附加弯矩的作用,所以链节数尽量采用偶数。

滚子链上相邻两滚子中心的距离称为链节距,用 p 表示,它是传动链的重要参数。节距越大,链条各零件的尺寸越大,其承载能力也越大。但节距过大,由链条速度变化和链节啮入链轮产生冲击所引起的动载荷越大,反而使链承载能力和寿命降低。

常用机械传动的运动分析

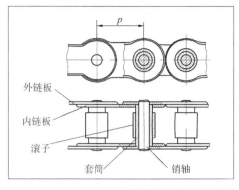

图 6.2.4 滚子链结构

图 6.2.5 双排滚子链

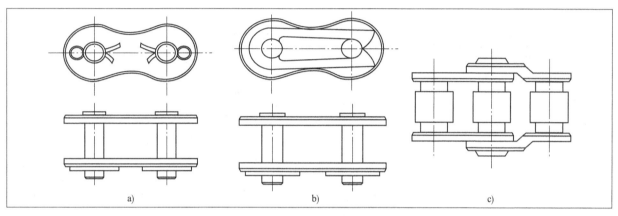

图 6.2.6 滚子链的接头形式

滚子链已标准化,按极限拉伸载荷的大小,套筒滚子链可分为 A、B 两个系列。A 系列用于重载、高速和重要的传动;B 系列用于一般传动。

套筒滚子链的标记为:

$$\boxed{链号} - \boxed{排数} \times \boxed{链节数} \quad \boxed{标准编号}$$

相关规定可参考《传动用短节距精密滚子链、套筒链、附件和链轮》(GB/T 1243—2006),例如,08A—2×88 GB/T 1243—2006 表示:A 系列、节距 12.7mm、双排、88 节的滚子链。其中链号数乘以 25.4/16mm 即为节距值。

(二)滚子链链轮结构

链轮的齿形应保证链轮与链条接触良好,受力均匀,链条能顺利进入和退出与轮齿的啮合。滚子链链轮的端面齿槽形状常采用三圆弧(dc、ba、aa)和一直线(cb)齿形,如图 6.2.7 所示。

链轮可根据直径的大小分别制成实心式(图 6.2.8a)所示、孔板式(图 6.2.8b)和组合式(图 6.2.8c)所示。

链轮轮齿要有足够的接触强度和耐磨性。常用材料为中碳钢(如 35、45),不重要的场合则用碳素钢(如 Q235、Q275),重要的链轮可采用合金钢(如 40Cr、35SiMn)。小链轮的啮合次数比大链轮多,所受冲击力也大,所用材料一般优于大链轮。

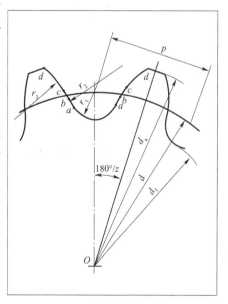

图 6.2.7 链轮断面齿形

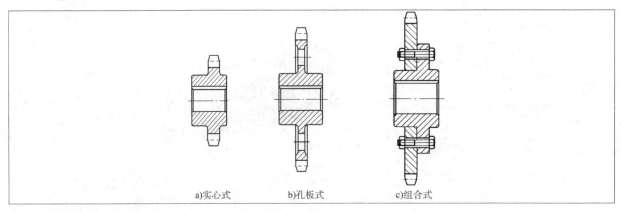

图 6.2.8 链轮结构

三、链传动的运动特性分析

由于链条是以折线形状绕在链轮上，相当于链条绕在边长为节距 p、边数为链轮齿数 z 的多边形轮上，如图 6.2.9 所示。

因单个链节为刚性体，因此当链条绕在链轮上时，多边形的边长上各点的运动速度并不相等，所以链传动的传动比指平均链速的传动比。

设两链轮的转速分别为 n_1、n_2，则链的平均速度为：

$$v = \frac{z_1 p n_1}{60 \times 1000} = \frac{z_2 p n_2}{60 \times 1000} \quad (6.2.1)$$

式中：z_1、z_2——主、从动链轮的齿数；
p——链节距。

则链传动的传动比为：

$$i = \frac{n_1}{n_2} = \frac{z_2}{z_1} = 常数 \quad (6.2.2)$$

由式(6.2.2)求得的链传动传动比是平均值。实际上链速和链传动比在每一瞬时都是变化的，而且是按每一链节的啮合过程做周期性变化。

由上述分析可知，链传动工作时不可避免地会产生振动和冲击，引起附加的动载荷，因此链传动不适用于高速传动。

四、传动链的失效形式

1. 疲劳破坏

链中各元件均在交变应力作用下工作，经过一定的循环次数后，将会发生疲劳破坏。在正常润滑条件下，链板的疲劳断裂或套筒、滚子表面的疲劳点蚀是闭式链传动的主要失效形式。

2. 铰链磨损

链的各元件在工作过程中都会有不同程度的磨损，但主要磨损发生在销轴与套筒的承压面上。磨损使链条的节距增加，容易产生跳齿和脱链。

3. 销轴与套筒

当链轮转速达到一定值时，链节啮入时的冲击能量增大，销轴和套筒的工作表面温度过高，润滑油膜将会被破坏而产生胶合。

4. 链条的过载拉断

低速、重载下，链条会因静强度不足而被拉断。

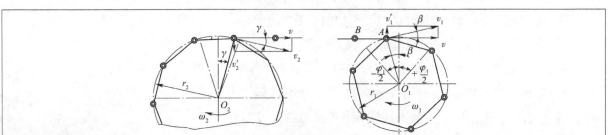

图 6.2.9 链传动的速度分析

※ 任务分析

自动扶梯的扶手和梯级的运动要求平均传动比准确,各梯级对同步性的要求也比较高,自动扶梯有一定的长度和高度,故更适合采用远距离传递运动和动力的传动装置,因此采用链传动可以满足这些要求。将链传动应用于自动扶梯扶手和梯级的传动系统中具有以下优点:

(1)扶梯链条能满足对扶手和梯级同步性的要求,且拆装和维修简单方便。

(2)链传动平均传动比准确,结构紧凑,传递效率高。

(3)链传动适合长距离传递运动和动力,且链条与链轮多齿同时啮合、每单节受力小、强度高、寿命长。

(4)链条在传动时具有较好的缓冲、吸振性能,转速高、噪声低。

五、链传动的布置、张紧和润滑

(一)链传动的布置

1. 水平布置

两链轮轴线平行,回转面在同一平面内,紧边在上,松边在下,如图6.2.10a)所示。这样不易引起脱链和磨损,也不会因松边垂度过大而与紧边相碰或链与链轮齿产生干涉。

2. 倾斜布置

当水平布置无法实现时,可采用倾斜布置。倾斜布置时,应使两轮中心线与水平面倾角应小于45°,如图6.2.10b)所示。

3. 垂直布置

链传动应尽量避免垂直布置。垂直布置链条下垂量大,链轮有效啮合齿数少,应使上、下轮错开或采用张紧轮,如图6.2.10c)所示。

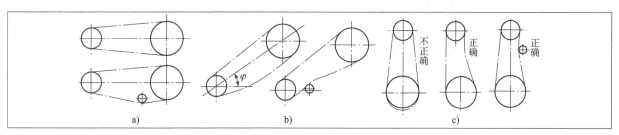

图6.2.10 链传动的布置

(二)链传动的张紧

链传动张紧的目的,主要是为了避免链条垂度过大引起啮合不良。一般情况下,链传动设计成中心距可调的形式,通过调整中心距来张紧传动链。也可采用图6.2.11所示的张紧轮张紧,张紧轮应设在松边,靠近小链轮处。图6.2.11a)为弹簧力张紧,图6.2.11b)为砝码张紧,图6.2.11c)为定期张紧。

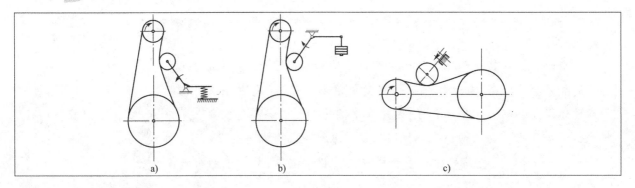

图 6.2.11　链传动的张紧

(三)链传动的润滑

对链传动而言,良好的润滑可缓和冲击、减轻磨损、延长链条的使用寿命。润滑油推荐采用牌号为:L-AN32、L-AN46、L-AN68 等全损耗系统用油。对于不便采用润滑油的场合,允许涂抹润滑脂,但应定期清洗与涂抹。

 巩固与自测

一、选择题

1. 链传动与带传动相比( )。
   A. 传动效率高
   B. 作用在轴与轴承上的力较大
   C. 平均传动比不准确
   D. 能过载安全保护

2. 有多边形效应的传动是( )。
   A. 带传动　　　B. 链传动
   C. 齿轮传动　　D. 蜗杆传动

3. 设计链传动时,链的节数最好取( )。
   A. 偶数　　　B. 奇数
   C. 质数　　　D. 链轮齿数的倍数

4. 链传动中,限制链轮最少齿数的目的是( )。
   A. 减小传动的运动不均匀性和动载荷
   B. 防止链磨损后脱链
   C. 使小链轮轮齿受力均匀
   D. 防止润滑不良时轮齿加速磨损

5. 链传动张紧的目的主要是( )。
   A. 同带传动一样
   B. 提高链传动工作能力
   C. 避免松边垂度过大引起啮合不良和链条振动
   D. 增大包角

6. 链传动只能用于轴线( )的传动中。
   A. 相交呈 90°　　B. 相交呈任一角度
   C. 空间 90°交错　D. 平行

二、简答题

1. 链传动与带传动相比有哪些优缺点?
2. 链传动的合理布置有哪些要求?
3. 链传动中,为什么一般链节数多选偶数,而链轮齿数多选取奇数?
4. 链传动中,为什么小链轮的齿数不宜过少?而大链轮的齿数又不宜过多?
5. 何谓链传动的多边形效应?

任务 6.3　齿轮传动的运动分析

 知识目标

1. 了解齿轮传动的类型、特点及应用。
2. 理解渐开线齿廓的啮合定律和渐开线齿轮的啮合特性。
3. 掌握渐开线齿轮各部分的名称、主要参数和几何尺寸计算。
4. 掌握齿轮传动的特点和受力分析、失效形式。

5.掌握齿轮传动轮齿的失效形式和设计计算准则,了解齿轮的材料和结构形式。

能力目标

1.会根据渐开线的性质分析齿轮传动中的问题。

2.会根据渐开线直齿圆柱齿轮的主要参数进行几何尺寸计算。

3.会分析渐开线直齿轮啮合传动的特点,能够应用齿轮传动正确啮合的条件和连续传动的条件分析齿轮传动中的实际问题。

4.会对渐开线标准直齿圆柱齿轮进行轮齿的受力分析。

5.会正确选择齿轮的润滑方式。

素质目标

1.培养应用齿轮传动进行创新设计的能力。

2.齿轮传动,互相配合,培养团队协作意识。

3.通过学习"记里鼓车"的原理,培养文化自信,树立正确的人生观、世界观。

任务引入

连接天津市河北区的解放桥(图6.3.1)是一座双叶立转开启式钢结构大桥,桥梁可以双侧开启,既方便了陆上交通,也可以让商船邮轮通行。其开桥传动系统采用的是齿轮传动系统(图6.3.2),传动系统中包含齿轮传动和齿轮齿条传动,通过齿轮组、动轮、齿条、弧形梁、齿座梁、平衡重密切地配合运动,控制桥开启和关闭。桥中的传动系统运行至今已有近百年,虽然有一定的磨损,但仍然能安全、稳定运行。

请分析解放桥采用齿轮传动是利用了齿轮传动的哪些特点?如何知道该齿轮传动中的齿轮是渐开线标准直齿圆柱齿轮?如何获得这对齿轮的模数值呢?

图6.3.1 天津解放桥

图6.3.2 天津解放桥中的齿轮传动系统

> **▶ 中国古代发明**
>
> **中国最早的"计程车"——记里鼓车**
>
> 现代汽车通过里程表记录公里数。而中国早在1800多年前的汉朝,就发明了用来记录车辆里程的计量工具,叫作"记里鼓车",其构造与指南车相似,车有上下两层,每层各有木制机械人,手执木槌,下层木人打鼓,车每行一里路,敲鼓一下,上层机械人敲打铃铛,车每行十里,敲打铃铛一次。记里鼓车主要运用了齿轮传动的原理,整个记里鼓车连足轮在内共8个轮,其中6个齿轮,构成一套减速齿系。记里鼓车中的齿轮中,齿的轮廓仿效鱼类的牙齿,有弧形的曲线。

一、齿轮传动机构的特点和分类

(一)齿轮传动的特点

齿轮传动机构是现代机械中应用最广泛的一种传动机构,可以传递空间任意两轴间的运动和动力。与其他传动机构相比,齿轮传动具有以下优点:

(1)瞬时传动比恒定。

(2)适用范围广,传递功率可达 10^5 kW,圆周速度可达300m/s。

(3)结构紧凑,传动效率高,单级传动 $\eta \geqslant 95\%$。

(4)工作可靠,寿命长。

主要缺点是:

(1)要求有较高的制造和安装精度,制造工艺复杂,成本高。

(2)不适用于远距离传动。

(3)无过载保护功能。

> ※ **任务分析1**
> 　　天津解放桥中的开桥传动系统采用齿轮传动系统,主要是利用了齿轮传动具有传递功率大,工作可靠、寿命长,瞬时传动比恒定,结构紧凑,传动效率高等特点。

(二)齿轮传动的分类

1. 根据两齿轮轴线的相对位置和齿向

图片:直齿轮外啮合

图片:齿轮齿条啮合

图片:斜齿轮传动

图片:人字齿轮啮合

图片:直齿锥齿轮啮合

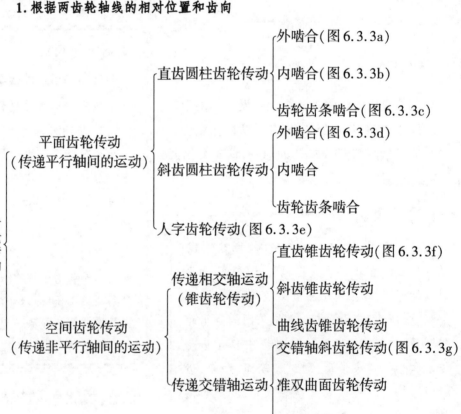

2. 根据齿廓线的形状

根据齿廓线的形状可分为渐开线齿轮、摆线齿轮、圆弧齿轮,本书只涉及应用最广泛的渐开线齿轮。

3. 按齿面硬度

按齿面硬度,齿轮可分为软齿面(硬度≤350HBW)齿轮和硬齿面(硬度>350HBW)齿轮。

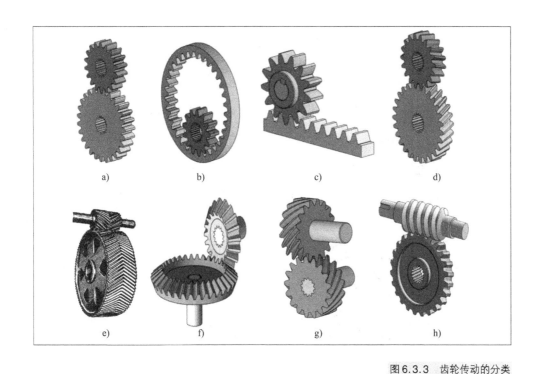

图片:交错轴斜齿轮啮合

图片:蜗杆传动

动画:渐开线的生成

图6.3.3 齿轮传动的分类

二、渐开线齿轮齿廓的性质

(一)渐开线的形成

如图6.3.4所示,当一直线 NK 沿半径为 r_b 的圆做纯滚动时,直线上的任意一点 K 的轨迹称为该圆的渐开线。该圆称为基圆,NK 线称为发生线,半径为 r_b 为基圆半径。线段 OK 称为渐开线上 K 点的向径,记作 r_K。

(二)渐开线的性质

(1)发生线沿基圆上滚动的线段长度 NK 与基圆上被滚过的弧 $\overset{\frown}{NA}$ 相等,即 $NK = \overset{\frown}{NA}$。

(2)发生线沿基圆纯滚动时,N 是其瞬时转动中心,因此发生线 NK 是渐开线上 K 点的法线,又因发生线始终与基圆相切,所以基圆的切线必为渐开线上某一点的法线。

(3)渐开线的形状取决于基圆的大小。

如图6.3.5所示,基圆半径越小,渐开线越弯曲;基圆半径增大时,渐开线趋于平直。当基圆半径为无穷大时,其渐开线将变成直线。

(4)渐开线是从基圆开始向外展开的,因此基圆内无渐开线。

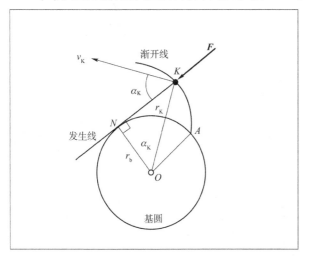

图6.3.4 渐开线的形成

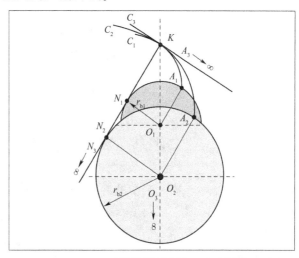

图6.3.5 基圆大小与渐开线形状的关系

(5)图 6.3.4 中 α_K 是渐开线在上 K 点的法线与速度线所夹的锐角,称为该点的压力角,$\cos\alpha_K = \dfrac{ON}{OK}$。渐开线上各点的压力角不相等,离基圆越远,压力角越大。

三、渐开线标准直齿圆柱齿轮的主要参数和几何尺寸计算

(一)齿轮各部分名称及符号

图 6.3.6 所示为直齿圆柱齿轮的一部分,图 6.3.6a)为外齿轮,图 6.3.6b)为内齿轮。由图可知,轮齿两侧齿廓是形状相同、方向相反的渐开线曲面。

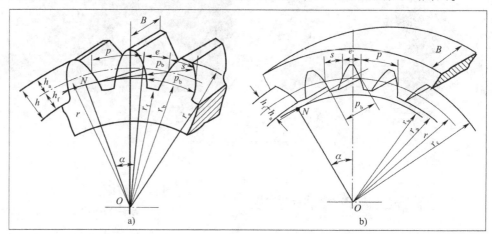

图 6.3.6 齿轮各部分名称及符号图

动画:渐开线直齿圆柱齿轮各部分名称

1. 齿数

齿轮整个圆周上轮齿的总数,用 z 表示。

2. 齿顶圆、齿根圆

过齿轮各齿顶端的圆称为齿顶圆,其直径用 d_a 表示,半径用 r_a 表示。过齿轮各齿槽底部的圆称为齿根圆,其直径用 d_f 表示,半径用 r_f 表示。

3. 齿厚、齿槽宽、齿距

在半径为 r_K 的任意圆周上,同一轮齿的两侧齿廓之间的弧长称为该圆上的齿厚,用 s_K 表示。在半径为 r_K 的任意圆周上,同一齿槽的两侧齿廓之间的弧长称为该圆上的齿槽宽,用 e_K 表示。在半径为 r_K 的任意圆周上,相邻两齿同侧齿廓间的弧长称为该圆上的齿距,用 p_K 表示:

$$p_K = s_K + e_K \qquad (6.3.1)$$

4. 分度圆

为了设计制造方便,人为地取一个圆,使该圆上的参数为标准值,这个圆叫分度圆。分度圆上的所有参数不带下标,如分度圆直径用 d 表示,分度圆半径用 r 表示。分度圆上的齿厚、齿槽宽、齿距分别用 s、e 和 p 表示。

5. 齿顶高、齿根高、全齿高

介于分度圆与齿顶圆之间的部分称为齿顶,其径向距离称为齿顶高,用 h_a 表示。介于分度圆与齿根圆之间的部分称为齿根,其径向距离称为齿根高,用 h_f 表示。齿根圆与齿顶圆之间的径向距离称为全齿高,用 h 表示。

图 3.3.6b)为直齿圆柱内齿轮。相同基圆的内、外齿轮的齿廓曲线为完全相同的渐开线,其齿厚相当于外齿轮的齿槽宽;齿顶圆小于分度圆,齿根圆大于分度圆。

当基圆半径无穷大时,渐开线齿廓曲线变为直线,齿轮变成齿条,齿轮上的各圆都变成齿条上的相应的线。如图 6.3.7 所示,齿轮上的齿顶圆、齿根圆、分度圆相应变为齿顶线、齿根线和分度线。

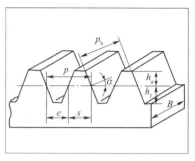

图 6.3.7 齿条各部分的名称

与渐开线直齿圆柱齿轮相比,齿条具有以下特点:

(1)齿面任意高度上的压力角都相等,都等于标准值 20°。

(2)在齿的任意高度处的齿距都相等,但只有分度线上齿厚与齿槽宽才相等,因此分度线也称为齿条中线。

想一想

标准渐开线直齿圆柱齿轮上齿顶圆、齿根圆、分度圆、基圆这四个圆上,哪个圆上的压力角最小?标准压力角在哪个圆上?哪个圆的直径最小?哪个圆的直径最大?

(二)标准直齿圆柱齿轮的几何尺寸计算

1. 模数 m

分度圆直径 d 与齿距 p 及齿数 z 之间的关系为 $\pi d = pz, d = pz/\pi$,式中的 π 为无理数,计算、制造和检验均不方便。为规范生产和便于互换,人为地把 p/π 规定为有理数并标准化,称为齿轮的模数,用 m 表示,模数的单位为毫米(mm),所以:

$$d = mz \qquad (6.3.2)$$

齿轮的模数已标准化,表 6.3.1 为标准模数系列的一部分。

标准模数系列[《通用机械和重型机械用圆柱齿轮 模数》(GB/T 1357—2008)](单位:mm)

表 6.3.1

系 列			
Ⅰ	Ⅱ	Ⅰ	Ⅱ
1			7
	1.125	8	
1.25			9
	1.375	10	
1.5			11
	1.75	12	
2			14
	2.25	16	
2.5			18
	2.75	20	
3			22
	3.5	25	
4			28
	4.5	32	
5			36
	5.5	40	
6			45
	(6.5)	50	

2. 压力角 α

渐开线上各点的压力角是变化的。为设计、制造方便,我国规定分度圆上的压力角为标准压力角,其标准值为 $\alpha = 20°$。有些国家常用的压力角除 20° 外,还有 15°、14.5° 等。在汽车、航空工业中 α 有时会采用 22.5°、25°。

3. 齿顶高系数 h_a^* 和顶隙系数 c^*

标准直齿圆柱齿轮的基本参数有 5 个:z、m、α、h_a^*、c^*,其中 h_a^* 为齿顶高系数,c^* 为顶隙系数。我国规定的标准值为 $h_a^* = 1$,$c^* = 0.25$。

m、α、h_a^* 和 c^* 均为标准值,且 $s = e$ 的齿轮称为标准齿轮。标准直齿圆柱齿轮的所有尺寸均可用上述 5 个参数来表示,几何尺寸的计算公式列于表 6.3.2 中。

标准直齿圆柱齿轮传动的参数和几何尺寸计算公式　　表 6.3.2

序号	名　称	代　号	计算公式
1	分度圆直径	d	$d_1 = mz_1$;$d_2 = mz_2$
2	齿顶高	h_a	$h_a = h_a^* m$
3	齿根高	h_f	$h_f = (h_a^* + c^*)m$
4	顶隙	c	$c = c^* m = 0.25m$
5	齿全高	h	$h = h_a + h_f$
6	齿顶圆直径	d_a	$d_a = d \pm 2h_a = m(z \pm 2h_a^*)$
7	齿根圆直径	d_f	$d_f = d \mp 2h_f = m(z \mp 2h_a^* \mp 2c^*)$
8	分度圆齿距	p	$p = \pi m$
9	分度圆齿厚	s	$s = \dfrac{1}{2}\pi m$
10	分度圆齿槽宽	e	$e = \dfrac{1}{2}\pi m$
11	基圆直径	d_b	$d_b = d\cos\alpha = mz\cos\alpha$
12	标准中心距	a	$a = \dfrac{1}{2}(d_2 \pm d_1) = \dfrac{1}{2}m(z_2 \pm z_1)$

注:关于表中正负号,上面符号用于外齿轮,下面符号用于内齿轮。

动画:公法线测量

(三)公法线长度

齿轮上跨 k 个齿所量得的渐开线间的法线距离称为公法线长度,如图 6.3.8 所示,用 W_k 表示,W_k 的计算公式为:

$$W_k = (k-1)p_b + s_b \qquad (6.3.3)$$

式中:k——跨测齿数,当 $\alpha = 20°$ 时,$k = 0.111z + 0.5$(圆整为整数);

p_b——$\pi m\cos\alpha$;

s_b——基圆齿厚。

$(k+1)$ 个齿测公法线长度公式为:$W_{k+1} = kp_b + s_b$

$$W_{k+1} - W_k = \pi m\cos\alpha \qquad (6.3.4)$$

当某标准齿轮的模数未知时,可通过测公法线长度的方法测得 W_{k+1} 和 W_k,然后通过式(6.3.4)求其模数。

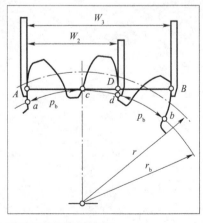

图 6.3.8　测量公法线

※ **任务分析 2**

若想获得某渐开线标准直齿圆柱齿轮的模数，可按以下步骤进行：

(1) 数出齿轮的齿数 z。

(2) 根据 $k = 0.111z + 0.5$ 计算出跨测齿数。

(3) 用游标卡尺跨 k 个齿测出公法线长度 W_k，再跨 $k+1$ 个齿测出公法线长度 W_{k+1}。

(4) 根据式（6.3.4）计算齿轮的模数 m。

(5) 根据上一步计算出的 m 数值，查表 6.3.1，将模数圆整成标准值。

算一算

某标准直齿圆柱齿轮，测得跨两个齿的公法线长度 $W_2 = 11.595$ mm，跨三个齿的公法线长度 $W_3 = 16.02$ mm，求该齿轮的模数。

四、渐开线直齿圆柱齿轮的啮合传动分析

（一）渐开线齿轮的啮合过程

如图 6.3.9 所示，轮齿进入啮合时，首先是主动轮 1 的根部齿廓与从动轮的齿顶在 B_2 点接触，随后啮合点沿 N_1N_2 移动，当啮合传动进行到主动轮的齿顶与从动轮的根部齿廓在 B_1 点接触时，两轮齿即将脱离接触。因此 B_2 点是起始啮合点，B_1 是终止啮合点，线段 B_1B_2 是啮合过程中啮合点的实际轨迹，称其为实际啮合线段。如果将两轮的齿顶圆加大，则 B_1、B_2 分别向 N_1、N_2 靠近，线段 B_1B_2 变长。但因基圆内无渐开线，所以两轮的齿顶圆不能超过 N_1、N_2 点。因此 N_1N_2 是理论上最长的啮合线段，称其为理论啮合线段。N_1、N_2 点称为极限啮合点。

（二）渐开线齿廓的啮合特点

1. 四线合一

如图 6.3.10 所示，两齿轮的齿廓在 K 点接触，过 K 点作两齿廓的公法线 N_1N_2，由渐开线的性质可知，N_1N_2 必同时与两基圆相切，即 N_1N_2 为两基圆的内公切线。齿轮传动时两基圆位置不变，同一方向的内公切线只有一条。所以一对渐开线齿廓从开始啮合到脱离接触，所有的啮合点都在 N_1N_2 线上，故称 N_1N_2 线为啮合线。

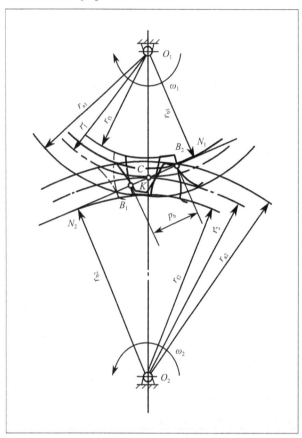

图 6.3.9 渐开线齿轮的啮合过程

由于两齿轮啮合传动时其正压力是沿着公法线方向的，因此对渐开线齿廓的齿轮传动来说，N_1N_2 线为**啮合线、过啮合点的公法线、基圆的内公切线和正压力作用线**。

动画：渐开线齿轮啮合

N_1N_2 线与连心线 O_1O_2 的交点 C 称为节点。分别以 O_1、O_2 为圆心，以 O_1C、O_2C 为半径所做的圆称为**节圆**，其半径分别用 r'_1、r'_2 表示。

2. 中心距具有可分性

一对齿轮传动时，两齿轮在节点处的速度相等，即 $v_1 = v_2$，因此一对齿轮的啮合可以看作是两个节圆的纯滚动。因而，两齿轮的传动比为：

$$i = \frac{\omega_1}{\omega_2} = \frac{O_2 C}{O_1 C} = \frac{r'_2}{r'_1} = \frac{r_{b2}}{r_{b1}} \quad (6.3.5)$$

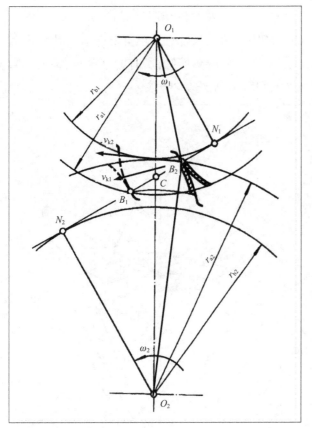

图 6.3.10 渐开线齿轮的啮合

由式(6.3.5)可知,当一对齿轮加工完成之后,其基圆半径已经确定,因而传动比确定。**两齿轮安装、使用过程中其中心距的微小变化不会改变传动比的大小,此特性称为中心距的可分性。**该特性使渐开线齿轮对安装、制造误差及轴承磨损误差不敏感,这一点对齿轮传动十分重要。

3. 啮合角不变

过节点 C 作两节圆的公切线 t—t,它与啮合线 $N_1 N_2$ 的夹角 α' 称为**啮合角**。啮合角 α' 恒等于**节圆上的压力角**。

由于齿廓间正压力方向为接触点公法线方向,所以齿廓间正压力方向不会改变。显然,齿轮传动时啮合角不变,力作用线方向不变,当传递的转矩不变时,正压力的大小也不变,因而传动较平稳。

4. 齿面滑动

如图 6.3.10 所示,在节点啮合时,两个节圆做纯滚动,两齿轮齿面间无相对滑动。在任意一点 K 啮合时,由于两齿轮在 K 点的线速度(v_{k1}、v_{k2})不重合,必会产生沿齿面方向的相对滑动,造成齿面的磨损。

(三) 正确啮合条件

如图 6.3.11 所示,当前一对轮齿在 K' 点接触,后一对轮齿在 K 点接触。这时轮 1 和轮 2 的法向齿距(相邻两个轮齿同侧齿廓之间在法线上的距离)相等,且均等于 KK'。由渐开线的性质可知,法向齿距等于两轮基圆上的齿距,因此:

$$p_{b1} = p_{b2}$$
$$\pi m_1 \cos\alpha_1 = \pi m_2 \cos\alpha_2$$

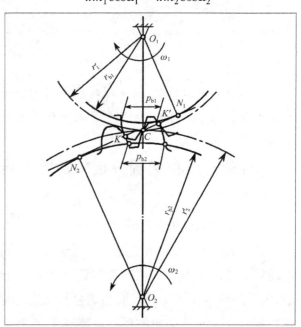

图 6.3.11 渐开线齿轮正确啮合的条件

由于齿轮的模数和压力角均已经标准化,所以必须使:

$$\begin{cases} m_1 = m_2 = m \\ \alpha_1 = \alpha_2 = \alpha \end{cases} \quad (6.3.6)$$

可见,渐开线直齿圆柱齿轮传动正确啮合的条件是:两轮的模数和压力角必须分别相等并为标准值。由式(6.3.5)可以推出一对啮合齿轮的传动比为:

$$i = \frac{\omega_1}{\omega_2} = \frac{r'_2}{r'_1} = \frac{r_{b2}}{r_{b1}} = \frac{d_2 \cos\alpha}{d_1 \cos\alpha} = \frac{d_2}{d_1} = \frac{m z_2}{m z_1} = \frac{z_2}{z_1}$$

$$(6.3.7)$$

(四)连续传动条件

要使两齿轮实现连续传动,必须前一对齿尚未脱离啮合时后一对轮齿就进入啮合,如图 6.3.12 所示。因此,要求实际啮合线 B_1B_2 必须大于或等于基圆齿距 $p_b = B_2K$,即:

$$B_1B_2 \geq p_b \quad (6.3.8)$$

故连续传动条件可写作:

$$\varepsilon = \frac{B_1B_2}{p_b} \geq 1 \quad (6.3.9)$$

式中:ε——重合度。重合度 ε 越大,表示同时参加啮合的轮齿对数越多,轮齿的承载能力越强,传动越平稳。

(五)无侧隙啮合

如图 6.3.13 所示,安装时,若标准齿轮的节圆与分度圆重合,这种安装称为标准安装。此时中心距称为**标准中心距**,以 a 表示。

$$a = r_1' + r_2' = r_1 + r_2 = \frac{m(z_1 + z_2)}{2} \quad (6.3.10)$$

无侧隙啮合对避免齿轮传动过程中的冲击、振动、噪声是有利的。为了保证齿面润滑,避免轮齿因摩擦发生热膨胀而产生卡死现象,齿轮传动应留有很小的侧隙。此侧隙一般在制造时由齿厚负偏差来保证,而在设计计算齿轮尺寸时仍按无侧隙计算。

动画:直齿轮连续传动条件-重合度

五、渐开线直齿圆柱齿轮的受力分析

一对啮合齿轮轮齿间的作用力 F_n 始终沿着啮合线垂直指向啮合齿面,F_n 称为法向力,其在节点 P 处可分解为两个相互垂直的分力:切于分度圆的圆周力 F_t 和指向轮心的径向力 F_r,如图 6.3.14 所示。

根据力平衡条件可得出作用在主动轮上的力:

在主动轮上,圆周力 F_t 是工作阻力,与回转方向相反;径向力 F_r 沿半径方向指向轮心。作用在从动轮的力与主动轮上同名力大小相等、方向相反,即:$F_{t1} = -F_{t2}$;$F_{r1} = -F_{r2}$。

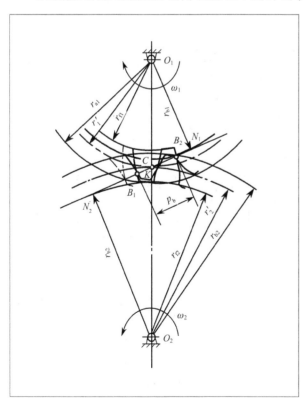

图 6.3.12 渐开线齿轮连续传动的条件

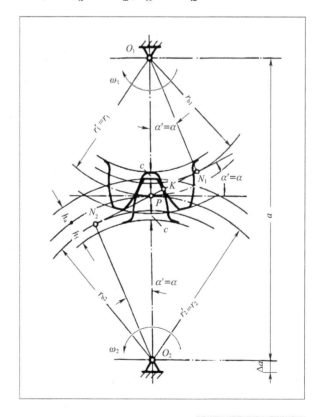

图 6.3.13 无侧隙啮合

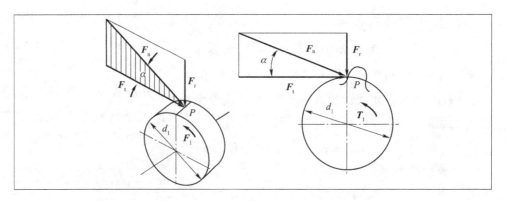

图 6.3.14　标准直齿圆柱齿轮受力分析

六、平行轴斜齿圆柱齿轮传动运动分析

(一)斜齿圆柱齿轮的啮合特点

直齿圆柱齿轮啮合时,齿面的接触线均平行于齿轮轴线,因此轮齿是沿整个齿宽同时进入、同时退出啮合。而斜齿轮啮合时,一对斜齿轮轮齿在前端面即将退出啮合时,后端面还在啮合中,接触线长度由零逐渐增加到最大值,然后又由最大值逐渐减小到零,所以斜齿轮传动平稳,承载能力大。但是斜齿轮传动时会产生轴向力,这对传动和支承都是不利的。

(二)斜齿圆柱齿轮的基本参数

1. 基本参数

1)螺旋角 β

如图 6.3.15 所示,将斜齿圆柱齿轮的分度圆柱展开,该圆柱上的螺旋线与齿轮轴线间的夹角,即为分度圆柱上的螺旋角,用 β 表示,通常取 $\beta = 8° \sim 20°$。根据螺旋线的方向,斜齿轮分为右旋和左旋两种,如图 6.3.16 所示。

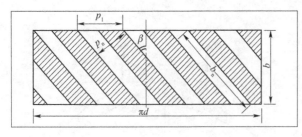

图 6.3.15　斜齿轮展开图

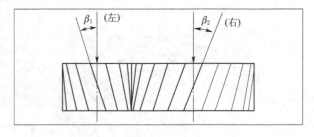

图 6.3.16　斜齿轮轮齿的旋向

2)模数

斜齿圆柱齿轮上垂直于齿轮轴线的平面称为端面;垂直于分度圆柱螺旋线的平面称为法面。加工斜齿轮的轮齿时,所用刀具与直齿轮相同,但刀具要沿轮齿的螺旋线方向进刀,因此,斜齿轮上垂直于轮齿方向的法面齿形应与刀具的齿形相同。

国标规定斜齿轮的法面参数(m_n、α_n、h_{an}^*、c_n^*)为标准值。端面模数 m_t 和法面模数 m_n 的关系为:

$$m_n = m_t \cos\beta \tag{6.3.11}$$

式中：m_n——斜齿轮法面模数；
m_t——端面模数；
β——螺旋角（°）。

3）压力角

如图6.3.17所示，因斜齿圆柱齿轮和斜齿条啮合时，它们的法面压力角和端面压力角应分别相等，所以斜齿圆柱齿轮法面压力角 α_n 和端面压力角 α_t 的关系可以通过斜齿条得到：

$$\tan\alpha_n = \tan\alpha_t \cos\beta \qquad (6.3.12)$$

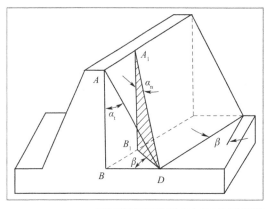

图6.3.17 端面压力角和法面压力角

4）齿顶高系数及顶系系数

斜齿轮的齿顶高和齿根高不论从端面还是从法面来看都是相等的，即：

$$h_{an}^* m_n = h_{at}^* m_t, \quad c_n^* m_n = c_t^* m_t$$

因为 $m_n = m_t \cos\beta$，所以：

$$\left.\begin{array}{l} h_{at}^* = h_{an}^* \cos\beta \\ c_t^* = c_n^* \cos\beta \end{array}\right\} \qquad (6.3.13)$$

2. 几何尺寸计算

斜齿轮的啮合在端面上相当于一对直齿轮的啮合，因此将斜齿轮的端面参数带入直齿轮的计算公式就可以得到斜齿轮的相应的几何尺寸，见表6.3.3。

标准斜齿外齿轮传动的几何尺寸　　表6.3.3

名称	符号	计算公式	名称	符号	计算公式
齿顶高	h_a	$h_a = h_{an}^* m_n$	齿顶圆直径	d_a	$d_a = d + 2h_a$
齿根高	h_f	$h_f = (h_{an}^* + c_n^*) m_n$	齿根圆直径	d_f	$d_f = -2h_f$
齿全高	h	$h = h_a + h_f$	中心距	a	$a = (d_1 + d_2)/2$
分度圆直径	d	$d = m_t z$			

（三）斜齿轮的正确啮合条件

从法平面看，一对斜齿轮的啮合相当于直齿轮的啮合，所以两轮的法面模数和法面压力角分别相等。除此之外，两轮的螺旋角还必须大小相等、方向相反，即：

$$\left.\begin{array}{l} m_{n1} = m_{n2} \\ m_{n1} = m_{n2} \\ \beta_1 = -\beta_2 \end{array}\right\} \qquad (6.3.14)$$

（四）斜齿轮的重合度

如图6.3.18所示，一对斜齿轮啮合时，由从动轮前端面齿顶与主动轮前端面齿根接触点 D 开始啮合，至主动轮后端面齿顶与从动轮后端面齿根接触点 C 退出啮合，实际啮合线长度为 $D'C_1$，它比直齿轮的啮合线增大了 $C'C_1$。因此，斜齿轮传动的总重合度为：

$$\varepsilon = \frac{D'C_1}{p_t} = \frac{C'D' + C'C_1}{p_t} = \varepsilon_t + \frac{b\tan\beta}{p_t} \qquad (6.3.15)$$

动画：斜齿轮传动的重合度

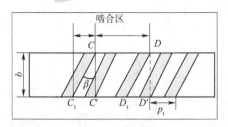

图 6.3.18 斜齿轮传动的重合度

斜齿轮传动的重合度由端面重合度和轴向重合度两部分组成。式(6.3.15)中 ε_t 为端面重合度,其值等于与斜齿轮端面齿廓相同的直齿轮传动的重合度;$b\tan\beta/p_t$ 为轴向重合度。斜齿轮传动的重合度随齿宽 b 和螺旋角 β 的增大而增大,根据传动需要可以达到很大的值,所以与直齿轮传动相比,斜齿轮传动更平稳,承载能力更高。

(五)斜齿圆柱齿轮的受力分析

如图 6.3.19 所示,作用在斜齿圆柱齿轮主动轮轮齿上的法向力 F_n 可以分解为三个互相垂直的分力,即圆周力 F_{t1}、径向力 F_{r1} 和轴向力 F_{a1}。

作用于主动轮上的圆周力 F_{t1} 和径向力 F_{r1} 方向的判断与直齿圆柱齿轮相同;轴向力 F_{a1} 的方向可利用左、右手定则,右旋齿轮用右手,左旋齿轮用左手,四指弯曲方向为齿轮的旋转方向,拇指指向为所受轴向力的方向。从动轮上所受各力可根据作用与反作用定律判定。

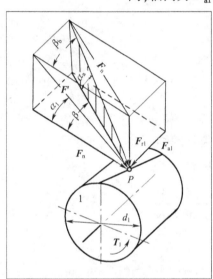

图 6.3.19 斜齿轮轮齿上的作用力

七、直齿锥齿轮传动运动分析

(一)直齿圆锥齿轮的传动特性

圆锥齿轮用于相交两轴之间的传动,其中应用最广泛的是两轴交角 $\Sigma = \delta_1 + \delta_2 = 90°$ 的直齿圆锥齿轮。圆锥齿轮的运动关系相当于一对节圆做纯滚动。除节圆锥外,圆锥齿轮还有分度圆锥、齿顶圆锥、齿根圆锥、基圆锥。

图 6.3.20 所示为一对标准直齿圆锥齿轮,其节圆锥与分度圆锥重合,δ_1、δ_2 为分度圆锥角,Σ 为两节圆锥几何轴线的夹角,d_1、d_2 为大端节圆直径。当 $\Sigma = \delta_1 + \delta_2 = 90°$ 时,其传动比为:

$$i = \frac{n_1}{n_2} = \frac{d_2}{d_1} = \frac{z_2}{z_1} = \frac{\sin\delta_2}{\sin\delta_1} = \tan\delta_2 = \cot\delta_1 \qquad (6.3.16)$$

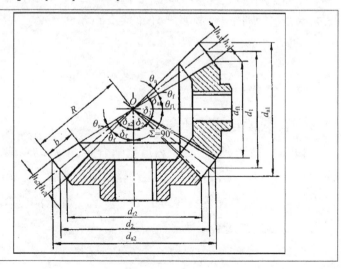

图 6.3.20 圆锥齿轮传动

（二）直齿圆锥齿轮传动的几何尺寸计算

直齿圆锥齿轮传动的几何尺寸计算是以其大端为标准。当轴交角 $\sum=90°$ 时，标准直齿圆锥齿轮的几何尺寸计算公式见表 6.3.4。

表 6.3.4　$\sum=90°$ 标准直齿圆锥齿轮的几何尺寸计算

名　称	符　号	计算方式及说明
大端模数	m	按《锥齿轮模数》(GB 12368—1990)取标准值
传动比	i	$i=\dfrac{z_2}{z_1}=\dfrac{\sin\delta_2}{\sin\delta_1}=\tan\delta_2=\cot\delta_1$，单级传动 $i<6\sim7$
分度圆锥角	δ_1、δ_2	$\delta_1=\mathrm{arccot}\dfrac{z_2}{z_1}$，$\delta_2=90°-\delta_1$
分度圆直径	d_1、d_2	$d_1=mz_1$，$d_2=mz_2$
齿顶高	h_a	$h_{a1}=h_{a2}=mh_a^*$
齿根高	h_f	$h_{f1}=h_{f2}=m(h_a^*+c^*)$
顶隙	c	$c=c^* m$
齿顶圆直径	d_{a1},d_{a2}	$d_{a1}=d_1+2h_a\cos\delta_1$，$d_{a2}=d_2+2h_a\cos\delta_2$
齿根圆直径	d_{f1},d_{f2}	$d_{f1}=d_1+2h_f\cos\delta_1$，$d_{f2}=d_2+2h_f\cos\delta_2$
锥距	R	$R=\dfrac{1}{2}\sqrt{(d_1^2+d_2^2)}$
齿宽	b	$b\leqslant\dfrac{1}{3}R$
齿顶角	θ_a	$\theta_{a1}=\theta_{a2}=\arctan\dfrac{h_a}{R}$（不等顶隙齿）；$\theta_{a1}=\theta_{f2},\theta_{a2}=\theta_{f1}$（等顶隙齿）
齿根角	θ_f	$\theta_{f1}=\theta_{f2}=\arctan\dfrac{h_f}{R}$
根锥角	δ_{f1},δ_{f2}	$\delta_{f1}=\delta_1-\theta_{f1}$，$\delta_{f2}=\delta_2-\theta_{f2}$
顶锥角	δ_{a1},δ_{a2}	$\delta_{a1}=\delta_1+\theta_{a1}$，$\delta_{a2}=\delta_2+\theta_{a2}$

（三）直齿圆锥齿轮的受力分析

图 6.3.21 所示为直齿圆锥齿轮主动轮齿受力情况。由于圆锥齿轮的轮齿厚度和高度向锥顶方向逐渐减小，故轮齿各剖面上的抗弯强度都不相同，为简化起见，通常假定载荷集中作用在齿宽中部的节点上。法向力 $\boldsymbol{F}_n$ 可分解为三个分力：圆周力 $\boldsymbol{F}_t$、径向力 $\boldsymbol{F}_r$ 和轴向力 $\boldsymbol{F}_a$。

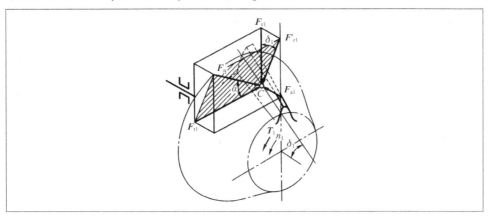

图 6.3.21　直齿圆锥齿轮受力分析

圆周力 $\boldsymbol{F}_t$ 和径向力 $\boldsymbol{F}_r$ 的方向判断与直齿圆柱齿轮相同；轴向力 $\boldsymbol{F}_a$ 的方向分别指向各轮的大端，从动轮所受各力根据 $F_{a2}=-F_{r1}$，$F_{r2}=-F_{a1}$，$F_{t2}=-F_{t1}$ 判定。

动画:齿轮传动
轮齿的失效形式

八、齿轮传动的失效形式

齿轮传动常见的失效形式有**轮齿折断**、**齿面点蚀**、**齿面胶合**、**齿面磨损**、**齿面塑性变形**等形式。

1. 轮齿折断

轮齿折断形式有两种:一种是在交变载荷作用下,当齿根弯曲应力值超过弯曲疲劳极限时,齿根处产生疲劳裂纹,裂纹逐渐扩展致使轮齿折断,称为疲劳折断;另一种是如果轮齿受到短时期的严重过载或冲击载荷,也可能发生突然折断。这种折断称为过载折断,如图6.3.22所示。

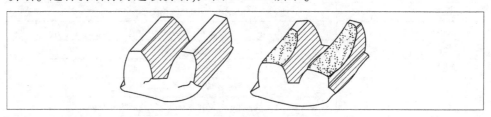

图6.3.22 轮齿折断

防止轮齿折断的措施有:增大齿根圆角半径;消除齿根处的加工痕迹,以降低应力集中;对轮齿进行喷丸、碾压等冷作处理等。

2. 齿面点蚀

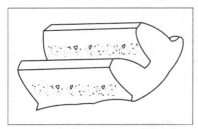

图6.3.23 齿面点蚀

轮齿工作时,齿面啮合点处的接触应力是脉动循环应力。当接触应力超过了齿轮材料的接触疲劳极限时,齿面上产生裂纹,裂纹扩展致使表层金属微粒剥落,形成小麻点,这种现象称为齿面点蚀。实践表明,疲劳点蚀常首先出现在齿根部分靠近节线处(图6.3.23),这是由于齿面节线附近,相对滑动速度小,难以形成润滑油膜,摩擦力较大;节线附近往往为单对齿啮合,接触应力较大。

齿面疲劳点蚀是软齿面闭式传动中轮齿的主要失效形式。防止齿面点蚀的措施有:提高齿面硬度;降低表面粗糙度;尽量采用黏度大的润滑油,保证良好的润滑状态等都是提高齿面抗点蚀能力的重要措施。

3. 齿面胶合

在高速重载的齿轮传动中,齿面间的高温、高压使油膜破裂,相啮合两齿面局部金属产生粘连,轮齿的相对滑动致使金属从表面被撕落下来,从而在齿面上沿滑动方向出现条状伤痕,称为齿面胶合。

防止齿面胶合的措施有:提高齿面硬度和降低表面粗糙度值;选用抗胶合能力强的齿轮副材料等。

4. 齿面磨损

轮齿在啮合过程中存在相对滑动,致使齿面间产生摩擦、磨损。金属微粒、砂粒、灰尘等硬质磨粒进入轮齿间将引起磨粒磨损。如图6.3.24所示。齿面磨损使渐开线齿廓破坏,并使侧隙增大而引起冲击和振动,严重时会因齿厚减薄导致轮齿折断。

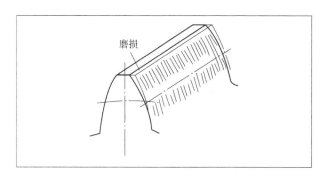

图 6.3.24 齿面磨损

新齿轮传动的跑合磨损会使齿面表面粗糙度降低,对传动是有利的,但跑合结束后应更换润滑油,以免发生磨粒磨损。

齿面磨损是开式传动的主要失效形式。采用闭式传动、提高齿面硬度、降低齿面粗糙度及采用清洁的润滑油等均可以减轻齿面磨损。

5. 齿面塑性变形

当轮齿材料较软而载荷较大时,轮齿表层材料将沿着摩擦力方向发生塑性变形,导致主动轮工作齿面节线附近形成凹沟,从动轮工作齿面上形成凸棱(图 6.3.25),影响齿轮的正常啮合。

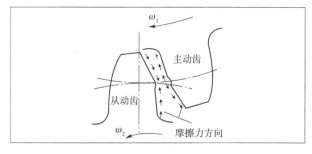

图 6.3.25 齿面塑性变形

采用提高齿面硬度、选用黏度较高的润滑油等方法,可防止齿面的塑性变形。

九、齿轮传动的材料和结构

(一)齿轮传动的常用材料

由齿轮失效分析可知,齿轮材料的基本要求为:齿面要硬,齿芯要韧,具有足够的强度。为满足这一要求,应对轮齿材料进行适当的热处理,所以,齿轮材料还应具有良好的热处理工艺性。

1. 锻钢

钢材经锻造镦粗后,可改善内部纤维组织,其力学性能较轧制钢材好,所以重要齿轮都采用锻钢。

1) 软齿面齿轮

常用中碳钢和中碳合金钢,如 45 钢、40Cr 等,进行调质和正火处理。软齿面齿轮由于硬度较低,所以承载能力不高,但易于跑合,这种齿轮适合于强度和精度要求不高的场合。

因为小齿轮受载次数比大齿轮多,为使两齿轮轮齿等强度,在确定大、小齿轮硬度时要注意使小齿轮的齿面硬度比大齿轮的高 30~50HBW。

2) 硬齿面齿轮

常用中碳钢和中碳合金钢,如 45 钢、40Cr 等,经表面淬火处理,硬度可达 55HRC;若低碳钢和低合金钢,如 20、20Cr 等需渗碳后淬火,其硬度可达 56~62HRC。

2. 铸钢

当齿轮直径大于 500mm 时,轮坯不易锻造,可采用铸钢。铸钢轮坯在切削加工以前,一般要进行正火处理,以消除铸件残余应力,细化晶粒。

3. 铸铁

低速、轻载场合可以采用铸铁毛坯。当尺寸大于 500mm 时,可制成大齿圈或制成轮辐式齿轮。铸铁齿轮的加工性能、抗点蚀、抗胶合性能较好,但强度低,耐磨性能、抗冲击性能差。

球墨铸铁的力学性能较灰铸铁高,可代替铸钢制造大直径闭式齿轮。

4. 非金属材料

尼龙或塑料能减小高速齿轮传动的噪声,适用于高速小功率、精度要求不高的场合。

(二)齿轮的结构形式

齿轮的结构有锻造、铸造、装配式及焊接齿轮等结构形式,具体的结构应根据工艺要求及经验公式确定。

1. 齿轮轴

当齿轮的齿根圆至键槽底部的距离 $x \leq (2 \sim 2.5)m$ 时,应将齿轮与轴做成一体,称为齿轮轴,如图 6.3.26 所示。

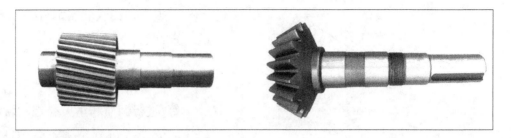

图 6.3.26　齿轮轴

2. 实心轮

当齿轮的齿顶圆直径 $d_a \leqslant 200\mathrm{mm}$ 时，可采用实体式结构，如图 6.3.27 所示，这种结构的齿轮常用锻钢制造。

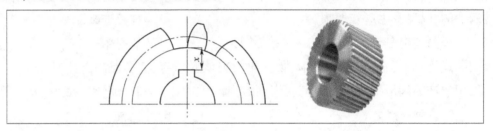

图 6.3.27　实体式齿轮

3. 腹板式齿轮

当齿顶圆直径 d_a 为 200~500mm 时，可采用腹板式结构，如图 6.3.28 所示，这种结构的齿轮多用锻钢制造。

4. 轮辐式齿轮

当齿顶圆直径 $d_a > 500\mathrm{mm}$ 时，可采用轮辐式结构，如图 6.3.29 所示。这种结构的齿轮多用铸钢或铸铁制造。

图 6.3.28　腹板式齿轮

图 6.3.29　铸造轮辐式结构

尺寸很大的齿轮，为节约贵重材料，常采用齿圈套装于轮心上的组合结构（图 6.3.30）。单件生产的大齿轮，可采用焊接结构。

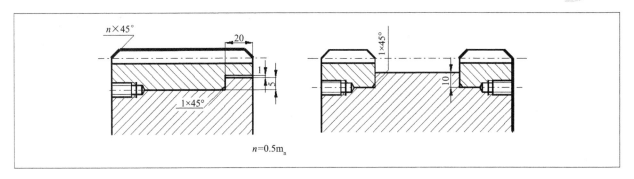

图 6.3.30 组合结构

十、齿轮传动的润滑

润滑对齿轮传动十分重要。良好的润滑不仅可以减小摩擦,延长齿轮的使用寿命,还可以起到冷却和防锈蚀的作用。常用润滑方式如下:

(1)半开式及开式齿轮传动或速度较低(0.8~2m/s)的闭式齿轮传动,可采用人工定期加润滑油或润滑脂进行润滑。

(2)闭式齿轮传动通常采用浸油润滑,其润滑方式根据齿轮的圆周速度 v 而定。

当 $v\leqslant 12$m/s 时,可用浸油润滑(图 6.3.31),大齿轮的浸油深度通常约为一个齿高,但一般亦不得小于 10mm;多级齿轮传动中,可采用带油轮的浸油润滑(图 6.3.32)。

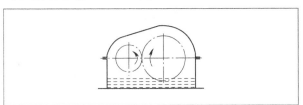

图 6.3.31 浸油润滑

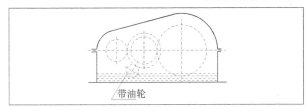

图 6.3.32 采用带油轮的浸油润滑

当 $v>12$m/s 时,应采用喷油润滑(图 6.3.33),用油泵以一定的压力供油,借喷嘴将润滑油喷到齿面上。

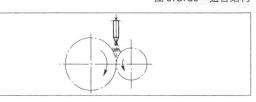

图 6.3.33 喷油润滑

动画:浸油润滑

动画:浸油润滑-带油轮

动画:喷油润滑

巩固与自测

一、选择题

1. 基圆内( )渐开线。

　A. 有　　　　　B. 没有

　C. 不能确定　　D. 以上都不对

2. 基圆越大,渐开线越( )。

　A. 平直

　B. 弯曲

　C. 变化不定

　D. 不受基圆大小的影响

3. 一对标准渐开线圆柱齿轮正确啮合时,它们的( )必须相等。

　A. 直径　B. 模数　C. 齿宽　D. 齿数

4. 一对齿轮啮合时,两齿轮的( )始终相切。

　A. 分度圆　　　B. 基圆

　C. 节圆　　　　D. 齿根圆

5. 标准安装的一对标准齿轮,其节圆直径等于( )。

   A. 基圆直径　　B. 分度圆直径
   C. 齿顶圆直径　D. 齿根圆直径

6. 两个渐开线齿轮齿形相同的条件是( )。

   A. 分度圆相等　B. 模数相等
   C. 基圆相等　　D. 轮齿数相等

7. 能保证瞬时传动比恒定、工作可靠性高、传递运动准确的是( )。

   A. V带传动　　B. 链传动
   C. 齿轮传动　　D. 平带传动

8. 一对渐开线齿轮制造好后,实际安装中心距稍有变化时,仍能够保证恒定的传动比,这个性质称为( )。

   A. 传动的连续性　B. 中心距的可分性
   C. 传动的平稳性　D. 传动的不确定性

9. 齿轮传动中,轮齿齿面的疲劳点蚀经常发生在( )。

   A. 齿根部分　　B. 靠近节线处
   C. 齿顶部分　　D. 不确定

10. 标准直齿轮基圆上的压力角为( )。

    A. 0°　B. 20°　C. >20°　D. <20°

11. 一对渐开线齿轮的连续传动条件是( )。

    A. 模数 >1　　B. 齿轮 >17
    C. 重合度 ≥1　D. 重合度 =0

12. 渐开线齿廓上任意点的法线都切于( )。

    A. 分度圆　　B. 基圆
    C. 节圆　　　D. 齿根圆

13. 对于单个齿轮来说,不存在( )。

    A. 基圆　　　B. 分度圆
    C. 齿根圆　　D. 节圆

14. 下列传动中,其中( )润滑条件良好,灰沙不易进入,安装精确,是应用广泛的传动。

    A. 开式齿轮传动　　B. 闭式齿轮传动
    C. 半开式齿轮传动　D. 以上都不对

15. 一般开式齿轮传动,其失效形式是( )。

    A. 齿面点蚀　　B. 齿面磨损
    C. 齿面塑性变形　D. 齿面胶合

16. 标准直齿圆柱齿轮的分度圆齿厚( )齿槽宽。

    A. 等于　B. 大于　C. 小于　D. 不确定

17. 对于齿面硬度 <350HBW 的闭式钢制齿轮传动,其主要失效形式为( )。

    A. 轮齿疲劳折断　B. 轮齿磨损
    C. 齿面疲劳点蚀　D. 齿面胶合

18. 现有四个标准齿轮:$m_1 = 4mm$,$z_1 = 25$;$m_2 = 4mm$,$z_2 = 50$;$m_3 = 3mm$,$z_3 = 50$;$m_4 = 2.5mm$,$z_4 = 40$,哪两个齿轮的渐开线形状相同?( )

    A. 1 与 2　　B. 2 与 3
    C. 1 与 4　　D. 3 与 4

二、计算题

1. 为了修配两个损坏的标准直齿圆柱齿轮,现测得齿轮 1 的参数为:$h = 4.5mm$,$d_a = 44mm$;齿轮 2 的参数为:$p = 6.28mm$,$d_a = 162mm$,计算两齿轮的模数 m 和齿数 z。

2. 一对标准渐开线直齿圆柱齿轮,$m = 5mm$,$\alpha = 20°$,$i = 3$,中心距 $a = 200mm$,求两齿轮的齿数 z_1、z_2,分度圆直径 d_1,齿顶圆直径 d_{a1}。

三、简答题

1. 什么叫模数?它的单位是什么?

2. 什么叫节点?什么叫节圆?

3. 什么叫啮合线?什么叫啮合角?

4. 什么叫压力角?标准齿轮的标准压力角在什么位置上?其值是多少?

5. 什么叫标准齿轮?一对啮合的标准直齿圆柱齿轮,在标准和非标准安装时,啮合角和压力角有什么关系?节圆和分度圆有什么关系?

6. 什么叫齿轮中心距的可分性?

7. 题图 6.3.1 中齿轮均为渐开线直齿圆柱齿轮,试分析下列两种情况下,三个齿轮所受圆周力、径向力的方向。

   (1)齿轮 1 为主动轮。

   (2)齿轮 2 为主动轮。

8. 斜齿圆柱齿轮所说的标准螺旋角指的是

哪一个圆柱面上的角度？

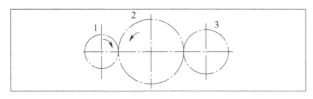

题图 6.3.1

9.斜齿圆柱齿轮标准几何参数在什么位置上？

10.直齿锥齿轮标准几何参数定什么位置上？

11.什么叫齿轮的重合度？齿轮传动的重合度为什么要大于等于1？

12.一对外啮合斜齿圆柱齿轮正确啮合的条件是什么？

13.题图 6.3.2 为一对斜齿轮传动的主视图和左视图，各轮的螺旋线方向和轮1的转向均已在图中标出，试画出轮1为主动轮时轴向力 F_{a1} 和 F_{a2} 的方向、周向力 F_{t1}、F_{t2} 和径向力 F_{r1}、F_{r2} 的方向。(在图中直接标出)。

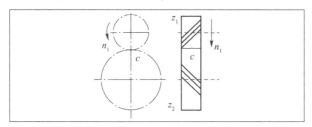

题图 6.3.2

任务 6.4 蜗杆传动的运动分析

知识目标

1.了解蜗杆传动的特点、应用、参数和几何尺寸计算。

2.理解蜗杆传动热平衡计算的原理和散热方法。

3.了解蜗杆传动的材料和结构。

能力目标

1.会分析蜗杆传动的工作特点。

2.会根据蜗杆传动的主要参进行几何尺寸的计算。

3.会对蜗杆传动进行受力分析。

素质目标

1.通过分析蜗杆传动的运动特点和应用实例，培养理论联系实际的思维方式。

2.养成认真细致的学习习惯和刻苦钻研的精神，培养团队协作精神。

任务引入

某电梯曳引系统中的减速器采用的是蜗杆减速器，电梯制动器的制动轮安装在电机与减速器之间的蜗杆一侧，而不是安装在蜗轮一侧，请分析原因。

一、蜗杆传动机构认识

(一)蜗杆传动的类型

蜗杆传动由蜗杆 1 和蜗轮 2 组成(图 6.4.1)。用于传递交错呈 90°空间两轴间的运动和动力，一般蜗杆为主动件。

图片:蜗杆传动

机械中常用的普通圆柱蜗杆传动，根据其蜗杆形状的不同，可分为阿基米德蜗杆(图 6.4.2a)、渐开线蜗杆(图 6.4.2b)以及法向直廓蜗杆(图 6.4.2c)三种。其中，阿基米德蜗杆容易加工制造，应用最广，这里仅讨论阿基米德蜗杆。

动画:蜗杆传动的类型

图 6.4.1 蜗杆传动

(二)蜗杆传动的特点

(1)结构紧凑、传动比大。蜗杆传动的传动比最大可达 80。若只传递运动，其传动比可达 1000。

(2)传动平稳、噪声小。由于蜗杆上的齿是连续不断的螺旋齿,蜗轮轮齿和蜗杆是逐渐进入啮合并逐渐退出啮合的,同时啮合的齿数较多,所以传动平稳、噪声小。

(3)具有自锁性。当蜗杆的螺旋线升角小于或等于啮合面的当量摩擦角时,蜗杆传动具有自锁性,只能蜗杆为主动件,蜗轮为从动件。

(4)效率较低。由于蜗轮和蜗杆在啮合处有较大的相对滑动,因而发热量大,效率较低。传动效率一般为0.7~0.8,当蜗杆传动具有自锁性时,效率小于0.5。

(5)蜗轮造价较高。为了减轻齿面的磨损及防止齿面胶合,蜗轮一般多用青铜制造,造价较高。

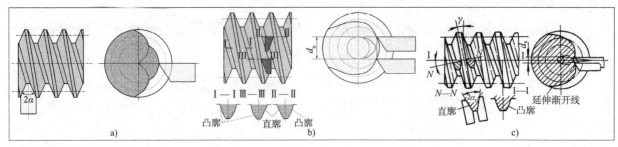

图6.4.2 蜗杆传动的类型

动画:蜗杆传动的特点

二、蜗杆传动的几何尺寸计算

(一)蜗杆传动的主要参数

1. 模数和压力角

过蜗杆轴线并垂直于蜗轮轴线的平面称为**中间平面**,如图6.4.3所示。在中间平面内,蜗轮与蜗杆的啮合相当于渐开线齿轮与齿条的啮合。所以蜗杆轴向模数 m_{a1}、轴向压力角 α_{a1} 应与蜗轮的端面模数 m_{t2}、端面压力角 α_{t2} 分别相等,即:$m_{a1} = m_{t2} = m$,$\alpha_{a1} = \alpha_{t2} = 20°$,$m$、$\alpha$ 为均标准值,标准模数系列见表6.4.1。

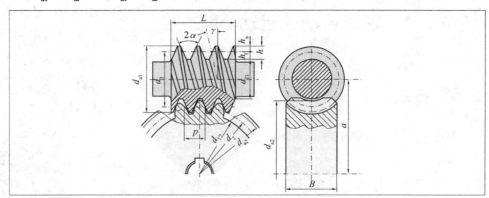

图6.4.3 蜗杆传动的中间平面

2. 蜗杆头数 z_1、蜗轮齿数 z_2 和传动比 i

蜗杆头数 z_1 即为蜗杆螺旋线的数目。一般 z_1 取1、2、4。当传动比大且要求自锁时,可取 $z_1 = 1$;当传递功率较大时,为提高传动效率,可采用多头蜗杆,通常取 $z_1 = 2$ 或 4。蜗杆头数越多,加工精度越难保证。

圆柱蜗杆的基本尺寸和参数（$\Sigma = 90°$）

[引自《圆柱蜗杆传动基本参数》（GB/T 10085—2018）] 表 6.4.1

模数 m（mm）	分度圆直径 d_1（mm）	蜗杆头数 z_1	直径系数 q	模数 m（mm）	分度圆直径 d_1（mm）	蜗杆头数 z_1	直径系数 q
1	18	1	18.000	6.3	(50)	1、2、4	7.936
					63	1、2、4、6	10.000
					(80)	1、2、4	12.698
					112	1	17.778
1.25	20	1	16.000	8	(63)	1、2、4	7.875
	22.4	1	17.920		80	1、2、4、6	10.000
1.6	20	1、2、4	12.500		(100)	1、2、4	12.500
	28	1	17.500		140	1	17.500
2	(18)	1、2、4	9.000	10	(71)	1、2、4	7.100
	22.4	1、2、4、6	11.200		90	1、2、4、6	9.000
	(28)	1、2、4	14.000		(112)	1、2、4	11.200
	35.5	1	17.750		160	1	16.000
2.5	(22.4)	1、2、4	8.960	12.5	(90)	1、2、4	7.200
	28	1、2、4、6	11.200		112	1、2、4	8.960
	(35.5)	1、2、4	14.200		(140)	1、2、4	11.200
	45	1	18.000		200	1	16.000
3.15	(28)	1、2、4	8.889	16	(112)	1、2、4	7.000
	35.5	1、2、4、6	11.270		140	1、2、4	8.750
	(45)	1、2、4	14.286		(180)	1、2、4	11.250
	56	1	17.778		250	1	15.625
4	(31.5)	1、2、4	7.875	20	(140)	1、2、4	7.000
	40	1、2、4、6	10.000		160	1、2、4	8.000
	(50)	1、2、4	12.500		(224)	1、2、4	11.200
	71	1	17.750		315	1	15.750
5	(40)	1、2、4	8.000	25	(180)	1、2、4	7.200
	50	1、2、4、6	10.000		200	1、2、4	8.000
	(63)	1、2、4	12.600		(280)	1、2、4	11.200
	90	1	18.000		400	1	16.000

蜗轮齿数 $z_2 = iz_1$，为了避免蜗轮轮齿发生根切，z_2 不应小于 26，但不宜大于 80。因为 z_2 过大，会使结构尺寸增大，蜗杆长度也随之增加，致使蜗杆刚度降低而影响啮合精度。

对于蜗杆为主动件的蜗杆传动，其传动比为：

$$i = \frac{n_1}{n_2} = \frac{z_2}{z_1} \qquad (6.4.1)$$

式中：n_1、n_2——蜗杆和蜗轮的转速，r/min；

z_1、z_2——蜗杆头数和蜗轮齿数。

**3. 导程角 **

如图 6.4.4 所示，将蜗杆分度圆柱展开，其螺旋线与端面的夹角为蜗杆分度圆柱上的螺旋线导程角（螺旋线升角）γ，p 为轴向齿距：

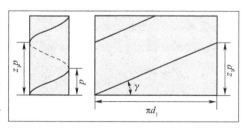

图 6.4.4　蜗杆分度圆柱展开图

$$\tan\gamma = \frac{z_1 p}{\pi d_1} = \frac{m z_1}{d_1} \quad (6.4.2)$$

与螺纹相似,蜗杆螺旋线也有左旋、右旋之分,一般情况下多为右旋。

4. 蜗杆直径系数 q

加工蜗轮的滚刀,其参数必须与相啮合的蜗杆相同,几何尺寸基本相同,由式(6.4.2)蜗杆的分度圆直径可写为:

$$d_1 = \frac{m z_1}{\tan\gamma} \quad (6.4.3)$$

同一模数的蜗杆,由于 z_1、γ 不同,d_1 就会变化,致使滚刀数目较多,不经济。为减少滚刀数量并便于刀具的标准化,制定了蜗杆分度圆直径的标准系列,见表6.4.1,对应于每一个模数 m,规定了一至四种蜗杆分度圆直径 d_1。令 $q = \frac{d_1}{m}$,q 称为蜗杆直径系数。即:

$$q = \frac{z_1}{\tan\gamma} \quad (6.4.4)$$

式(6.4.3)可写为:

$$d_1 = mq \quad (6.4.5)$$

※ **任务分析**

蜗杆传动具有结构紧凑、传动比大的特点,一般传动比 $i = 10 \sim 50$,最大可达80。减速器的作用是减速增矩,即主动轴上的转速高、力矩小,而从动轴上的转速低、力矩大。电梯曳引系统中若采用蜗杆减速器,蜗杆是主动件,蜗轮是从动件,所以电梯制动器的制动轮安装在电机与减速器之间的蜗杆一侧,当电梯需要制动时,需要的制动力矩更小。

(二)圆柱蜗杆传动的几何尺寸计算

圆柱蜗杆传动的几何尺寸计算可参考表6.4.2和图6.4.3。

圆柱蜗杆传动的几何尺寸计算 表6.4.2

名称	计算公式	
	蜗杆	蜗轮
分度圆直径	$d_1 = mq$	$d_2 = mz_2$
齿顶高	$h_a = m$	$h_a = m$
齿根高	$h_f = 1.2m$	$h_f = 1.2m$
顶圆直径	$d_{a1} = m(q+2)$	$d_{a1} = m(z_2+2)$
根圆直径	$d_{f1} = m(q-2.4)$	$d_{f2} = m(z_2-2.4)$
径向间隙	$c = 0.2m$	
中心距	$a = 0.5m(q+z_2)$	
蜗杆轴向齿距, 蜗轮端面齿距	$p_{a1} = p_{t2} = \pi m$	

(三)蜗杆传动的正确啮合条件

蜗杆传动的正确啮合条件是:中间平面内,蜗杆的轴向模数等于蜗轮的端面模数;蜗杆的轴向压力角等于蜗轮的端面压力角;蜗杆分度圆柱上的螺旋线导程角等于蜗轮分度圆上的螺旋角,且螺旋线方向相同。

三、蜗杆传动的设计

(一)蜗杆传动的材料

蜗杆传动的材料不仅要满足强度要求,更重要的是具有良好的减磨性、抗磨性和抗胶合的能力。

1. 蜗杆材料

蜗杆一般用碳素钢或合金钢制造,常用材料为40钢、45钢或40Cr淬火。高速重载蜗杆,可用15Cr、20Cr、20CrMnTi 和 20MnVB 等,经渗碳淬火(硬度56～63HRC),也可用40钢、45钢、40Cr、40CrNi等表面淬火(硬度45～50HRC)。对于不太重要的传动及低速、中载蜗杆,常用45钢、40钢经调质或正火处理(硬度220～230HBS)。

2. 蜗轮材料

蜗轮常用锡青铜、无锡青铜或铸铁制造。

(1)锡青铜。锡青铜耐磨性好,但价格高,故用于滑动速度 $v_s > 3m/s$ 的重要传动,常用牌号有 ZCuSn10Pb1 和 ZCuSn5Pb5Zn5。

(2)无锡青铜。无锡青铜耐磨性较锡青铜差一些,但价格较便宜,一般用于 $v_s ≤ 4m/s$ 的传动,常用牌号为 ZCuAl10Fe3 和 ZCuAl10Fe3Mn2。

(3)铸铁。铸铁用于滑动速度 $v_s < 2m/s$ 的传动,常用牌号有 HT150 和 HT200 等。近年来,随着塑料工业的发展,也可用尼龙或增强尼龙来制造蜗轮。

(二)蜗杆和蜗轮的结构

1. 蜗杆的结构

蜗杆通常与轴做成一体,图 6.4.5a)所示为铣制蜗杆,在轴上直接铣出螺旋部分,刚性较好。图 6.4.5b)所示为车制蜗杆,刚性稍差。

2. 蜗轮的结构

为了节省有色金属,对于尺寸较大的青铜蜗轮,一般制成组合式结构,蜗轮常用的结构有:

(1)镶铸式。在铸铁轮芯上浇注青铜齿圈(图 6.4.6a)。

(2)齿圈式。为防止齿圈和轮心因发热而松动,常在接缝处拧入 4~6 个螺钉,以增强连接的可靠性,如图 6.4.6b)所示。这种结构用于尺寸不太大且工作温度变化较小的场合。

(3)螺栓连接式。如图 6.4.6c)所示,这种结构的齿圈与轮芯由普通螺栓或铰制孔用螺栓连接,由于拆装方便,常用于尺寸较大或磨损后需要更换蜗轮齿圈的场合。

(三)蜗杆传动的失效形式

由于材料的原因,蜗杆轮齿的强度总是高于蜗轮轮齿的强度,所以失效常常发生在蜗轮轮齿上。动画:蜗轮的结构 蜗杆传动的相对滑动速度大,摩擦发热量大、效率低,故主要失效形式为胶合、点蚀和磨损。

四、蜗杆传动的受力分析

1. 受力分析

蜗杆传动的受力分析与斜齿圆柱齿轮相似。齿面上的法向力 F_n 可分解为三个相互垂直的分力:圆周力 F_t、径向力 F_r 和轴向力 F_a,如图 6.4.7 所示。其分力的方向判定如下:圆周力 F_{t1} 与转向相反;径向力 F_{r1} 的方向由啮合点指向蜗杆中心;轴向力 F_{a1} 按"主动轮左、右手法则"来确定,左旋蜗杆用左手,右旋蜗杆用右手,四指弯曲的方向与蜗杆转向一致,大拇指的指向即为蜗杆所受轴向力方向,蜗轮的所受各力根据 $F_{r2} = -F_{r1}$,$F_{a2} = -F_{t1}$,$F_{t2} = -F_{a1}$ 判断。

2. 蜗轮转动方向的确定

在蜗杆上应用左右手法则的方法来确定蜗轮的转动方向。先根据左右手定则确定出蜗杆轴向力方向,其反方向即为蜗轮在节点处线速度的方向,由此可确定蜗轮的转向。

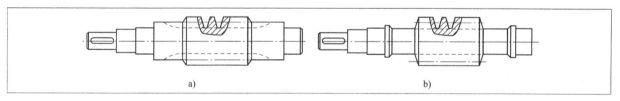

图 6.4.5 蜗杆的结构形式

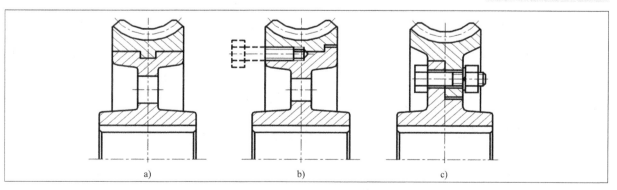

图 6.4.6 蜗轮的结构形式

动画:蜗杆受力方向判断

动画:蜗轮转向的判定

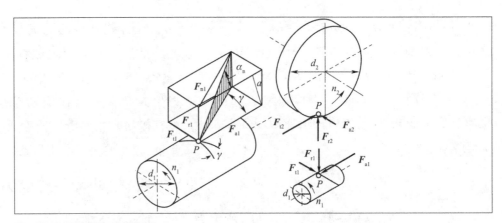

图6.4.7　蜗杆传动的受力分析

五、蜗杆传动的润滑及散热

(一)蜗杆传动的润滑

蜗杆传动的润滑方法和润滑油黏度可参考表6.4.3。

蜗杆传动润滑油黏度及润滑方法　　　表6.4.3

滑动速度 v_s(m/s)	<1	<2.5	<5	5~10	10~15	15~25	>25
工作条件	重载	重载	中载	—	—	—	—
运动黏度 r(cst),40℃	900	500	350	220	150	100	80
润滑方式	油池润滑			油池润滑或喷油润滑	用压力喷油润滑		
					0.7	0.2	0.3

(二)蜗杆传动的散热

由于蜗杆传动的效率低,工作时发热量大。若散热不良,会引起温升过高而降低油的黏度,使润滑不良,导致蜗轮齿面磨损和胶合。所以对连续工作的闭式蜗杆传动要采取合理的散热措施。

在闭式传动中,热量由箱体散逸,也可采取以下措施来改善散热条件:

(1)在箱体上加散热片以增大散热面积。

(2)在蜗杆轴上装风扇进行吹风冷却(图6.4.8a)。

动画:蜗杆传动散热方法

(3)在箱体油池内装设蛇形水管,用循环水冷却(图6.4.8b)。

(4)用冷却器冷却(图6.4.8c)。

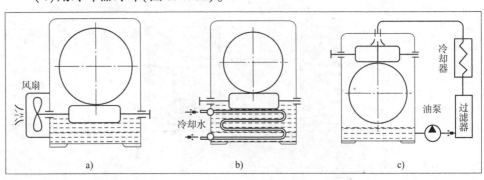

图6.4.8　蜗杆传动的散热

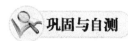

巩固与自测

一、填空题

1. 蜗杆传动传递的是两交错轴之间的运动和动力,交错角为_____,一般_____作为主动件。

2. 蜗杆蜗轮传动中,过蜗杆轴线并垂直于蜗轮轴线的剖面称为_____平面,该平面内蜗杆与蜗轮啮合相当于_____啮合。

二、判断题

1. 为了提高蜗杆的传动效率,可以采用增加蜗杆的头数的方法。（　　）
2. 蜗杆传动中,配对的蜗杆和蜗轮的旋向相同。（　　）
3. 当蜗杆的头数为1时,蜗杆传动可实现自锁。（　　）
4. 当蜗杆的头数一定时,螺旋线升角越大,传动效率越高。（　　）
5. 速比公式 $i_{12}=\dfrac{n_1}{n_2}=\dfrac{z_2}{z_1}$,不论对齿轮传动还是蜗杆传动,其意义都是一样的。（　　）

三、选择题

1. 计算蜗杆传动的传动比时,公式(　　)是错误的。
   A. $i=\omega_1/\omega_2$　　B. $i=n_1/n_2$
   C. $i=d_2/d_1$　　D. $i=z_2/z_1$

2. 蜗杆传动中的中间平面是指(　　)。
   A. 过蜗轮轴线并与蜗杆轴线垂直的平面
   B. 过蜗杆轴线并与蜗轮轴线垂直的平面
   C. 蜗杆轴线的任一平面
   D. 过蜗轮轴线的任一平面

3. 在普通圆柱蜗杆传动中,若其他条件不变而增加蜗杆头数,将使(　　)。
   A. 传动效率提高
   B. 蜗杆强度提高
   C. 传动中心距增大
   D. 蜗杆圆周速度提高

4. 当两轴线(　　)时,可采用蜗杆传动。
   A. 平行　　　　B. 相交
   C. 垂直交错　　D. 垂直相交

5. 阿基米德蜗杆与蜗轮能正确啮合的条件是(　　)。
   A. $m_{t1}=m_{t2},\alpha_{t1}=\alpha_{t2},\gamma+\beta=90°$
   B. $m_{n1}=m_{n2},\alpha_{n1}=\alpha_{n2},\gamma=\beta$
   C. $m_{a1}=m_{t2},\alpha_{a1}=\alpha_{t2},\gamma+\beta=90°$
   D. $m_{a1}=m_{t2},\alpha_{a1}=\alpha_{t2},\gamma=\beta$

6. 传动比大而且准确的传动是(　　)。
   A. 带传动　　B. 齿轮传动
   C. 蜗杆传动　D. 链传动

7. 蜗杆和蜗轮的轴线位置在空间是(　　)交错的。
   A. 小于90°　　B. 大于90°
   C. 垂直　　　D. 任意

8. 蜗杆的螺旋线有左旋和右旋之分,一般多用(　　)。
   A. 左旋　　　　　B. 右旋
   C. 左、右旋同用　D. 只用左旋

9. 为了减少蜗轮刀具数目,有利于刀具标准化,规定(　　)为标准值。
   A. 蜗轮齿数
   B. 蜗轮分度圆直径
   C. 蜗杆头数
   D. 蜗杆分度圆直径

10. 闭式蜗杆传动的主要失效形式是(　　)。
    A. 齿面胶合或齿面疲劳点蚀
    B. 齿面疲劳点蚀或轮齿折断
    C. 齿面磨损或齿面胶合
    D. 齿面磨损或轮齿折断

四、简答题

1. 蜗杆传动的传动比是怎样计算的?
2. 什么是蜗杆传动的中间平面?
3. 什么是蜗杆的直径系数,它有什么实际意义?

4. 蜗杆分度圆直径 d_1 怎样计算？

5. 蜗轮的旋转方向如何判定？

6. 为什么蜗杆传动效率低？

7. 蜗杆传动的正确啮合条件是什么？

8. 在蜗杆传动中，哪个平面内的参数为标准参数？在这个平面内相当于什么啮合？

9. 在题图6.4.1和题图6.4.2上画出蜗轮旋转方向和蜗杆的螺旋线方向。

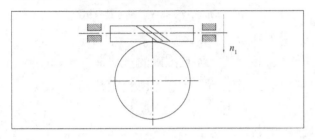

题图 6.4.1

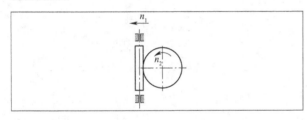

题图 6.4.2

10. 试判定题图6.4.3中的旋转方向或螺旋方向。

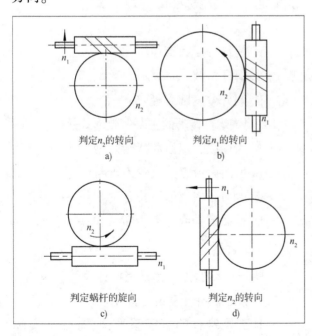

题图 6.4.3

任务6.5　齿轮系的功用分析

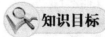

1. 了解轮系的分类方法。
2. 掌握定轴轮系、周转轮系传动比的计算和转向的判定方法。
3. 了解齿轮系的应用。

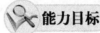

1. 会判定齿轮系的基本类型。
2. 会分析定轴轮系和周转轮系的工作原理。
3. 会计算定轴齿轮系和行星齿轮系的传动比。

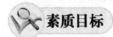

通过学习齿轮系知识树立集体观念和团队意识。

任务引入

图6.5.1所示为汽车的传动系统及动力的传递路线，图中的变速器和差速器均为齿轮系，分别实现汽车的变速和转向。请在图中找出它们的位置，判断变速器和差速器的齿轮系类型并分析它们的工作原理。

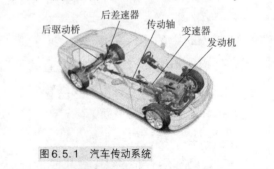

图6.5.1　汽车传动系统

图片:汽车传动系统　图片:汽车差速器

一、定轴齿轮系传动比的计算

在实际机械中,为了满足各种不同的需要(变速、换向、远距离传动等),常常把一系列齿轮(含蜗杆传动)按照不同的方式组合起来,这种由一系列齿轮组成的传动系统称为齿轮系。

(一)齿轮系的分类

如果齿轮系中各齿轮的轴线互相平行,则称为**平面齿轮系**,否则称为**空间齿轮系**。根据齿轮系运转时各齿轮的轴线位置是否固定,可将齿轮系分为**定轴齿轮系**和**周转齿轮系**两大类。若齿轮系中既包含定轴齿轮系,又包含周转齿轮系,或者包含多个周转齿轮系,则称为复合齿轮系。

1. 定轴齿轮系

齿轮系运转时,若各齿轮的轴线相对于机架均保持固定不变,则该齿轮系称为定轴齿轮系。若齿轮系中各齿轮轴线均互相平行,则称为平面定轴齿轮系,如图6.5.2a)所示。若齿轮系中包含有非平行轴线齿轮,则称为空间定轴齿轮系,如图6.5.2b)所示。

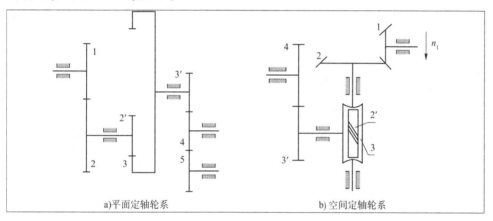

图6.5.2 定轴轮系(数字是齿轮的序号)

2. 周转齿轮系

齿轮系运转时,若至少有一个齿轮的几何轴线绕固定轴线转动,则该齿轮系称为周转齿轮系。如图6.5.3所示,齿轮2空套在构件H上,一方面绕其自身轴线转动(自转),同时又随构件H绕轴线$O—O'$转动(公转),齿轮2称为行星齿轮,H称为行星架。与齿轮2相啮合且轴线固定的齿轮1、3称为中心轮(太阳轮)。

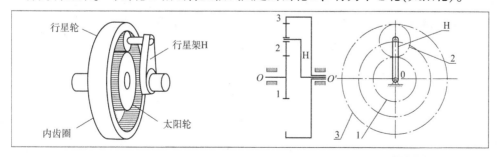

图6.5.3 周转齿轮系

动画:定轴轮系

图片:定轴轮系-腕表中的轮系

图片:定轴轮系-天津世纪钟

图片:周转轮系的组成

图片:行星齿轮

通常将具有一个自由度的周转齿轮系称为**行星齿轮系**,将具有两个自由度的周转齿轮系称为**差动齿轮系**。

(二)定轴齿轮系传动比的计算

1. 平面定轴齿轮系传动比的计算

在图 6.5.2a)所示的多级传动的平面定轴齿轮系中,设齿轮 1 为首轮,齿轮 5 为末轮,其传动比 i_{15} 可由各对齿轮传动比求出。

由于一对外啮合圆柱齿轮的转向相反,传动比取负号;内啮合圆柱齿轮的转向相同,传动比取正号,故齿轮系中各对啮合齿轮的传动比为:

$$i_{12} = \frac{n_1}{n_2} = -\frac{z_2}{z_1}, \quad i_{2'3} = \frac{n_{2'}}{n_3} = -\frac{z_3}{z_{2'}}$$

$$i_{3'4} = \frac{n_{3'}}{n_4} = -\frac{z_4}{z_{3'}}, \quad i_{45} = \frac{n_4}{n_5} = -\frac{z_5}{z_4}$$

将以上各式连乘可得:

$$i_{12} \cdot i_{2'3} \cdot i_{3'4} \cdot i_{45} = \frac{n_1}{n_2} \cdot \frac{n_{2'}}{n_3} \cdot \frac{n_{3'}}{n_4} \cdot \frac{n_4}{n_5}$$

$$= (-1)^3 \frac{z_2}{z_1} \cdot \frac{z_3}{z_{2'}} \cdot \frac{z_4}{z_{3'}} \cdot \frac{z_5}{z_4}$$

其中 $n_2 = n_{2'}$, $n_3 = n_{3'}$,

则

$$i_{15} = \frac{n_1}{n_5} = i_{12} \cdot i_{2'3} \cdot i_{3'4} \cdot i_{45}$$

$$= (-1)^3 \frac{z_2 z_3 z_4 z_5}{z_1 z_{2'} z_{3'} z_4} = -\frac{z_2 z_3 z_5}{z_1 z_{2'} z_{3'}}$$

由上式可以看出,该定轴齿轮系传动比的大小等于组成齿轮系的各对啮合齿轮传动比的连乘积,也等于各级传动中从动齿轮齿数的连乘积与主动齿轮齿数的连乘积之比;传动比的正负则取决于外啮合的齿轮对数。

动画:平面定轴轮系公式推导

在图 6.5.2a)中,齿轮 4 同时与齿轮 3′ 和齿轮 5 啮合,其齿数可在计算式中消去,即齿轮 4 不影响齿轮系传动比的大小,只起到改变转向的作用,这种齿轮称为**惰轮**。

将上述结论进行推广,设 A 为首轮,K 为末轮,m 为外啮合齿轮对数,则平面定轴齿轮系传动比的计算公式为:

$$i_{AK} = \frac{n_A}{n_K} = (-1)^m \frac{\text{从 A 到 K 各从动轮齿数的连乘积}}{\text{从 A 到 K 各主动轮齿数的连乘积}} \quad (6.5.1)$$

首末两齿轮转向用 $(-1)^m$ 来判断,i_{AK} 为负号时,说明首末轮转向相反;i_{AK} 为正号时,说明首末轮转向相同。

2. 空间定轴齿轮系传动比的计算

空间定轴齿轮系传动比的大小也可用式(6.5.1)来计算,但由于各齿轮轴线不都相互平行,所以不能用 $(-1)^m$ 法来确定末轮的转向,而要采用画箭头的方法来确定,如图 6.5.4 所示。

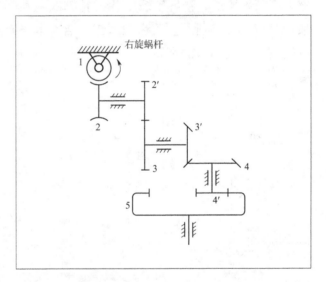

图 6.5.4 画箭头的方法判断齿轮系中齿轮的转向

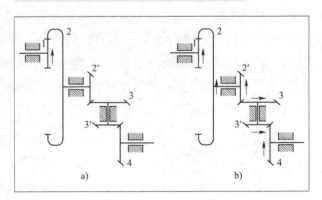

图 6.5.5 空间定轴齿轮系传动比的计算

画箭头的方法:外啮合的两齿轮,两箭头同时指向(或远离)啮合点;内啮合两齿轮的两箭头同向。

练一练

如图6.5.4所示,蜗杆为该齿轮系的主动件,请判断轮系的类型,并用画箭头的方法判断输出轮5的转动方向。

【随堂巩固6.5.1】 图6.5.5a)所示的齿轮系中,已知齿轮1为主动轮,$z_1=20$,$z_2=40$,$z_{2'}=18$,$z_3=36$,$z_{3'}=20$,$z_4=50$。$n_1=1000\text{r/min}$,求齿轮4的转速。

解:

该图为一空间定轴齿轮系,其传动比大小按式(6.5.1)计算:

$$i_{14}=\frac{n_1}{n_4}=\frac{z_2 z_3 z_4}{z_1 z_{2'} z_{3'}}=\frac{40\times 36\times 50}{20\times 18\times 20}=10$$

齿轮4的转速为:

$$n_4=\frac{n_1}{i_{14}}=\frac{1000}{10}=100\text{r/min}$$

其转向如图6.5.5b)中箭头所示,与齿轮1转向相反。

动画:画箭头的方法

二、行星齿轮系传动比的计算

(一)平面行星齿轮系传动比的计算

行星齿轮系与定轴齿轮系的根本区别在于行星齿轮系有一个转动的行星架,因此行星轮既自转又公转。根据相对运动原理,假如给整个行星齿轮系加上一个与行星架H的转速大小相等、方向相反的附加转速"$-n_H$",此时各构件间的相对运动关系不变,但行星架的转速变为"n_H-n_H",即行星架静止不动,原来的行星齿轮系转化为一个假想的"定轴齿轮系"。这个假想的定轴齿轮系称为原行星齿轮系的转化齿轮系,如图6.5.6所示。转化齿轮系中各构件转速如下:

构件	原齿轮系中转速	转化齿轮系中转速
1	n_1	$n_1^H=n_1-n_H$
2	n_2	$n_2^H=n_2-n_H$
3	n_3	$n_3^H=n_3-n_H$
H	n_H	$n_H^H=n_H-n_H=0$

在转化齿轮系中,应用定轴齿轮系的传动比计算方法可得:

$$i_{13}^H=\frac{n_1^H}{n_3^H}=\frac{n_1-n_H}{n_3-n_H}=\frac{z_2 z_3}{z_1 z_2}=-\frac{z_3}{z_1}$$

i_{13}^H表示转化后定轴齿轮系的传动比,即齿轮1与齿轮3相对于行星架H的传动比。将上述分析推广到一般情形,可得:

$$i_{AK}^H=\frac{n_A-n_H}{n_K-n_H}=(-1)^m\frac{\text{从A到K各从动轮齿数的连乘积}}{\text{从A到K各主动轮齿数的连乘积}} \quad (6.5.2)$$

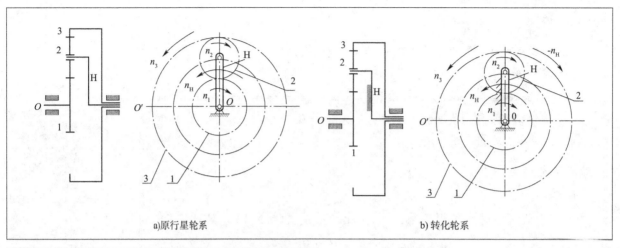

图6.5.6 行星轮系传动比计算(数字和字母是齿轮和行星架的序号)

应用式(6.5.2)时必须注意：

(1)齿轮A、K、行星架H三个构件的轴线应重合或互相平行。

(2)将n_A、n_K、n_H的值代入式(6.5.2)计算时，均应代入代数值，必须带正号或负号。若假定某一构件转动的方向为正，与其相反的转向即为负。

(3)$i_{AK}^H \neq i_{AK}$。i_{AK}^H是转化齿轮系的传动比，即齿轮A、K相对于行星架H的传动比。

【随堂巩固6.5.2】 某行星齿轮系如图6.5.7所示，已知各齿轮齿数分别为：$z_1=16$, $z_2=24$, $z_3=64$，当齿轮1和齿轮3的转速为：$n_1=100\text{r/min}$, $n_3=-400\text{r/min}$，转向如图示。求：n_H和i_{1H}。

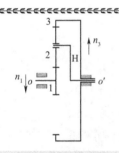

图6.5.7 平面行星齿轮系传动比计算

解：

在转化齿轮系中，由式(6.5.2)得：

$$i_{13}^H = \frac{n_1 - n_H}{n_3 - n_H} = -\frac{z_2 z_3}{z_1 z_2} = -\frac{z_3}{z_1}$$

将已知转速代入：

$$\frac{100 - n_H}{-400 - n_H} = -\frac{64}{16} = -4$$

解得：

$$n_H = -300\text{r/min}$$

负号表示n_H转向与n_1相反。

$$i_{1H} = \frac{n_1}{n_H} = \frac{100}{-300} = -\frac{1}{3}$$

(二)空间行星齿轮系传动比的计算

当空间行星齿轮系的两齿轮A、K和行星架H的轴线互相平行时，其转化齿轮系传动比的大小仍可用式(6.5.2)来计算，但其正负号应采用在转化齿轮系图上画箭头的办法来确定。

【随堂巩固6.5.3】 在图6.5.8所示齿轮系中,已知:$z_1=60$,$z_2=40$,$z_{2'}=18$,$z_3=27$,$n_1=80\text{r/min}$,$n_3=100\text{r/min}$,转向如图所示。求行星架H的转速n_H。

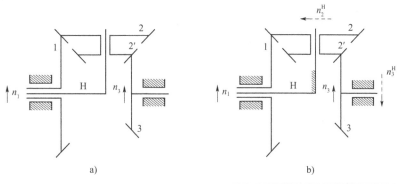

图6.5.8 空间行星轮系传动比计算

解:

该齿轮系为空间行星齿轮系,因中心轮与行星架的轴线平行,故其转速可用由式(6.5.2)求得。正负号在转化齿轮系中由画箭头法(图6.5.8b中虚线箭头)来确定为"-"。

$$i_{13}^H = \frac{n_1 - n_H}{n_3 - n_H} = -\frac{z_2 z_3}{z_1 z_{2'}}$$

代入已知数据:

$$\frac{80 - n_H}{100 - n_H} = -\frac{40 \times 27}{60 \times 18} = -1$$

解得:$n_H = 90\text{r/min}$,正号表示n_H转向与n_1相同。

三、齿轮系的应用分析

(一)传递相距较远的两轴之间的运动和动力

当主动轴与从动轴之间的距离较远时,若仅用一对齿轮传动,会使齿轮的外廓尺寸庞大,如图6.5.9中双点画线所示。如采用齿轮系传动,既节约材料,又给制造、安装等带来方便,如图6.5.9中点画线所示。

(二)获得较大的传动比

若采用一对齿轮获得较大的传动比,则必然有一个齿轮要做得很大,这样会使机构的体积增大,而且小齿轮也容易损坏。如果采用齿轮系,则可以很容易地获得较大传动比。只要适当选择齿轮系中各齿轮的齿数,即可得到所要求的传动比。在行星齿轮系中,采用较少的齿轮即可获得很大的传动比,如图6.5.10所示,齿轮系中若$z_1=100$,$z_2=99$,$z_{2'}=100$,$z_3=101$,其传动比i_{H1}可达10000。

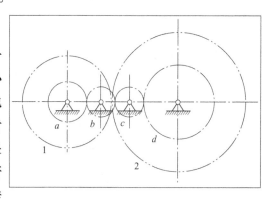

图6.5.9 相距较远的两轴间传动

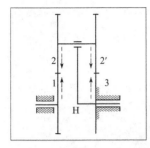

图 6.5.10　少齿差行星轮系

动画:轮系应用-相距较远的两轴间传动

(三)实现变速、换向传动

图 6.5.11 所示的三星轮换向机构,扳动手柄可实现如图 6.5.11a)、图 6.5.11b)所示的两种传动方案。由于两方案相差一次外啮合,故从动轮 4 相对于主动轮 1 的两种输出转向相反。

在输入轴转速不变的情况下,利用齿轮系可使输出轴获得多种工作转速(即变速传动)。如图 6.5.12 所示的汽车变速器,操纵滑移齿轮 4、6,可使输出轴得到三个前进挡和一级倒挡。一般机床、起重机等设备上也都需要这种变速传动。

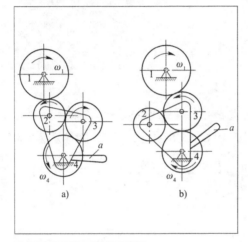

图 6.5.11　三星轮换向机构

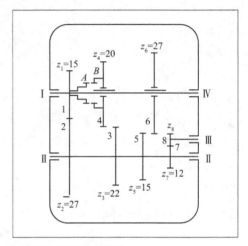

图 6.5.12　汽车变速器

动画:轮系应用-三星轮换向机构

(四)实现分路传动

利用齿轮系可以使一个主动轴带动若干从动轴同时旋转,将运动从不同的传动路线传动给执行机构。如图 6.5.13 所示的机械钟表齿轮系结构中,在同一主轴 1 带动下,利用齿轮系可以实现 H、M、S 三个从动轴的分路输出运动。

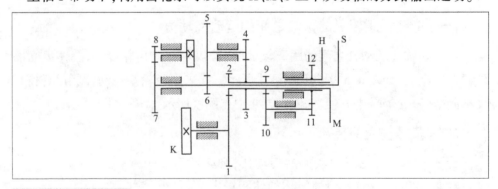

图 6.5.13　实现分路传动

(五)用于对运动进行合成与分解

运动的合成是将两个输入运动合成为一个输出运动。图 6.5.14 所示的差动齿轮系为滚齿机的合成机构。滚切斜齿轮时,由齿轮 4 传递来的展成运动传给中心轮 1;由蜗轮 5 传递来的附加运动传给行星架 H。这两个运动经齿轮系合成后便由齿轮 3 输出至工作台。

差动齿轮系还可以将一个主动的基本构件的转动按所需的比例分解为另两个基本构件的转动,例如汽车、拖拉机等车辆中常用的差速装置。图 6.5.15 所示的汽车后桥差速器即为分解运动的齿轮系。在汽车转弯时它可将发动机传到齿轮 5 的运动以不同的速度分别传递给左右两个车轮,以维持车轮与地面间的纯滚动,避免车轮与地面间的滑动摩擦而导致车轮过度磨损。当汽车直线行驶时,行星齿轮没有自转运动,1、2、3、4 相当于一刚体带动左右车轮做等速回转运动。

动画:轮系应用-变速器

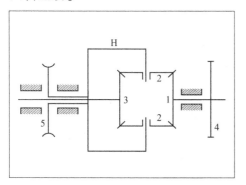

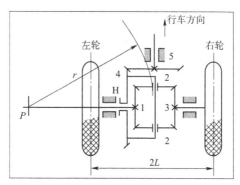

图 6.5.14 滚齿机中的差动轮系　　　图 6.5.15 汽车后桥差速器

※ **任务实施**

(1)在图 6.5.1 中分别标出变速器和差速器的位置。

(2)查阅变速器和差速器的结构和工作原理动画,分别写出变速器和差速器属于哪种类型的齿轮系。

变速器:　　　　　　　　差速器:

(3)每 3~5 人一组,分析变速器和差速器是如何工作的,随机抽取 2 个小组进行汇报。

 **巩固与自测**

一、填空题

1.由一系列相互啮合的齿轮组成的传动系统称为_____。

2.根据各齿轮几何轴线在空间的相对位置是否固定,齿轮系可分为_____和_____两大类。

3.齿轮系中的惰轮只改变从动轮的_____,而不改变_____。

二、选择题

1.题图 6.5.1 所示的轮系中,齿轮 1 为主动轮时,有( )个惰轮。

　A.1 个　　　　B.2 个　　　　C.3 个　　　　D.没有

2.定轴轮系的总传动比等于各级传动比( )。

　A.之和　　　　B.连乘积　　　C.之差　　　　D.平方和

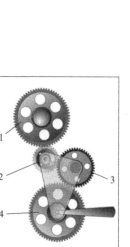

题图 6.5.1

3.周转齿轮系的转化轮系传动比 $i_{AB}^H = \dfrac{n_A - n_H}{n_B - n_H}$ 若为负值,则齿轮 A 与齿轮 B 转向(　　)。

　　A.一定相同　　　　　　　　B.一定相反

　　C.不一定　　　　　　　　　D.以上都不对

4.齿轮系(　　)。

　　A.不能获得很大的传动比

　　B.不适宜做较远距离的传动

　　C.可以实现运动的合成但不能分解运动

　　D.可以实现变向和变速要求

5.定轴齿轮系的传动比大小与齿轮系中惰轮的齿数(　　)。

　　A.有关　　　　B.无关　　　　C.成正比　　　　D.成反比

三、计算题

1.已知题图 6.5.2 中各轮齿数分别为 $z_1 = 28, z_2 = 56, z_{2'} = 38, z_3 = 114, z_{3'} = 20, z_4 = 40, z_5 = 100, n_1 = 40\text{r/min}$,求齿轮 5 的转速大小及方向。

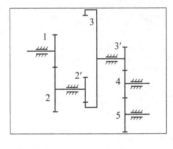

题图 6.5.2

2.在题图 6.5.3 所示的外圆磨床进给机构中,已知各轮齿数分别为 $z_1 = 28, z_2 = 56, z_3 = 38, z_4 = 57$,手轮与齿轮 1 固连,丝杠与齿轮 4 固连,丝杠的导程 $L = 3\text{mm}$,求当手轮转动 1/10 转时,砂轮的横向进给量 s。

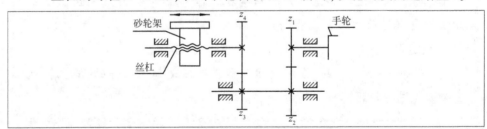

题图 6.5.3

3.已知题图 6.5.4 中,$z_1 = 15, z_2 = 25, z_3 = 15, z_4 = 30, z_5 = 2, z_6 = 60$,鼓轮 7 直径 $D = 200\text{mm}$,齿轮 1 转速为 $n_1 = 1000\text{r/min}$。求:重物移动速度的大小和方向。

4.题图 6.5.5 中,已知 $z_1 = 44, z_2 = 40, z_2' = 42, z_3 = 42$,求 i_{H1}。若 $z_1 = 100, z_2 = 101, z_2' = 100, z_3 = 99$,$i_{H1}$ 又是多少?

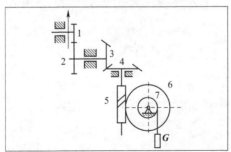

题图 6.5.4

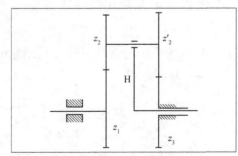

题图 6.5.5

项目七 支承零部件的应用

❖ **案例导学**

图 7.0.1 所示为城市轨道交通车辆转向架,转向架车轴需要用轴承支承。车辆轮对和构架之间需要使用轴承,早期使用的是滑动轴承,后选用滚动轴承。轴承的作用是承受各种径向力、垂向力,并且传递给车体。此处的滚动轴承可采用圆柱滚子轴承或圆锥滚子轴承。采用滚动轴承能降低车辆的起动阻力和运行阻力,改善车辆走行部分的工作条件,减少燃轴的惯性事故,减轻维护和检修工作,降低运营成本。

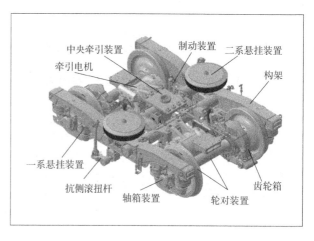

图 7.0.1 城市轨道交通车辆转向架

▶ **技术创新**

中国高速铁路轴承的国产化

随着高铁建设进程的进步,高铁速度也在不断升级,如今高铁速度不断突破 300km/h 甚至 400km/h。作为高铁行驶过程中最重要的安全技术,高铁动车轴承的重要性至关重要,高铁动车轴承直接关系到高铁运行的平稳性及安全性。中国高铁制造全球第一,但国产率并非 100%,高铁动车轴承一直依赖进口。2020 年我国高铁动车轴承实现了国产化,每节车厢可节约 3.2 万元。

任务7.1　轴的结构分析

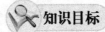

1. 了解轴的功用、类型、结构和常用材料。
2. 掌握轴上零件的轴向定位方法。

能力目标

1. 会合理选用轴的材料。
2. 会正确选择轴上零件的定位与固定方法。
3. 会对轴的结构工艺性进行分析。

素质目标

1. 具备举一反三,利用既有的理论知识解决实际工程问题的能力。
2. 通过对轴进行结构分析,培养分析问题和解决问题的能力。

> **任务引入**
>
> 图7.1.1为某城市轨道交通车辆的车轴,在图7.0.1中找到它的位置。并说明图中1、3、5处分别安装什么零件,这些零件是如何实现轴向定位的?
>
>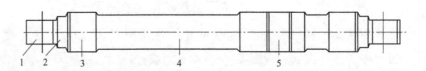
>
> 图7.1.1　城市轨道交通车辆车轴
> 1-轴颈;2-防尘板座;3-轮座;4-轴身;5-齿轮箱座

一、轴的认知

轴的主要功用是支承传动零件(齿轮、带轮、链轮等),并传递运动及动力,是机器中使用最普遍的重要零件之一。

(一)轴的分类

1. 根据轴线形状分

根据轴线形状轴可分为直轴(图7.1.2a、图7.1.2b)、曲轴(图7.1.2c)、挠性轴(图7.1.2d)。直轴又可分为光轴和阶梯轴。

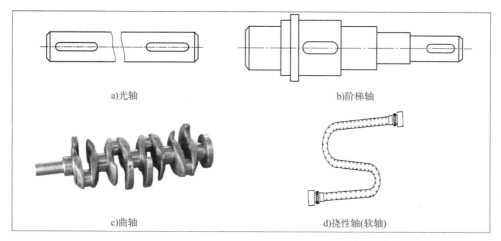

图 7.1.2 按轴线形状轴的分类

直轴中的阶梯轴,虽各段截面直径不同,但通过设计可达到强度相近,且便于轴上零件的安装和固定,所以,在机器中应用最广。直轴一般多制成实心的,为了减轻重量或输送物料,有时也制成空心轴。

曲轴是内燃机等往复式机械中的专用零件。软轴是特殊用途的轴,它可以把运动灵活地传到任何位置。

2. 根据所受载荷分

根据所受载荷不同轴可分为心轴、转轴、传动轴。

(1)心轴。只承受弯矩不承受转矩的轴称为心轴,如自行车前轮轴。

(2)转轴。既承受弯矩又承受转矩的轴称为转轴,如自行车中轴。

(3)传动轴。只承受转矩不承受弯矩或承受很小的弯矩的轴称为传动轴,如自行车中轴。

(二)轴的材料及选择

轴的材料应具有较好的强度、韧性及耐磨性等性能,主要采用碳素钢和合金钢。

1. 碳素钢

35、40、45、50 等优质碳素钢,成本低,机械性能好,对应力集中敏感性小,故应用广泛;轻载或不重要的轴可采用 Q235、Q275 等普通碳素钢。

2. 合金钢

常采用 20Cr、40Cr 等,机械性能高,可淬火性好,用于大功率、要求重量轻、耐磨性高的轴。另外,结构复杂的轴也可以采用铸钢。

轴的常用材料及主要力学性能见表 7.1.1。

表 7.1.1 轴的常用材料及主要力学性能

材料牌号	热处理	毛坯直径(mm)	硬度(HBW)	抗拉强度 σ_b (MPa)	屈服强度 σ_s (MPa)	弯曲疲劳极限 σ_{-1} (MPa)	应用
Q235A				440	240	200	不重要或载荷不大的轴
35	正火	25 ≤100	≤187 149~187	530 510	315 265	225 210	有较好的塑性及适当的强度,可用于一般曲轴、转轴等

续上表

材料牌号	热处理	毛坯直径 (mm)	硬度 (HBW)	抗拉强度 σ_b	屈服强度 σ_s	弯曲疲劳极限 σ_{-1}	应用
				(MPa)			
45	正火	25	≤241	600	355	257	用于较重要的轴,应用最为广泛
	正火	≤100	170~217	588	294	238	
	调质	≤200	217~255	637	360	270	
40Cr	调质	25		980	785	477	用于载荷较大,尺寸较大的重要轴或齿轮轴
		≤200	241~286	750	500	335	
		>300~500	229~269	640	440	290	
40MnB	调质	25	207	785	540	370	性能近于40Cr,用于重要的轴
		≤100	241~286	750	500	350	
		>100~300	241~266	700	500	340	
35CrMo	调质	≤100	207~269	735	540	360	用于重载荷轴或齿轮轴
20Cr	渗碳淬火	15	表面 HRC 56~62	850	550	370	用于强度、韧性及耐磨性均高的轴
		≤100		650	400	280	
QT400-15			156~197	400	300	145	用于结构形状复杂的轴
Q6400-3			197~269	600	420	215	

二、轴的结构设计

(一)轴的结构组成

轴上安装滚动轴承的部位称为轴颈。安装传动零件的部位称为轴头。连接轴颈与轴头部分称为轴身。用作轴上零件轴向定位的台阶部分称为轴肩。轴上轴向尺寸较小直径最大的环形部分称为轴环。仅为了方便零件的安装而设置的阶梯称为非定位轴肩。轴各部分的名称见图7.1.3。

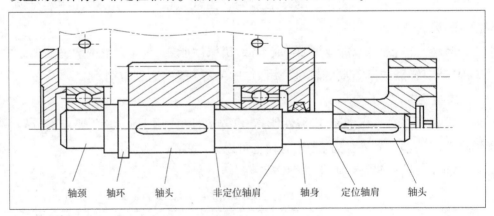

图7.1.3 轴的各部分名称

(二)零件在轴上的固定

1. 轴上零件的轴向固定

为了保证轴上零件及轴工作时有确定的位置,需要对轴上零件进行轴向固定。常用方法见表7.1.2。

轴上零件的轴向定位及固定

表 7.1.2

固定方法	简图	特点与应用
套筒固定		结构简单,定位可靠,不需在轴上加设阶梯,减少了对轴的强度削弱。一般用于零件间距较小的场合。 由于套筒内孔与轴表面有间隙,为防止产生动载荷,轴速不宜过高
轴肩与轴环固定	为保证零件靠紧轴肩或轴环的定位面,需保证 r_1 或 $C_1 > r$ 或 C,$h > r_1$ 或 C_1;定位轴肩或轴环高度常为:$h \approx (0.07 \sim 0.1)d$,轴环宽度 $b \approx 1.4h$	利用定位轴肩和轴环对轴上零件进行定位,是轴上零件的基本的轴向定位方式,它能承受大的轴向载荷,且定位可靠。 r、r_1、C、C_1 等具体关系见有关国家标准。 当被固定件为滚动轴承时,h、r 按轴承标准取值
圆螺母加推力垫圈或双螺母与轴肩形成双向固定		多用于轴端零件的固定,也可用于轴的中部,可承受较大的轴向力,并可在振动和冲击载荷下工作。 圆螺母和推力垫圈的结构尺寸见有关国家标准
轴用弹性挡圈与轴肩形成双向固定		轴用弹性挡圈与轴肩形成双向固定,只能承受很小的轴向载荷,常用于固定滚动轴承。 弹性挡圈结构尺寸见有关国家标准
圆锥面与轴端挡圈形成双向固定	轴端止动垫片	拆装方便,固定可靠,可承受较大的轴向力,并能兼顾周向固定。多用于高速、冲击、振动、且对中精度要求高的场合。 轴端挡圈及轴端止动垫片结构尺寸见有关国家标准

续上表

固定方法	简图	特点与应用
轴端挡圈与轴肩形成双向固定		用于轴端零件的固定,使用可靠,能承受较大的轴向力和冲击载荷。 螺钉、挡圈及止动垫圈结构尺寸见有关国家标准
紧定螺钉固定		具有同时周向固定的作用,只能承受很小的载荷,且转速较小的场合。 紧定螺钉结构尺寸见有关国家标准

2. 轴上零件的周向固定

为了使轴能够传递运动和转矩,并防止轴上零件相对轴的转动,需要对轴上零件进行周向固定。常用方法有键、花键、销、过盈配合等。

> ※ **任务分析**
>
> 图 7.1.1 所示的城市轨道交通车辆的车轴,1 位置处安装滚动轴承,用来支承车辆的重量及其载重量,3 位置处安装轮对,以保证当轮对沿轨道滚动时,车体能沿线路做直线运动;5 位置处安装齿轮箱中的齿轮和轴承,用来将牵引电机的动力传递给轮对,驱动轮对转动。
>
> ※ **任务实施**
>
> 每 3~5 人一组,根据轴的结构和已经学习过的轴上零件的轴向固定方法,分别为 1、3、5 位置处安装的滚动轴承、轮对和齿轮箱中的零件选择合适的轴向定位方法。

(三)轴的强度和刚度

轴的结构形状和轴上零件的固定,会使轴的某些部位引起应力集中,从而降低了轴的强度,因此,设计时应注意以下几点:

(1)改善轴的受力状况,减小轴所受的弯矩或转矩。

为了减小轴所受的弯矩,轴上受力较大的零件应尽可能装在靠近轴承处,并应尽量不采用悬臂支承方式,且力求缩短支承跨度和悬臂长度。

(2)合理布置轴上零件,以减小最大转矩。

(3)改进轴上零件结构,以减小轴承受的弯矩。

如图 7.1.4a)所示的卷筒轴,轮毂对轴的载荷近似为均布载荷。把卷筒轮毂的结构改为图 7.1.4b),不仅有效地减小了轴上的最大弯矩,而且减小了轴孔配合的长度,可获得好的配合质量。

(4)改进轴的结构,以减少应力集中。

①避免轴直径尺寸的急剧变化,相邻轴段直径差不能过大。

②在直径有尺寸突变处应设计出圆角,圆角半径尽可能取大些。

③尽量避免在轴上开孔和槽。

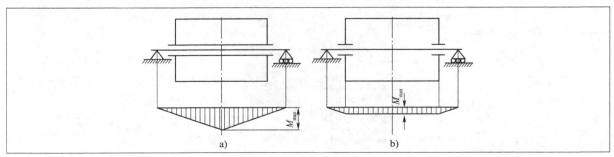

图 7.1.4　轴上零件合理结构

(5) 改善轴表面质量，提高轴的疲劳强度。

① 减小轴表面粗糙度值。

② 对最大应力所在的表面进行强化处理，如滚压、喷丸、表面淬火等。

（四）轴结构的工艺性

(1) 形状力求简单，便于加工和检验。

(2) 为减小应力集中，轴肩处应有过渡圆角。

(3) 为便于零件的安装，轴端应有倒角，多用45°（或30°、60°）。

(4) 轴上磨削和车螺纹的轴段应分别设有砂轮越程槽和螺纹退刀槽，如图7.1.5a)、图7.1.5b)所示。

(5) 轴上沿长度方向开有几个键槽时，键槽应在同一母线上，如图7.1.5c)所示。

(6) 轴肩高度不能妨碍零件的拆卸。

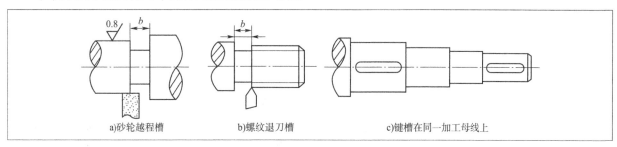

a) 砂轮越程槽　　b) 螺纹退刀槽　　c) 键槽在同一加工母线上

图7.1.5　轴的结构工艺

巩固与自测

一、填空题

1. 根据轴上所受载荷不同，轴可分为_____、_____和_____。

2. 按轴线形状不同，可把轴分成_____、_____和_____。

3. 在工作中同时受_____和_____两种作用，本身又转动的轴，叫转轴。

二、判断题

1. 轴上面与传动零件相配合的轴段名称为轴径。（　　）

2. 受弯矩的杆件，弯矩最大处最危险。（　　）

3. 一般机械的轴，多采用阶梯轴，以便于零件的拆装和定位。（　　）

4. 一切做旋转运动的零件，必须安装在轴上才能进行旋转和传递动力。（　　）

5. 传动轴只承受弯矩。（　　）

三、选择题

1. 自行车的前轮轴是(　　)。

　A. 转轴　B. 心轴　C. 传动轴　D. 其他轴

2. 对轴上零件做周向固定可采用(　　)。

　A. 轴肩固定　　　B. 套筒固定

　C. 平键固定　　　D. 轴端挡圈固定

3. 轴头直径尺寸，必须符合(　　)。

　A. 轴承内孔的直径标准

　B. 标准直径系列

　C. 与轮毂内孔相符，并为标准系列

　D. 轴承内径的标准系列

4. 在对轴进行校核时，危险截面可能出现在(　　)。

　A. 轴上当量弯矩最大处

　B. 安装轴承的位置

　C. 轴的中间位置

　D. 装齿轮的位置

5. 对轴上回转零件能轴向定位的是(　　)。

　A. 套筒　B. 平键　C. 切向键　D. 花键

6. 转轴承受的载荷类型为(　　)。

　A. 扭矩　　　　　B. 弯矩

　C. 扭矩和弯矩　　D. 以上都不对

7. 当轴上安装的零件要承受较大的轴向力时，采用(　　)来进行轴向固定时，所能承受的轴向力较大。

　A. 圆螺母　　　　B. 紧钉螺母

　C. 弹性挡圈　　　D. 普通平键

8.在轴的初步计算中,轴的直径是按(　　)初步确定的。

A.抗弯强度

B.抗扭强度

C.复合强度

D.轴段上零件的孔径

9.为了使齿轮轴向固定可靠,安装齿轮的轴段长度应(　　)轮毂的宽度。

A.大于　　　　B.小于

C.等于　　　　D.以上都不对

四、简答题

1.零件在轴上轴向固定的常用方法有哪些?

2.为什么要把轴制造成阶梯形的?

3.轴上什么样的部位需要有越程槽?

4.轴的结构设计应考虑哪几个方面的问题?

5.指出题图7.1.1中各轴的结构设计错误,并画出正确的结构图。

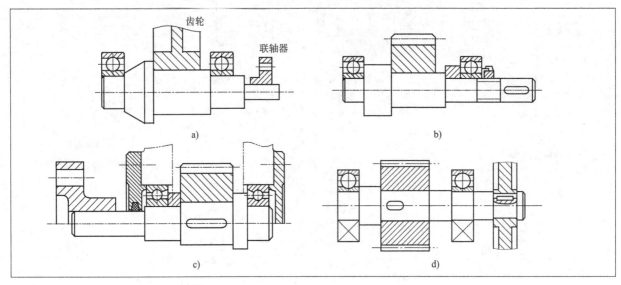

题图 7.1.1

任务7.2　轴承的选择、安装与维护

1.了解轴承的功用、类型和润滑方式。

2.掌握滚动轴承的基本组成、主要结构参数和基本代号。

3.了解滑动轴承的类型和结构。

1.会选择滚动轴承的类型和型号。

2.会分析滚动轴承的主要失效形式。

3.会对滚动轴承进行安装、维护和间隙调整。

素质目标

1.学习轴承发展史,提升对事物发展科学规律的认知。

2.了解滚动轴承的国产化情况,培养危机意识和使命担当,培养科技报国的爱国热情。

任务引入

城市轨道交通车辆中多处会用到轴承,如牵引电机轴承、轴箱轴承、齿轮箱轴承,轴承是城市轨道交通车辆运营安全的关键零部件,其性能和可靠性需达到规定的要求。滚动轴承的类型和型号如何选择?在选择上面提到的三处轴承时需要考虑哪些因素?这几处的滚动轴承的常见失效形式有哪些?

一、轴承的认知

轴承的功用是支承轴及轴上零件,保证轴的旋转精度,减少轴与支承件之间的摩擦和磨损。

根据摩擦性质不同,轴承可分为滑动轴承和滚动轴承两大类。滑动轴承承载能力大、工作平稳、无噪声,但启动摩擦阻力大、维护比较复杂。滚动轴承工作时,滚动体与套圈是点、线接触,摩擦阻力小。滚动轴承是标准零件,可批量生产,成本低,安装方便,所以在各种机械中广泛应用。

(一)滚动轴承的基本组成

滚动轴承的基本结构如图 7.2.1 所示,由内圈、外圈、滚动体、保持架组成。内圈装在轴颈上,外圈装在机座或轴承座孔内。多数情况下内圈随轴一起转动,外圈不转动。当内、外圈相对转动时,滚动体在内、外圈的滚道内滚动。保持架的主要作用是均匀地隔开滚动体,避免滚动体间的相互碰撞。

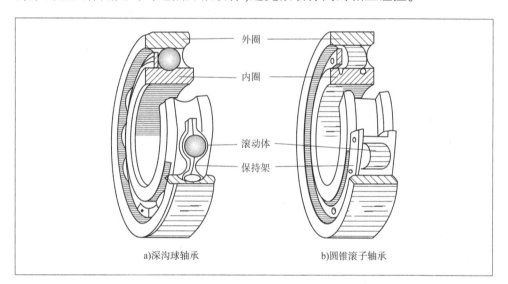

图片:滚动轴承结构

图 7.2.1 滚动轴承的基本结构

常用的滚动体如图 7.2.2 所示,有球、圆柱滚子、圆锥滚子、鼓形滚子、滚针等五种。

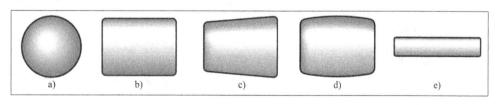

图 7.2.2 滚动体的种类

(二)滚动轴承的主要结构参数

1. 游隙

内、外圈和滚动体之间的间隙,即内、外圈之间的最大位移量。游隙分为轴向游隙和径向游隙,如图 7.2.3 所示。游隙大小可影响轴承的寿命、噪声、温升等。

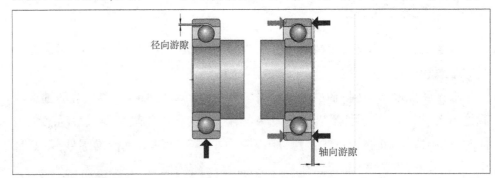

图 7.2.3　滚动轴承的游隙

2. 公称接触角 α

滚动体与外圈滚道接触点的法线与轴承径向对称平面(端面)之间的夹角称为接触角。接触角 α 越大,轴承承受轴向载荷的能力也越大。公称接触角及类型见表 7.2.1。

滚动轴承的公称接触角及类型　　　　表 7.2.1

轴承种类	向心轴承		推力轴承	
公称接触角	径向接触轴承	角接触轴承	角接触轴承	轴向接触轴承
	$\alpha = 0°$	$0° < \alpha \leq 45°$	$45° < \alpha < 90°$	$\alpha = 90°$
图例 (以球轴承为例)				

3. 偏位角 θ

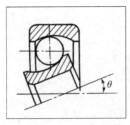

图 7.2.4　调心轴承的偏位角

如图 7.2.4 所示,轴承内、外圈轴线相对倾斜时所夹的锐角 θ,称为偏位角。偏位角较大时会影响轴承正常运转,此时应采用调心轴承以适应轴线夹角变化。各类轴承允许的偏位角见表 7.2.2。

4. 极限转速 $n_{\lim}$

滚动轴承在一定载荷和润滑条件下,允许的最高转速称为极限转速,用 $n_{\lim}$ 表示。滚动轴承转速过高会使摩擦面间产生高温,润滑失效而导致滚动体回火或胶合破坏。

(三)滚动轴承的类型及特点

1. 滚动轴承的分类

(1)按滚动体的形状,轴承可分为球轴承和滚子轴承。球轴承的滚动体与内、外圈滚道为点接触,故承载能力差、耐冲击性差,但极限转速高,价格低。滚子轴承的滚动体与内、外圈滚道为线接触,承载能力强、耐冲击,但极限转速低,价格高。

(2)按工作时能否自动调心,轴承可分为调心轴承和非调心轴承。

(3)按所能承受载荷方向或公称接触角的不同,可以把轴承分为**向心轴承**

和**推力轴承**两大类(表7.2.1)。向心轴承又可分为径向接触轴承($\alpha = 0°$)和向心角接触轴承($0° < \alpha \leq 45°$)。径向接触轴承主要承受径向载荷,有些可承受较小的轴向载荷;角接触轴承能同时承受径向载荷和轴向载荷。推力轴承又可分为推力角接触轴承($45° < \alpha < 90°$)和轴向接触轴承($\alpha = 90°$)。推力角接触轴承主要承受轴向载荷,也可承受较小的径向载荷;轴向接触轴承只能承受轴向载荷。

(4)按安装轴承时内、外圈是否可分别安装,分为可分离轴承和不可分离轴承。

图片:深沟球轴承

2. 滚动轴承的基本类型和特性

常见滚动轴承的类型、代号、简图、特性见表7.2.2。

常见滚动轴承的类型、代号及特性　　　　　表7.2.2

类型代号	轴承名称、简图、受力方向	示意图	结构性能特点	极限转速比	偏位角	价格比
1	调心球轴承		双排钢球,外圈滚道为内球面形,具有自动调心性能。主要承受径向载荷	中	2°~3°	1.8
2	调心滚子轴承		与调心轴承相似。双排滚子,有较高承载能力。允许角偏斜小于调心球轴承	低	0.5°~2°	4.4
3	圆锥滚子轴承		能同时受径向和单向轴向载荷,承载能力大。内、外圈可分离,安装时可调整游隙。成对使用。允许角偏斜小	中	2′	1.7
5	推力球轴承		只能受单向轴向载荷。高速回转时离心力大,钢球和保持架磨损、发热严重。故极限转速较低。套圈可分离	低	~0°	1.1
5	双列推力球轴承		能受双向的轴向载荷。其他同推力球轴承	低	~0°	1.8
6	深沟球轴承		结构简单。主要受径向载荷,也可承受一定的双向轴向载荷。高速轻载装置中可用于代替推力轴承。极限转速高,价廉。应用最广	高	8′~16′	1

续上表

类型代号	轴承名称、简图、受力方向	示意图	结构性能特点	极限转速比	偏位角	价格比
7	角接触球轴承		能同时受径向载荷和单向轴向载荷。接触角α有15°、25°和40°三种,轴向承载能力随接触角增大而提高。需成对使用	高	2′~10′	2.1
N	圆柱滚子轴承(外圈无挡边)		能承受较大的径向载荷。内外圈可作自由轴向移动,不能承受轴向载荷。滚子与内外圈是线接触,只允许有很小的角偏斜	高	2′~4′	2
NU	圆柱滚子轴承(内圈无挡边)					

注:表中基本额定动载荷比、极限转速比、价格比都是指同一尺寸系列的轴承与深沟球轴承之比(平均值)。极限转速比(润滑脂、0级公差组)比值>90%为高,60%~90%为中,<60%为低。

图片:角接触球轴承

图片:圆柱滚子轴承

(四)滚动轴承的代号

参考国家标准《滚动轴承 代号方法》(GB/T 272—2017)规定,滚动轴承的代号由**基本代号**、**前置代号**和**后置代号**组成,其排列顺序见表7.2.3。

1. 基本代号

表示轴承的基本类型、结构和尺寸,是轴承代号的基础。除滚针轴承外,基本代号由轴承类型、尺寸系列和内径代号三部分构成,见表7.2.3。

1) 内径代号

表示轴承公称内径尺寸,右起第1、2位两位数字组成,见表7.2.4。

滚动轴承代号的构成　　　　　　　　　　　　　　　　　表7.2.3

前置代号	基本代号				后置代号						
	五	四	三	二 一							
轴承分部件代号	类型代号	尺寸系列代号		内径代号	内部结构代号	密封与防尘与外部形状代号	保持架及其材料代号	轴承零件材料代号	公差等级代号	游隙代号	配置代号	其他代号
		宽度(或高度)系列代号	直径系列代号									

滚动轴承的内径代号(内径≥10mm)　　　　　　　　　　表7.2.4

公称内径(mm)	10~17				20~480 (22,28和32除外)	≥500 以及22,28和32
	10	12	15	17		
内径代号	00	01	02	03	公称内径除以5的商,商为个位数时,需在商数左边加"0",如08	用公称内径毫米数直接表示,在其与尺寸系列之间用"/"分开

2）尺寸系列代号

由轴承的直径系列代号（基本代号右起第3位）和宽度（高度）系列代号（基本代号右起第4位）组合而成。宽度系列代号为"0"时可省略不标（圆锥滚子轴承和调心滚子轴承不可省略）。宽度系列是指结构、内径和外径相同的同类轴承在宽度方面的变化系列；直径系列是指内径相同的同类轴承在外径和宽度方面的变化系列。

向心轴承和推力轴承的常用尺寸系列代号如表7.2.5所列。

3）类型代号

常用轴承的类型代号见表7.2.2。

图片：圆锥滚子轴承

图片：滚针轴承

表7.2.5 向心和推力轴承的常用尺寸系列代号

直径系列代号	向心轴承								推力轴承			
	宽度系列代号								高度系列代号			
	8	0	1	2	3	4	5	6	7	9	1	2
	尺寸系列代号											
7	—	—	17	—	37	—	—	—	—	—	—	—
8	—	08	18	28	38	48	58	68	—	—	—	—
9	—	09	19	29	39	49	59	69	—	—	—	—
0	—	00	10	20	30	40	50	60	70	90	10	—
1	—	01	11	21	31	41	51	61	71	91	11	—
2	82	02	12	22	32	42	52	62	72	92	12	22
3	83	03	13	23	33	—	—	—	73	93	13	23
4	—	04	—	24	—	—	—	—	74	94	14	24
5	—	—	—	—	—	—	—	—	—	95	—	—

2. 前置代号和后置代号

前置代号和后置代号是当轴承的结构、形状、公差和技术要求等有改变时，在轴承基本代号前、后添加的补充代号。

（1）前置代号：用字母表示成套轴承的分部件特点，如用L表示可分离轴承的可分离套圈。无特殊说明时，前置代号可以省略。

（2）后置代号：用字母（或加数字）表示。与基本代号空半个汉字距离或用符号"-""/"分隔。后置代号排列顺序见表7.2.3。

内部结构常用代号见表7.2.6，如角接触球轴承、圆锥滚子轴承等随其不同公称接触角而标注不同代号。

公差等级代号见表7.2.7，公差精度由高到低分别以/P2/P4/P5/P6X/P6/PN表示，"N"级代号中省略不表示。

游隙从小到大分别以/C2、/CN、/C3、/C4、/C5为代号，"N"组代号中省略不表示。

前置代号、后置代号及其含义可参阅《滚动轴承 代号方法》（GB/T 272—2017）。

图片：调心轴承

图片：轴向接触轴承

图片：推力圆锥滚子轴承

轴承内部结构常用代号　　　　表 7.2.6

轴承类型	代号	含义	示例
角接触球轴承	B	$\alpha = 40°$	7210B
	C	$\alpha = 15°$	7005C
	AC	$\alpha = 25°$	7210AC
圆锥滚子轴承	B	接触角 α 加大	32310B
	E	加强型	N207E

公差等级代号　　　　表 7.2.7

代号	/PN	/P6	/P6X	/P5	/P4	/P2
规定的公差等级	省略	6 级	6X 级	5 级	4 级	2 级
示例	6203	6203/P6	30210/P6X	6203/P5	6203/P4	6203/P2

注：公差等级中 PN 级最低，向右依次增高，2 级最高。

【随堂巩固 7.2.1】 解释下列轴承代号的意义：7212AC、30432/P6X。

解：7212AC：7—类型代号，角接触球轴承；2—尺寸系列代号为 02，其中宽度系列代号为 0（省略），直径系列代号为 2；12—内径代号，内径为 60mm；AC—公称接触角 $\alpha = 25°$。

30432/P6X：3—类型代号，圆锥滚子轴承；04—尺寸系列代号，其中宽度系列代号为 0，直径系列代号为 4；32—内径代号，内径为 160mm；/P6X—公称等级代号，公差等级为 6X 级。

二、滚动轴承类型的选择

选用轴承时，首先是选择类型，再选择具体的型号。选择轴承的类型可根据具体工作条件和使用要求考虑如下因素进行。

动画：滚动轴承的构成

（一）轴承所受载荷

轴承所受载荷的大小、方向和性质是选择轴承类型的主要依据。

轻载和中等载荷时应选用球轴承；重载或有冲击载荷时，应选用滚子轴承。受纯径向载荷时，可选用深沟球轴承、圆柱滚子轴承或滚针轴承；受纯轴向载荷时，可选用推力轴承；同时承受径向载荷和轴向载荷时，若轴向载荷不大，可选用深沟球轴承或接触角较小的角接触球轴承、圆锥滚子轴承；若轴向载荷很大，而径向载荷较小时，可选用推力角接触轴承。

（二）轴承的转速

高速时应优先选用球轴承；内径相同时，外径愈小，离心力也愈小，故在高速时，宜选用超轻、特轻系列轴承；推力轴承的极限转速都很低，高速运转时摩擦发热严重，若轴向载荷不十分大，可采用角接触球轴承或深沟球轴承承受纯轴向力。

（三）调心要求

调心球轴承和调心滚子轴承均能满足一定的调心要求，而圆柱滚子轴承、圆锥滚子轴承的调心能力几乎为零。由于制造和安装误差等因素致使轴的中心线与轴承中心线不重合，或轴受力弯曲造成轴承内、外圈轴线发生偏斜时，宜选用调心球轴承或调心滚子轴承。

（四）安装与拆卸

N、3 类轴承的内、外圈可分离，便于装拆。当轴承在长轴上安装时，为便于装拆可选用内圈为圆锥孔的轴承。

（五）经济性

在满足使用要求的前提下，应尽量选用价格低廉的轴承。一般滚子轴承比球轴承价高。同等精度下，深沟球轴承价格最低。

> ※ 任务分析
>
> 选择滚动轴承时,需要先选择轴承的类型,再确定具体的型号。在对滚动轴承的类型进行选择时,需要考虑的主要因素有:轴承所承受的载荷的大小、方向、性质,轴承的转速,轴承是否有调心要求,轴承安装与拆卸的难易程度以及经济性。
>
> 城市轨道交通车辆中的轴承一般选用滚动轴承,采用滚动轴承可改善车辆走行部分的工作条件,减轻维护和检修工作,降低运行成本。因地铁车辆的允许轴重较大(10~25t),且在运行中承受静、动载荷的作用,因此要求轴承的承载能力大、强度高、耐冲击等,城市轨道交通车辆中用的滚动轴承按滚动体形状有圆柱滚子轴承、圆锥滚子轴承和球面滚动轴承。

三、滚动轴承的受载情况分析

如图7.2.5所示,深沟球轴承承受径向载荷 F_r 时,内、外圈与滚动体的接触点不断发生变化,其表面接触应力随着位置的不同做脉动循环变化。滚动体在上面位置时不受载荷,滚到下面位置受载荷最大,两侧所受载荷逐渐减小。

动画:滚动轴承内部径向载荷分布

四、滚动轴承的主要失效形式

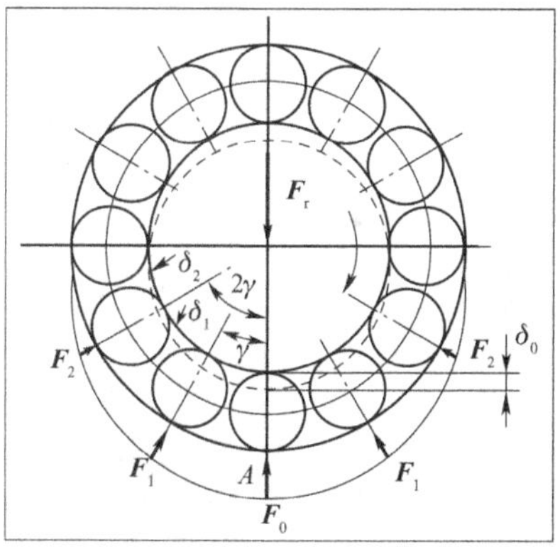

1. 疲劳点蚀

轴承工作时,滚动体和滚道上各点受到循环接触应力的作用,经一定循环次数后,在滚动体或滚道表面将产生疲劳点蚀,从而产生噪声和振动,致使轴承失效。疲劳点蚀是在正常运转条件下轴承的一种主要失效形式。

2. 塑性变形

轴承承受静载荷或冲击载荷时,在滚动体或滚道表面可能由于局部接触应力超过材料的屈服极限而发生塑性变形,形成凹坑而失效。这种失效形式主要出现在转速极低或摆动的轴承中。

图7.2.5 滚动轴承内部径向载荷的分布

3. 磨损

润滑不良、杂物和灰尘的浸入都会引起轴承早期磨损,从而使轴承丧失旋转精度,噪声增大、温度升高,最终导致轴承失效。

此外,由于设计、安装以及使用中某些非正常的原因,也可能导致轴承的破裂、保持架损坏及回火、腐蚀等现象,使轴承失效。

五、滚动轴承的组合设计

为保证滚动轴承的正常工作,除了要合理选择轴承的类型和尺寸外,还必须正确、合理地进行轴承的组合设计,即正确解决轴承的轴向位置固定、轴承与其他零件的配合、轴承的调整、装拆、润滑、密封等问题。

动画:滚动轴承的失效形式

(一)轴承的轴向固定

1. 轴承内、外圈的轴向固定方法

为了防止轴承在承受轴向载荷时相对于轴或座孔产生轴向移动,轴承内圈与轴、轴承外圈与座孔必须进行轴向固定,其固定方式及特点分别见表7.2.8、表7.2.9。

常用的轴承内圈轴向固定方式及其特点　　　表7.2.8

序号	1	2	3
简图	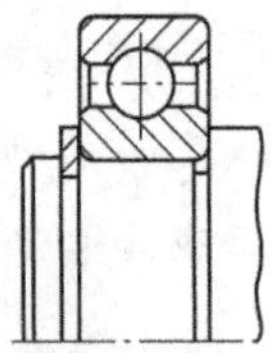	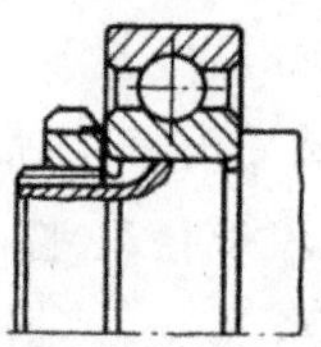	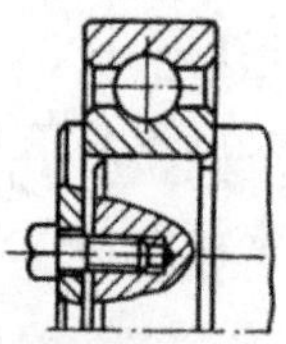
固定方式	一端用轴肩固定,另一端用弹性挡圈固定	一端用轴肩固定,另一端用螺母及止动垫圈固定	一端用轴肩固定,另一端用轴端挡圈固定
特点	结构简单,装拆方便,占空间位置小,多用于深沟球轴承的固定	结构简单,装拆方便,固定可靠	多用于轴直径大于70mm的场合。优点是不在轴上车螺纹,允许转速较高

注:为保证定位可靠,轴肩圆角半径 r_1 < 轴承内圈圆角半径 r,轴肩高度按机械设计手册规定值取用。

常用轴承外圈的轴向固定方式及其特点　　　表7.2.9

序号	1	2	3	4
简图	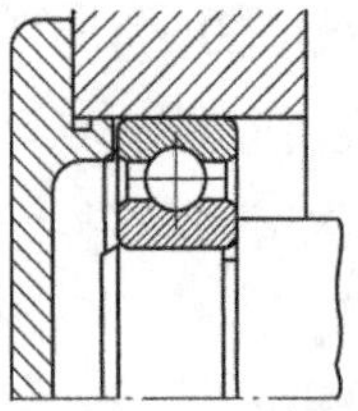	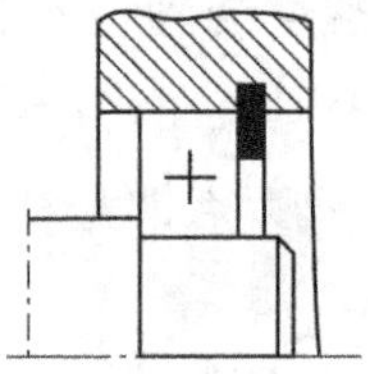	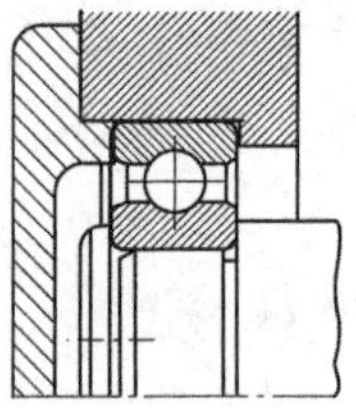	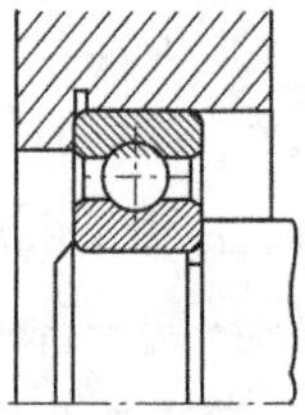
固定方式	用轴承端盖固定	用弹性挡固定	一端靠座孔内的挡肩固定,另一端用轴承端盖固定	用轴承座孔固定
特点	结构简单,固定可靠,调整方便	结构简单,装拆方便,占空间位置小,多用于向心类轴承	结构简单,工作可靠	结构简单,工作可靠

2. 轴组件的轴向固定

为保证工作时轴在箱体内不发生窜动,轴系部件的轴向必须固定,并要考虑轴在工作有热伸长时其伸长量能够得到补偿。常用轴组件轴向固定的方式有以下两种:

1)两端固定

如图7.2.6所示,两轴承均利用轴肩顶住内圈,端盖压住外圈,由两端轴承各限制轴一个方向的轴向移动。考虑到温度升高后轴的膨胀伸长,对径向接触

轴承,在轴承外围与轴承盖之间留出 $a=0.2\sim 0.3$mm 的轴向间隙(图7.2.6a);对于角接触轴承,只能由轴承的游隙来补偿,游隙的大小可用调整螺钉来调节,如图7.2.6b)所示。这种支承形式结构简单,安装方便,适用于温差不大的短轴(跨距 $L<350$mm 轴)。

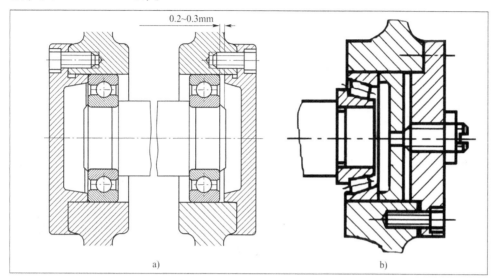

图7.2.6 两端固定的组合方式

2)一端固定,一端游动

这种固定方法是使一个支点处的轴承双向固定,而另一个支点处的轴承可以轴向游动,以适应轴的热伸长,如图7.2.7a)所示。固定支点处轴承的内、外圈均做双向固定,以承受双向轴向载荷;运动支点处轴承的内圈做双向固定,而外圈与机座间采用动配合,以便当轴受热膨胀伸长时,能在孔中自由游动。若外圈采用无挡边的可分离型轴承,则外圈要做双向固定,如图7.2.7b)所示。这种固定方式适用于轴的跨距大(跨距 $L>350$mm)或工作时温度较高($t>70$℃)的轴。

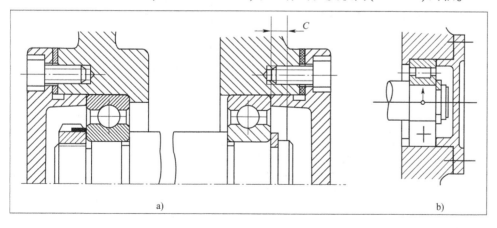

图7.2.7 一端固定一端游动的组合形式

3)两端游动式

如图7.2.8所示的人字齿轮传动中,轴承内、外圈之间可相对移动,故无轴向限位能力,两支点均为游动支点。轴靠人字齿轮间的啮合限位。

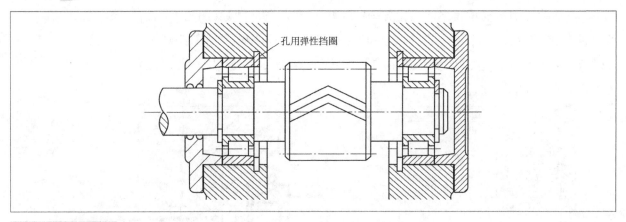

图 7.2.8 两端游动式

(二) 轴承间隙的调整

1. 调整垫片

通过增减垫片的厚度调整轴承间隙,如图 7.2.9 所示。

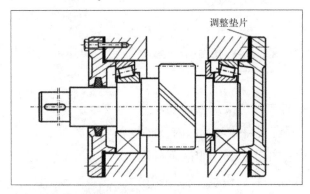

图 7.2.9 垫片调整轴向间隙

2. 调整端盖

通过调整压盖的轴向位置调整轴承间隙,如图 7.2.10 所示。

3. 调整环

如图 7.2.11 所示,调整环的厚度在安装时配作。

(三) 滚动轴承的配合

由于滚动轴承是标准件,因此轴承内孔与轴的配合应采用基孔制,轴承外圈与轴承座孔的配合应采用基轴制。设计时应根据机器的工作条件、载荷大小及性质、转速的高低、工作温度及转动圈的选择等因素综合考虑选择轴承的配合。一般内圈随轴转动,外圈固定不动,故内圈常取较紧的具有过盈的过渡配合,如采用 n6、m6、K6、js6 等,转速越高、载荷越大、振动越大,则配合应紧些;外圈应采用较松的配合,通常采用 J7、J6、H7、G7 等。关于配合与公差的详细资料,可参阅机械零件设计手册。

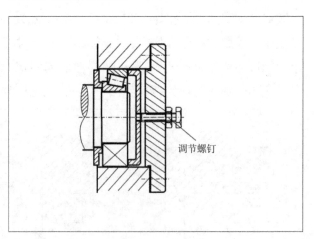

图 7.2.10 可调压盖调整轴承间隙

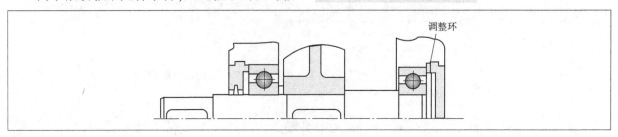

图 7.2.11 调整环调整轴承间隙

(四)滚动轴承的装拆

当轴承内圈与轴颈采用过盈配合时,可采用压力机压入如图 7.2.12、图 7.2.13 所示;也可配合用温差法,将轴承在油中加热至 80~100℃ 后进行装配。拆卸轴承时应使用专门的拆卸工具,如图 7.2.14 所示。为便于拆卸,轴肩或孔肩的高度应低于定位套圈的高度,并要留出拆卸空间。

(五)滚动轴承的润滑

滚动轴承润滑的主要目的是减小摩擦和减轻磨损、冷却散热、减振、防锈、降低接触应力等。常用的润滑剂有润滑油、润滑脂及固体润滑剂。

润滑方式和润滑剂的选择可根据滚动轴承的 dn 值(d 为轴承的内径,单位 mm;n 为轴承转速,单位为 r/min)来确定,见表 7.2.10。

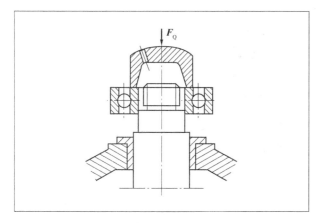

图 7.2.12 安装轴承内圈

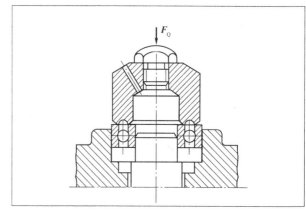

图 7.2.13 同时安装轴承内外圈

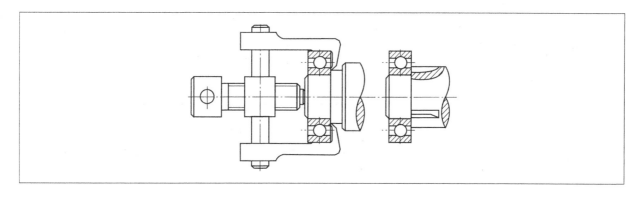

图 7.2.14 滚动轴承的拆卸

脂润滑和油润滑的速度因数 dn 值(10^4 mm·r/min)　　表 7.2.10

轴承类型	脂润滑	油润滑			
		油浴	滴油	循环油(喷油)	喷雾
深沟球轴承	16	25	40	60	>60
调心球轴承	16	25	40	—	—
角接触球轴承	16	25	40	60	>60
圆柱滚子轴承	12	25	40	60	—
圆锥滚子轴承	10	16	23	30	—
调心滚子轴承	8	12	—	25	—
推力球轴承	4	6	12	15	—

最常用的滚动轴承的润滑剂为润滑脂。它通常用于速度不太高及不便于经常加油的场合。其主要特点是不易流失、易于密封、油膜强度高、承载能力强，一次加脂后可以工作相当长的时间。润滑脂的填充量一般应是轴承中空隙体积的 1/3~1/2。油润滑适用于高速、高温条件下工作的轴承。

常用的润滑方式有：

(1) 油浴润滑。轴承局部浸入润滑油中，油面不得高于最低滚动体中心。该方法简单易行，适用于中、低速轴承的润滑。

(2) 飞溅润滑。一般闭式齿轮传动装置中轴承常用的润滑方法。利用转动的齿轮把润滑油甩到箱体的四周内壁面上，然后通过沟槽把油引到轴承中。

(3) 喷油润滑。利用油泵将润滑油增压，通过油管或油孔，经喷嘴将润滑油对准轴承内圈与滚动体间的位置喷射，从而润滑轴承。这种方式适用于高速、重载、要求润滑可靠的轴承。

(4) 油雾润滑。油雾润滑需要专门的油雾发生器。这种方式有益于轴承冷却，供油量可以精确调节，适用于高速、高温轴承部件的润滑。

(六) 滚动轴承的密封

轴承密封的作用是避免润滑剂的流失，防止外界灰尘、水分及其他杂物侵入轴承。密封装置的形式很多，原理和作用也各不相同，分为接触式密封和非接触式密封，见表 7.2.11，使用时应根据工作环境、轴承的结构、转速及润滑剂种类等选择轴承的密封方式。

轴承的密封装置　　　　　　表 7.2.11

名称		结构简图	特点	应用场合
接触式密封	毡圈密封		工作温度低于100℃，毡圈安装前用油浸渍，有良好密封效果，圆周速度小于4~8m/s	适用脂润滑，环境清洁，滑动速度低于4~5m/s，温度低于90℃的场合
	唇形密封		主要防止外界异物侵入，圆周速度小于15m/s	适用脂或油润滑，滑动速度低于7m/s，温度-40~100℃
非接触式密封	环形槽和间隙式		沟槽内充填润滑脂，可提高密封效果，一般沟槽沟槽宽度3~5mm，沟槽深度4~5mm	适用脂或油润滑，干燥清洁的环境
	迷宫式		迷宫曲路沿轴向展开，曲路折回次数越多，密封效果越好，径间尺寸紧凑	适用脂或油润滑，可适用于较脏的工作环境

六、滑动轴承的选择

工作时轴承和轴颈的支承面间形成直接或间接滑动摩擦的轴承,称为滑动轴承。它具有工作稳定、可靠和噪声低等优点。故在金属切削机床、汽轮机、航空发动机、铁路机车及车辆等方面得到广泛的应用。

(一)滑动轴承的类型和结构

根据所承受载荷方向的不同,滑动轴承可分为径向轴承和推力轴承。

1. 径向滑动轴承

径向滑动轴承只能承受径向载荷,轴承上的约束反力与轴的中心线垂直。

1)整体式

如图7.2.15所示,整体式滑动轴承由轴承座和整体轴瓦组成。轴承座用螺栓与机座连接,轴套压入轴承座孔内(过盈配合),润滑油通过顶部的油杯螺纹孔进入轴承油沟进行润滑。

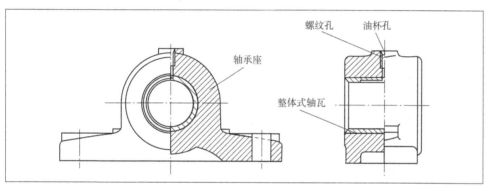

动画:滑动轴承 整体式

图7.2.15 整体式滑动轴承

这种轴承结构简单,价格低廉,制造方便,刚度大,但装拆时轴或轴承必须做轴向移动,且轴承磨损后径向间隙无法调整,故多用在低速轻载、间歇工作、不需要经常拆卸的场合,其结构已经标准化。

2)剖分式

剖分式径向滑动轴承如图7.2.16和图7.2.17所示,轴承座和轴瓦均为剖分结构。

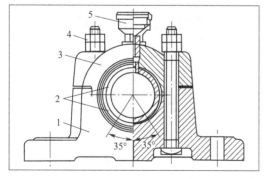

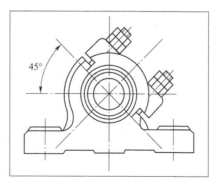

动画:滑动轴承 剖分式

图7.2.16 对开式剖分滑动轴承 图7.2.17 斜剖式滑动轴承
1-轴承座;2-剖分式轴瓦;3-轴承盖;4-连接螺栓;5-油杯

剖分式径向滑动轴承克服了整体式轴承装拆不便的缺点,而且当轴瓦工作面磨损后,适当减薄剖分面间的垫片厚度并进行刮瓦,就可调整轴颈与轴瓦间的间隙。因此这种轴承得到了广泛应用,并已标准化。

2. 推力滑动轴承

推力滑动轴承用于承受轴向载荷,由轴承座和推力轴颈组成。常用的轴颈结构形式有:空心式、单环式和多环式三种,如图 7.2.18 所示。推力滑动轴承和径向轴承联合使用时可以承受复合载荷。

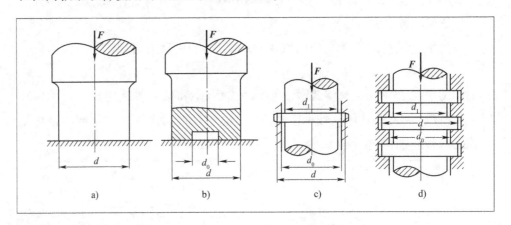

图 7.2.18 推力滑动轴承

(二)轴瓦

1. 轴瓦结构

轴瓦是滑动轴承中直接与轴颈接触的零件,由于轴瓦与轴颈的工作表面之间具有一定相对滑动速度,因而从摩擦、磨损、润滑和导热等方面都对轴瓦的结构和材料提出了要求。

常用的轴瓦结构有整体式和剖分式两类。

整体式轴承采用整体式轴瓦,整体式轴瓦又称轴套,如图 7.2.19 所示,粉末冶金制成的轴套一般不带油沟。

剖分式轴承采用剖分时轴瓦,图 7.2.20 所示。在轴瓦上开有油孔和油沟。油沟和油孔只能开在不承受载荷的区域,以免降低承载能力,并保证承载区油膜的连续性。油沟的轴向长度应比轴瓦宽度短,以免油从两端大量流失。为防止轴瓦沿轴向和周向移动,将其两端做成凸缘来做轴向定位,也可用紧定螺钉或销钉将其固定在轴承座上。

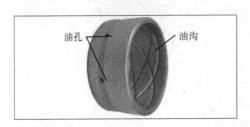

图 7.2.19 整体式轴瓦

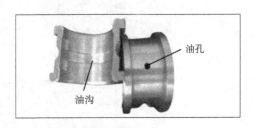

图 7.2.20 剖分式轴瓦

为了使润滑油能均匀地流到整个工作表面上，轴瓦上要在非承载区开出油沟和油孔，以保证承载区油膜的连续性。油孔和油沟的分布形式如图7.2.19、图7.2.20所示。

2. 轴承衬

有时为了节省合金材料或者结构上的需要，常在轴瓦的内表面浇注或轧制一层减磨性能好的金属（如轴承合金），厚度一般为0.5~0.6mm，这一层材料称为轴承衬。为使轴承衬与轴瓦结合牢固，可在轴瓦内表面加工出沟槽，如图7.2.21所示。

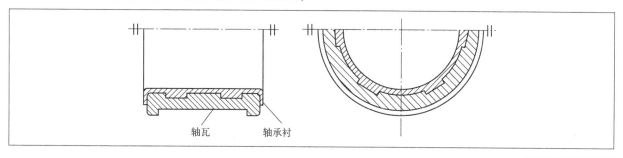

图7.2.21　轴承衬

巩固与自测

一、填空题

1. 滚动轴承一般由_____、_____、_____和_____组成。

2. 轴承7308AC代表是_____轴承，其内径为_____。

3. 根据承受载荷方向不同，滚动轴承分为_____和_____两大类。

4. 滚动轴承代号由_____、_____、_____组成。

5. 轴承内圈与轴的配合通常采用_____制，轴承外圈与轴承座孔的配合采用_____制。

二、判断题

1. 圆柱滚子轴承和深沟球轴承均不能承受轴向载荷。（　　）

2. 代号为6310的滚动轴承是角接触球轴承。（　　）

3. 滚动轴承中，滚子轴承承载能力比球轴承高，且极限转速也高。（　　）

4. 深沟球轴承比圆锥滚子轴承的极限转速高。（　　）

5. 角接触轴承既受纯径向载荷，也会产生轴向分力。故角接触轴承必须成对使用，以抵消其内部轴向力。（　　）

6. 代号为6310的滚动轴承是角接触球轴承。（　　）

7. 有较大冲击且需要承受较大的径向力和轴向力的场合，不宜选圆柱滚子轴承。（　　）

8. 向心角接触轴承也能承受一定的轴向力。（　　）

三、选择题

1. 一般转速（$10r/min < n < n_{lim}$）的滚动轴承其主要失效形式是（　　）。

　A. 疲劳点蚀　　　B. 塑性变形
　C. 滚道磨损　　　D. 滚动体碎裂

2. 某角接触球轴承内径为45mm，宽度系列代号为0，直径系列代号为3，接触角为25°，其代号为（　　）。

　A. 7145　　　　　B. 6209
　C. 7209C　　　　D. 7309AC

3. 若载荷小而平稳，仅承受径向载荷，转速较高时，宜选用（　　）轴承。

　A. 深沟球轴承　　B. 圆锥滚子轴承
　C. 调心球轴承　　D. 角接触球轴承

4. 若转轴在载荷作用下，弯曲较大或轴承孔不能保证良好的同轴度时,则宜选用( )轴承。

  A. 深沟球轴承   B. 圆柱滚子轴承
  C. 调心球轴承   D. 角接触球轴承

 5. 在各种类型轴承中,内外圈可以分离的轴承有( )。

  A. 圆锥滚子轴承   B. 深沟球轴承
  C. 调心球轴承   D. 角接触球轴承

 6. 向心推力轴承承受轴向载荷的能力与( )有关。

  A. 轴承宽度   B. 滚动体数目
  C. 轴承的载荷角   D. 轴承的接触角

 7. 下列滚动轴承中( )轴承允许的极限转速最高。

  A. 深沟球轴承   B. 推力球轴承
  C. 角接触球轴承   D. 圆柱滚子轴承

 8. 当轴的转速较低,且只承受较大的径向载荷时,宜选用( )。

  A. 深沟球轴承   B. 推力球轴承
  C. 圆柱滚子轴承   D. 圆锥滚子轴承

 9. 下列密封方式为接触方式密封的是( )。

  A. 间隙密封   B. 迷宫式密封
  C. 毡圈密封   D. 环形槽密封

 10. 与滚动轴承相比较,下述各点中,( )不能作为滑动轴承的优点。

  A. 径向尺寸小
  B. 间隙小,旋转精度高
  C. 运转平稳,噪声低
  D. 可用于高速情况下

 11. ( )是滑动轴承中最重要的零件,它与轴颈直接接触,其工作表面既是承载表面又是摩擦表面。

  A. 轴承座   B. 轴瓦
  C. 油沟   D. 密封圈

 12. 整体式滑动轴承与剖分式滑动轴承相比,其主要优点是( )。

  A. 应用广泛   B. 结构简单、成本低
  C. 装拆方便   D. 整体尺寸小

 13. 滑动轴承的轴与轴承之间的接触属于( )。

  A. 点接触   B. 线接触
  C. 面接触   D. 以上都不对

四、简答题

 1. 滚动轴承的主要类型有哪些?各有什么特点?如何选择滚动轴承的类型?

 2. 滚动轴承的主要失效形式有哪些?

 3. 解释下列轴承型号的含义:7210C、30312B、6308。

 4. 按轴承所受载荷方向或公称接触角的不同,可把轴承分为哪几类?各有何特点?

 5. 滑动轴承有哪些类型?滑动轴承的结构形式有哪几种?各适用在何种场合?

项目八
常用机械连接装置的应用

❖ **案例导学**

某年,某地铁扶梯事故造成1人死亡,3人重伤,27人轻伤。导致事故的原因是固定螺栓损坏,扶梯驱动主机发生位移,造成驱动链条脱落,扶梯下滑。安全无小事,一枚小小螺栓的质量问题埋下的隐患可能会造成大的事故和人员伤亡。

▶ 中国古代发明

榫卯结构中的中国智慧

我国古代在没有钉子和黏合剂的情况下,在木结构建筑中采用榫卯结构的连接工艺(图8.0.1)。榫卯结构完全依靠榫和卯的楔形嵌套进行咬合,达到连接的目的。榫卯是极为精巧的发明,这种构件连接方式,不但可以承受较大的载荷,而且允许产生一定的变形,在地震载荷下通过变形抵消一定的地震能量,减小结构的地震响应。榫卯结构凝结着中国几千年传统木匠文化的精粹,充分体现了我国古人的高超智慧。

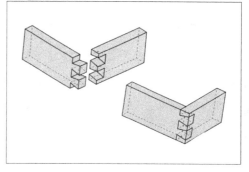

图8.0.1 榫卯结构

你还知道我国古代有哪些连接装置?

_____
_____
_____
_____
_____
_____
_____
_____

任务 8.1　轴毂连接的选用

1. 掌握键连接连接的类型、特点及应用。
2. 掌握平键连接尺寸的选择和校核方法。
3. 了解花键连接、销连接的类型、特点与应用。

会合理选用键连接的类型、尺寸并进行强度校核。

素质目标

1. 培养认真、严谨的工作作风，为踏入工作岗位培养良好的职业素养。
2. 能够准确查找国家标准，选择正确的数值。

任务引入

图 8.1.1a) 所示为单级齿轮减速器，减速器从动轴结构图如图 8.1.1b) 所示，已知轴和键的材料均为 45 钢，从动齿轮的材料选用铸铁，从动齿轮需传递的力矩 $T = 260\text{N} \cdot \text{m}$。轴上的 d_1 段安装联轴器，d_4 段安装从动齿轮，$d_1 = 30\text{mm}$，$d_4 = 42\text{mm}$。联轴器和从动轮的周向定位和固定均采用键连接，d_1 段长 82mm，d_4 段长 78mm，请分别选择两位置处键的类型，并确定两位置处键的尺寸并校核。

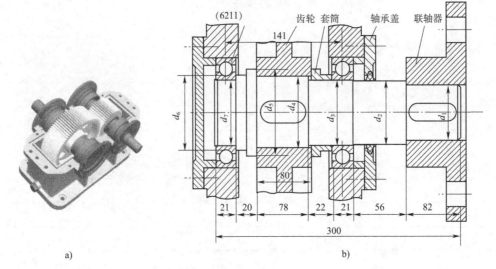

图 8.1.1　单级齿轮减速器

轴毂连接是指轴与轴上零件(如齿轮、带轮、链轮等)的连接,其功能主要是实现轴上零件的周向固定并传递转矩。轴毂连接的方式很多,最常见、应用最广泛的有键连接、花键连接、销连接、过盈连接等。

一、键连接的选用

(一)键连接的类型

键是标准零件,通常用来实现轴与轴上零件的周向固定以传递转矩,有的还能实现轴上零件的轴向固定或轴向移动的导向。

键可分为平键、半圆键、楔键和切向键等类型,其中以平键最为常用。

1. 平键连接

平键的两侧面为工作面,工作时靠键与键槽侧面的挤压传递运动和转矩。平键连接结构简单,对中性好,拆装方便,故应用广泛。平键按用途可分为普通平键、导向平键和滑键三种。

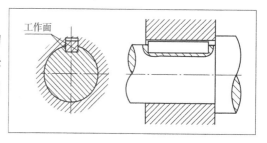

图8.1.2 普通平键

1) 普通平键

如图8.1.2所示,普通平键用于静连接,应用最广泛。按其端部形状不同,可分为圆头(A型)、方头(B型)和单圆头(C型)三种,如图8.1.3所示。A型平键应用最广,C型平键一般用于轴端。

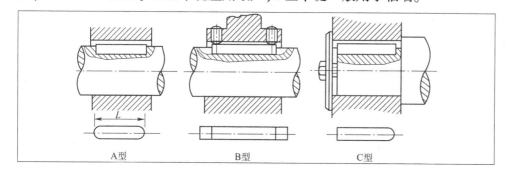

图8.1.3 普通平键分类

使用A型和C型键时,轴上的键槽一般用端铣刀铣出,如图8.1.4a)所示。键在键槽中轴向固定较好,但键槽两端的应力集中较大。采用B型平键时,轴上键槽用盘铣刀铣出,如图8.1.4b)所示。键槽两端的应力集中较小,但键在键槽中轴向固定不好,当键的尺寸较大时,需用紧定螺钉压紧。轮毂上的键槽一般用插刀或拉刀加工。

2) 导向平键

导向平键用于动连接,如图8.1.5所示,用于轮毂移动距离不大的场合。为了便于拆装,在键槽上制有起键螺钉孔。

3) 滑键

滑键用于动连接,如图8.1.6所示,用于轮毂移动距离较大的场合。滑键通常固定在轮毂上,轮毂带动滑键在轴槽中做轴向移动。

动画:滑键-双钩头

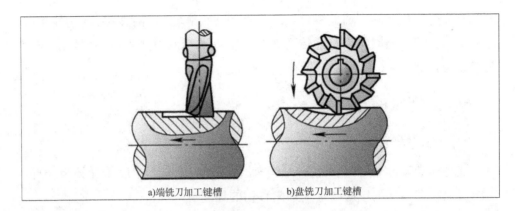

a)端铣刀加工键槽　　b)盘铣刀加工键槽

图 8.1.4　轴上键槽的加工

动画:滑键 1 单钩头

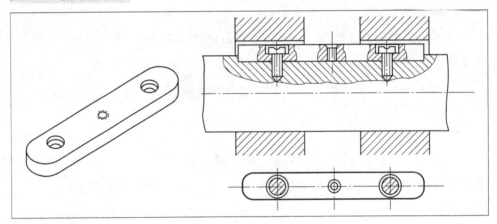

图 8.1.5　导向平键

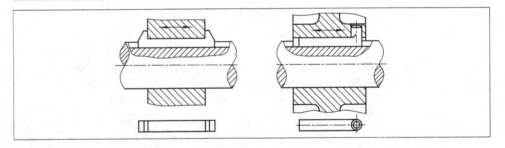

图 8.1.6　滑键

2. 半圆键连接

如图 8.1.7 所示,半圆键用于静连接,两侧面为工作面。半圆键能绕几何中心摆动,以适应轮毂槽加工误差的斜度。

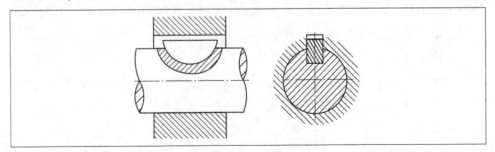

图 8.1.7　半圆键连接

其键槽的加工工艺性好,安装方便,结构紧凑,尤其适用锥形轴与轮毂的连接。但轴上键槽较深,强度削弱大,主要用于轻载。当需两个半圆键时,键槽应布置在同一母线上。

3. 楔键连接

如图 8.1.8 所示,**楔键的上、下面是工作面**(图 8.1.8c),键的上表面和轮毂键槽的底面均有 1∶100 的斜度。装配时需将键打入轴和轮毂的键槽内,**工作时靠键与轴及轮毂槽底之间摩擦力传递转矩,并能轴向固定零件和传递单向轴向力**。缺点是轴与毂的中心易产生偏心和偏斜,在冲击、振动、变载时容易松动,所以楔键连接仅用于对重要求不高、载荷平稳和低速的场合。

楔键多用于轴端的连接,以便零件的装拆。按楔键端部形状的不同,楔键可分为普通楔键(图 8.1.8a)和钩头楔键(图 8.1.8b),后者拆卸较方便。

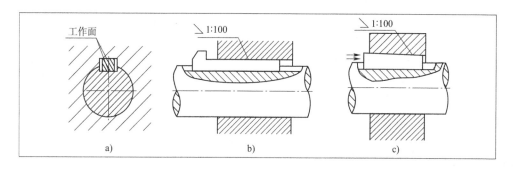

图 8.1.8 楔键连接

4. 切向键连接

切向键属于紧连接,如图 8.1.9 所示,由两个斜度为 1∶100 的普通楔键组成。其**上、下两面(窄面)为工作面**,其中一个工作面在过轴心线的平面内,使工作面上的压力沿轴的切向作用,因而能传递很大的转矩。但一个切向键只能传递单向转矩,若要传递双向转矩,则须使用两个切向键,并要相互成 120°~135°布置。

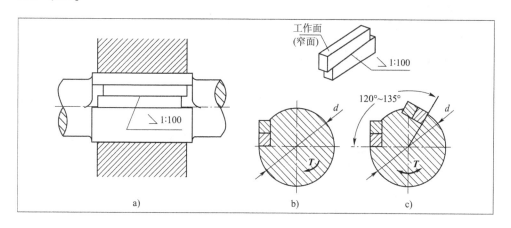

图 8.1.9 切向键连接

切向键主要用于轴径大于 100mm、对中精度要求不高而载荷很大的重型机械中。装配时两个楔键从轮毂两端打入。

(二)平键的选择和强度校核

平键是标准件,设计时根据键连接的结构特点、使用要求、工作条件选择键的类型,根据轴的直径,选择标准尺寸,然后进行校核。

1.平键的类型选择

主要考虑连接的结构、使用特性和工作要求。如传递转矩的大小;是否有冲击、振动;轮毂是否需要轴向移动、移动距离的大小;对中性要求高低等。

2.平键的尺寸确定

根据轴径 d 从标准中选择键的宽 b 和高度 h,键的长度 L 根据轴毂长度确定,$L_{键} = L_{毂} - (5\sim10\text{mm})$,并符合标准长度系列。导向平键的长度则按轮毂长度及轴上零件的移动距离确定,也应符合标准长度系列,键的主要尺寸见表 8.1.1。

表 8.1.1 键的主要尺寸

轴径 d	>10~12	>12~17	>17~22	>22~30	>30~38	>38~40	>40~50
键宽 b	4	5	6	8	10	12	14
键高 h	4	5	6	7	8	8	9
键长 L	8~45	10~56	14~70	18~90	22~110	28~140	36~160
轴径 d	>50~58	>58~65	>65~75	>75~85	>85~95	>95~110	>110~140
键宽 b	16	18	20	22	25	28	32
键高 h	10	11	12	14	14	16	18
键长 L	45~180	50~200	56~220	63~250	70~280	80~320	90~360

注:键的长度系列:8,10,12,14,16,18,20,22,25,28,32,36,40,45,50,63,70,80,90,100,110,125,140,160,180,200,220,250,280,320,360。

普通平键的标记:

$b = 28\text{mm}, h = 16\text{mm}, L = 110\text{mm}$ A 型普通平键

标记:GB/T 1096 键 $28 \times 16 \times 110$。

$b = 28\text{mm}, h = 16\text{mm}, L = 110\text{mm}$ B 型普通平键

标记:GB/T 1096 键 B $28 \times 16 \times 110$。

3.平键连接的强度校核

平键连接主要失效形式是键、轴、毂三者强度较弱的零件被压溃(静连接)或磨损(动连接)。

普通平键连接按挤压强度公式为:

$$\sigma_{\text{bs}} = \frac{F}{A_{\text{bs}}} = \frac{2T}{dkl} = \frac{4T}{dhl} \leq [\sigma_{\text{bs}}] \tag{8.1.1}$$

导向键或滑键连接,为防止过量磨损的强度公式为:

$$p = \frac{4T}{dkl} \leq [p] \tag{8.1.2}$$

式中: T——传递转矩,N·mm;

h——键的高度,mm;

l——键工作长度,mm,A 型普通平键:$l = L - b$,B 型普通平键:$l = L$,

C 型普通平键：$l = L - 0.5b$；

d——轴的直径，mm，见图 8.1.10；

$[\sigma_{bs}]$、$[p]$——键连接中材料最弱的许用挤压应力、许用压强，MPa，见表 8.1.2。

若键的强度不够时可以增加键的长度，但不能使键长超过 $2.5d$。若增大键长后强度仍不够或设计条件不允许加大键长时，可采用双键，并使双键相隔 180°布置。考虑到双键受载荷不均匀，故在强度计算时只能按 1.5 个键计算。

注：通常 $L_{键} = (1.6 \sim 1.8)d$，如不够：可增大，$L < 2.5d$；再不够，相隔 180°双键，强度按 1.5 个键计算。

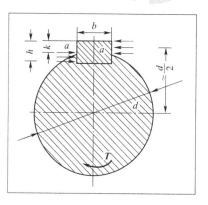

图 8.1.10 平键连接有受力简图

键连接的许用挤压应力 $[\sigma_{bs}]$ 和许用压强 $[p]$（单位：MPa） 表 8.1.2

许用值	连接方式	零件材料	载荷性质		
			静	轻微冲击	冲击
$[\sigma_{bs}]$	静连接	钢	125~150	100~120	60~90
		铸铁	70~80	50~60	30~45
$[p]$	动连接	钢	50	40	30

随堂巩固 8.1.1 如图 8.1.11 所示的减速器，输出轴与齿轮间采用平键连接，已知传递转矩 $T = 400\text{N} \cdot \text{m}$，齿轮宽度 $B = 70\text{mm}$，齿轮处轴径 $d = 45\text{mm}$，齿轮的材料为铸钢，轴和键的材料为 45 钢，载荷有轻微冲击，试选择键的类型和尺寸，并进行强度校核。

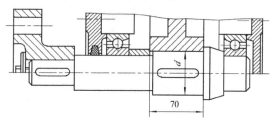

图 8.1.11 减速器输出轴与齿轮间的平键连接

解：

(1) 键的类型与尺寸选择。

齿轮传动要求对中性好，以免啮合不良，故选用 A 平键连接。

根据轴径 $d = 45\text{mm}$，查表 8.1.1 得：$b = 14\text{mm}$，$h = 9\text{mm}$，因齿轮宽度 $B = 70\text{mm}$，故取标准键长 $L = 63\text{mm}$。

(2) 校核挤压强度。

$l = L - b = 63 - 14 = 49\text{mm}$，将有关数据代入式(8.1.1)的挤压应力为：

$$\sigma_{bs} = \frac{4 \times 400}{45 \times 9 \times 49 \times 10^{-3}} = 80.62(\text{MPa})$$

由表 8.1.2 查得有轻微冲击的 $[\sigma_{bs}] = 100 \sim 120\text{MPa}$ 所以挤压强度足够。

※ **任务实施**

(1) 分别选择 d_1 段和 d_4 段两位置处键的类型,填于下方。

(2) 根据 d_1 段和 d_4 段轴的直径和长度,分别从表 8.1.1 中查取两位置处键的尺寸。

d_1 位置处:键的类型 _____,键的尺寸 _____。

d_4 位置处:键的类型 _____,键的尺寸 _____。

(3) 根据式(8.1.1)分别计算两个键的挤压强度 σ_{bs},将过程写至下方。

σ_{bs1} _____,σ_{bs4} _____。

(4) 思考挤压强度校核时,许用挤压强度 $[\sigma_{bs}]$ 应按铸铁材料查取,还是按 45 钢查取。

(5) 从表 8.1.2 中查取许用挤压强度 $[\sigma_{bs}]$,与第(3)步计算的结果进行比较,看是否满足强度条件。将结果写至下方。

$[\sigma_{bs}]$ = _____,键 1 是否满足强度条件? _____ 键 2 是否满足强度条件? _____

二、花键连接的认知

在轮毂孔上加工出多个键槽称为花键孔(图 8.1.12a),在轴上加工出多个键齿称为花键轴(图 8.1.12b),二者组成的连接称为花键连接(图 8.1.12c),花键齿的侧面为工作面,靠轴与毂的齿侧面的挤压传递转矩。

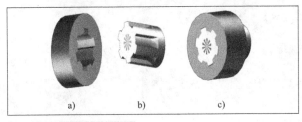

图 8.1.12 花键轴和花键孔

由于多齿传递载荷,所以它比平键连接的承载能力高,对中性和导向性好;由于键槽浅,齿根应力集中小,故对轴的强度削弱小。一般用于定心精度要求高和载荷大的静连接和动连接,如汽车、飞机和机床等都广泛地应用花键连接。但花键连接的制造需要专用设备,故成本较高,不适用于小批量生产。

花键已标准化,按齿形不同,花键可分为矩形花键和渐开线花键两种。

矩形花键如图 8.1.13a)所示,其定心精度高,稳定性好,加工方便,因此应用广泛。国家标准规定,矩形采用小径定心,即外花键和内花键的小径为配合面。渐开线花键如图 8.1.13b)所示,其加工工艺与齿轮相同,制造精度高,齿根宽,应力集中小,承载能力大。渐开线花键的定心方式为齿形定心,具有良好的自动对中作用,有利于各键齿均匀受力。花键连接的选用和强度校核与平键类似,详见机械设计手册。

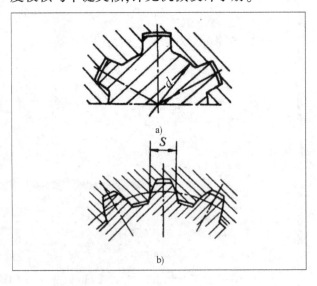

图 8.1.13 花键连接

三、销连接的应用

销连接通常用来固定零件间的相互位置(图 8.1.14),是组合加工和装配时的重要辅助零件;也可用于轴与轮毂的连接,以传递不大的载荷;还可以作为安全装置中的过载剪断元件。

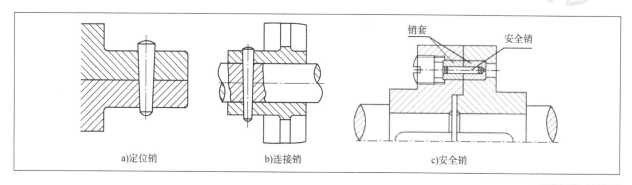

图 8.1.14　销连接

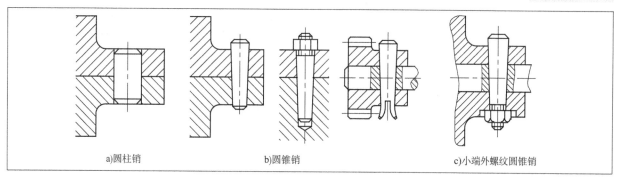

图 8.1.15　部分销连接

销为标准件,其材料根据用途可选用 35、45 钢。按销形状的不同,可分为圆柱销、圆锥销、开口销、异形销等。

如图 8.1.15a) 所示,圆柱销靠微量过盈固定在铰制孔中,多次拆装后定位精度和连接紧固性会下降;圆锥销具有 1∶50 的锥度,小头直径为标准值。

圆锥销安装方便,且多次装拆对定位精度的影响不大,应用较广。为确保销安装后不致松脱,圆锥销的尾端可制成开口的,如图 8.1.15b) 所示的开尾圆锥销,开口销是一防松元件与其他连接件配合使用(图 8.1.16)。为方便销的拆卸,圆锥销的上端也可做成带内、外螺纹的,如图 8.1.15c) 所示。

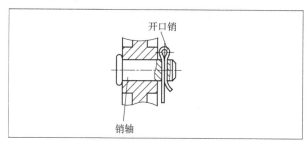

图 8.1.16　销轴及开口销

巩固与自测

一、填空题

1. 普通平键的工作面为_____,靠工作面间的_____来传递转矩。

2. 普通平键分为 A、B、C 三种类型,工作面为_____,它是靠工作面间的_____来传递运动的。

3. 平键的工作面为_____,楔键的工作面为_____。平键中_____和_____用于动连接。

二、判断题

1. 花键连接只能传递较小的力矩。（　　）

2. 与普通键连接相比花键连接能传递较大的力矩。（　　）

3. 单个切向键只能承受单方向的转矩,若想承受两个方向的转矩需采用两个切向键呈 180° 布置。（　　）

4. 楔键的工作面是两侧面,靠挤压传递转矩。（　　）

5. 普通平键连接是依靠键的上下两面的摩擦力来传递力矩的。（　　）

6. 普通平键的截面尺寸 $b \times h$，是根据轴的直径来查表（标准）选取的。（　　）

三、选择题

1. 当键连接强度不足时可采用双键，使用两个平键时要求键（　　）布置。
   A. 在同一母线上　　B. 相隔90°
   C. 相隔120°　　　　D. 相隔180°

2. 普通平键连接强度校核的内容主要是（　　）。
   A. 校核键侧面的挤压强度
   B. 校核键的剪切强度
   C. A、B两者均需校核
   D. 校核磨损

3. 确定普通平键截面尺寸中 $b \times h$ 的依据是（　　）。
   A. 轮毂长
   B. 键长
   C. 传递的转矩 T 的大小
   D. 轴的直径

4. 确定普通平键截面尺寸中键长 L 的依据是（　　）。
   A. 在键的长度系列中选取大于轮毂的宽度的数值
   B. 在键的长度系列中选取等于轮毂宽度的数值
   C. 在键的长度系列中选取略小于轮毂宽度的数值
   D. 任意选取即可

5. 对轴上零件做周向固定可采用（　　）。
   A. 轴肩固定　　　B. 套筒固定
   C. 平键固定　　　D. 轴端挡圈固定

6. 半圆键工作以（　　）为工作面。
   A. 顶面　B. 侧面　C. 底面　D. 都不是

7. 为了保证被连接件经多次装拆而不影响定位精度，可以选用（　　）。
   A. 圆柱销　　　B. 圆锥销
   C. 开口销　　　D. 定位销

8. 若使不通孔连接装拆方便，应当选用（　　）。
   A. 普通圆柱销　　B. 普通圆锥销
   C. 内螺纹圆锥销　D. 开口销

9. 圆锥销的（　　）直径为标准值。
   A. 大端　B. 小端　C. 中部　D. 平均值

任务8.2　螺纹连接的应用

知识目标

1. 熟悉常用的标准螺纹连接件的结构及应用场合。
2. 了解螺纹连接常见形式的特点和应用。
3. 了解常见的螺纹防松方法。

能力目标

1. 能正确选择连接的形式及相应的连接件。
2. 会根据工作情况选择合适的防松方法，会对螺纹进行紧固和防松。

素质目标

安全无小事，一个不起眼的小零件，可能会酿成大祸，培养追求精益求精的工匠精神。

任务引入

螺栓连接是目前机械部件连接最常用的方式，广泛用于各行各业中。近年来，我国城市轨道车辆的发展突飞猛进，与人们的生活工作紧紧联系到一起。城市轨道交通车辆连接部件的稳定性是车辆运行安全的保障，螺栓连接是列车上运用最广泛的连接方式，但有部分车辆暴露出螺栓断裂失效或者松动脱落的情况。请分析造成螺栓断裂失效和松动脱落的原因。

一、螺纹连接的认知

螺纹连接是利用螺纹零件构成的可拆连接,其结构简单,装拆方便,成本低,广泛用于各类机械设备中。

(一)螺纹连接的主要类型

螺纹连接的主要类型有 4 种:螺栓连接、双头螺柱连接、螺钉连接、紧定螺钉连接。

1. 螺栓连接

螺栓连接是将螺栓穿过被连接件的光孔并用螺母锁紧。这种连接结构简单、装拆方便、应用广泛。

螺栓连接有普通螺栓连接和铰制孔螺栓连接两种。图 8.2.1a)所示为普通螺栓连接,装配后螺栓杆与被连接件孔壁之间有间隙,工作载荷只能使螺栓受拉伸。图 8.2.1b)所示为铰制孔螺栓连接,被连接件上的铰制孔和螺栓的光杆部分采用基孔制过渡配合,螺栓杆受剪切和挤压。

动画:普通螺栓连接和铰制孔螺栓连接

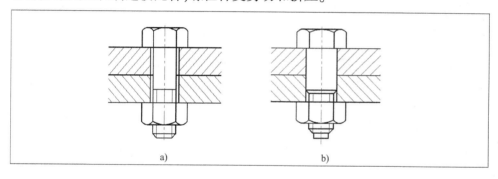

图 8.2.1 螺栓连接

2. 双头螺柱连接

图 8.2.2 所示为双头螺柱连接。这种被连接件之一较厚而不易制成通孔,而将其制成螺纹盲孔,另一薄件制成通孔。拆卸时,不必从螺纹孔中拧出螺柱即可将被连接件分开,可用于经常拆卸的场合。

3. 螺钉连接

图 8.2.3 所示为螺钉连接。这种连接不需用螺母,适用于被连接件之一较厚不宜制成通孔,且受力不大、不需经常拆卸的场合。

4. 紧定螺钉连接

图 8.2.4 所示为紧定螺钉连接。将紧定螺钉旋入零件的螺纹孔中,并用螺钉端部顶入另一个零件,以固定两个零件的相对位置,并可传递不大的力或转矩。

(二)标准螺纹连接件

常见的标准螺纹紧固件有螺栓、双头螺柱、螺钉、螺母和垫圈等。这些标准螺纹连接件的品种很多,大多已标准化,设计时可根据有关标准选用。常用的标准螺纹紧固件的结构特点、尺寸关系和应用见表 8.2.1。

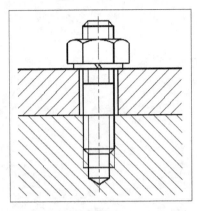
图 8.2.2 双头螺柱连接

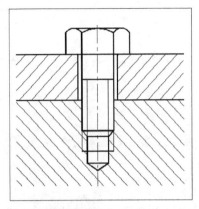
图 8.2.3 螺钉连接

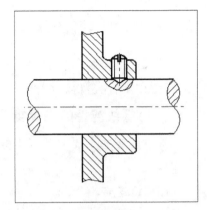
图 8.2.4 紧定螺钉连接

常用标准螺纹紧固件　　　　　　　　　　　　　　　　　　　表 8.2.1

名称	图例	结构特点及应用
六角头螺栓		螺纹精度分 A、B、C 三级,通常 C 级最常用。杆部可以全部有螺纹或只在一段有螺纹
螺柱	A 型 B 型	两端均有螺纹,两端螺纹可以相同,也可以不同。使用时将一端拧入厚度大、不便穿透的被连接件,另一端用螺母锁紧。螺柱有 A 型和 B 型两种结构
螺钉	半圆头螺钉　沉头螺钉 半柱头螺钉　内六角圆柱螺钉	按头部形状分为圆头、扁圆头、内六角头、圆柱头和沉头等。螺丝刀槽有一字槽、十字槽、内六角孔等。其中十字槽强度高,便于用机动工具,内六角孔主要用于要求结构紧凑的地方
紧定螺钉	平端　锥端	常用的紧定螺钉根据末端形状分为锥端、平端和圆柱端。锥端常用于连接硬度低的被紧定件,且不常拆卸的场合;平端常用于连接强度高的被紧定件,尤其是平面,且需要经常拆卸的场合;圆柱端主要适合压入轴上的凹坑中,适用于紧定空心轴上的零件
六角螺母	标准型　薄型	按厚度分为标准和薄型两种。螺母的制造精度与螺栓的制造精度相对应,分 A、B、C 三级,分别与同级别的螺栓配合使用

续上表

名称	图例	结构特点及应用
圆螺母	开槽圆螺母和止退垫圈	圆螺母通常与止退垫圈配合使用。装配时垫圈内舌嵌入轴槽内，外舌嵌入螺母槽内，可有效防止螺母松动。常用于对滚动轴承进行轴向固定。
垫片	平垫片　斜垫片	垫片放在螺母与被连接件之间，用于保护支承面。平垫片按加工精度分 A、C 两级。用于同一螺纹直径的垫片又分 4 种大小，特大的用于铁木结构。斜垫片用于倾斜的支承面

二、螺纹连接的预紧与防松

(一)螺纹连接的预紧

一般螺纹连接在装配的时候都必须拧紧，以增强连接的可靠性、紧密性和防松能力。连接件在承受工作载荷之前预加的作用力称为预紧力。

对于一般连接，可凭经验来控制预紧力 F_0 的大小，但对于重要的连接要严格控制其预紧力。

拧紧时，用扳手施加拧紧力矩 T 以克服螺纹副中的阻力矩 T_1 和螺母与被连接件支承面间的摩擦阻力矩 T_2，故拧紧力矩为：

$$T = T_1 + T_2 = KF_0 d \qquad (8.2.1)$$

式中：K——拧紧力矩系数，见表 8.2.2；

F_0——预紧力，N；

d——螺纹公称直径，mm。

拧紧力矩系数　　表 8.2.2

摩擦表面状态		精加工表面	一般加工表面	表面氧化	镀锌	干燥粗加工表面
K 值	有润滑	0.10	0.13~0.15	0.20	0.18	—
	无润滑	0.12	0.1~0.21	0.24	0.22	0.26~0.30

预紧力的大小可根据螺栓的受力情况和连接的工作要求决定，一般规定拧紧后预紧力不超过螺纹连接材料屈服极限 σ_s 的 80%。

对于比较重要的连接，可采用力矩扳手来控制拧紧力矩 T 的大小，见图 8.2.5。若不能严格控制预紧力的大小，而只靠安装经验来拧紧螺纹连接件时，不宜采用小于 M12 的螺栓。

(二)螺纹连接的防松

螺纹连接中常用的单线普通螺纹和管螺纹都能满足自锁条件，在静载荷或冲击振动不大、温度变化不大时，不会自行松脱。但在冲击、振动或变载荷以及温度变化较大时,螺纹连接会产生自动松脱,容易发生事故。因此设计螺纹连接必须考虑防松问题。

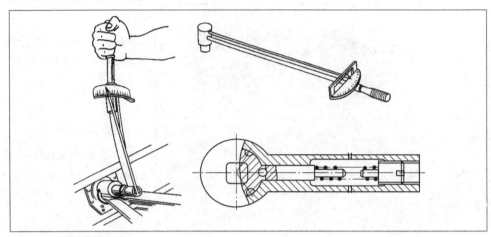

图 8.2.5　力矩扳手

螺纹连接防松的根本问题在于防止螺纹副的相对转动。防松的方法很多,按工作原理分为四大类:摩擦防松、机械防松、永久防松和化学防松。常用的防松方法见表 8.2.3。

螺纹连接常用防松方法　　表 8.2.3

	弹簧垫圈	对顶螺母	尼龙圈锁紧螺母
摩擦防松	弹簧垫圈材料为弹簧钢,装配后垫圈被压平,其反弹力能使螺纹间保持压紧力和摩擦力	利用两个螺母的对顶作用使螺栓始终受到附加拉力和附加摩擦力,以防松动。结构简单,防松效果好,用于低速重载场合	螺母中嵌有尼龙圈,拧上后尼龙圈内孔被胀大而箍紧螺栓
	槽形螺母和开口销	圆螺母用带翅垫片	止动垫片
机械防松	槽形螺母拧紧后用开口销穿过螺栓尾部小孔和螺母的槽,也可以用普通螺母拧紧后再配钻开口销孔	使垫片内翅嵌入螺栓(轴)的槽内,拧紧螺母后将垫片外翅之一折嵌于螺母的一个槽内	将垫片折边以固定螺母和被连接件的相对位置

续上表

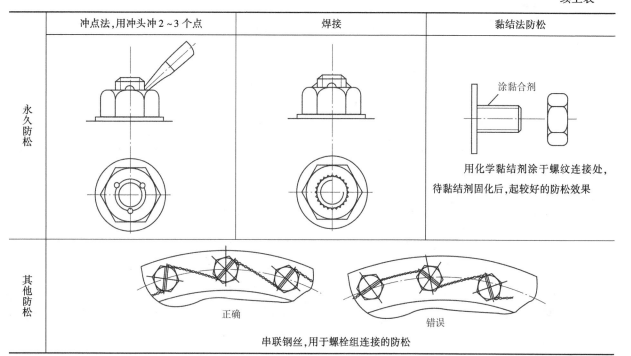

想一想

螺栓头(或螺母)与被连接件之间常加垫片,或被连接件的连接处常做成凸台或沉头座,为什么?

※ **任务分析**

地铁车辆装配过程中常用的连接方式有:螺栓连接、铆接和粘接,其中地铁车辆车钩结构的关键连接部件多为高强度螺栓。造成螺栓连接断裂失效和松动脱落的原因主要有:

(1)螺栓材质不良。

(2)螺栓制造工艺不合理,造成螺栓机械性能不符合标准要求。

(3)螺栓连接达不到要求,紧固力矩数值不合理。

(4)没有采取必要的防松措施。

巩固与自测

一、判断题

1. 螺钉连接用于被连接件为盲孔,且不经常拆卸的场合。（　　）

2. 两个相互配合的螺纹其旋向相同。（　　）

3. 三角形螺纹具有较好的自锁性能。螺纹之间的摩擦力及支承面之间的摩擦力都能阻止螺母的松脱。所以就是在振动及交变载荷作用下,也不需要防松。（　　）

4. 按螺纹旋向不同,可分为顺时针方向旋入的左旋螺纹和逆时针方向旋入的右旋螺纹。（　　）

5. 连接螺纹大多数是多线的梯形螺纹。（　　）

二、选择题

1. 连接螺纹多用(　　)螺纹。
   A. 梯形　B. 三角形　C. 锯齿形　D. 矩形

2. 连接螺纹多用(　　)线螺纹。
   A. 多线　B. 单线　C. 双线　D. 都可以

3. 螺纹连接防松的根本问题在于(　　)。
   A. 增加螺纹连接的轴向力
   B. 增加螺纹连接的横向力
   C. 增加螺纹连接刚度

D. 防止螺纹副相对转动

4. 当两被连接件之一太厚,且需经常拆卸时,宜采用(　　)。

　A. 双头螺柱　　　B. 螺栓连接
　C. 螺钉连接　　　D. 紧钉螺钉连接

5. 用于连接的螺纹,其牙形为(　　)。

　A. 矩形　B. 三角形　C. 锯齿形　D. 梯形

6. 当两个被连接件之一太厚,不宜制成通孔,且连接不需要经常拆装时,宜采用(　　)。

　A. 螺栓连接　　　B. 螺钉连接
　C. 双头螺柱连接　D. 紧定螺钉连接

7. 螺纹连接预紧的目的是(　　)。

　A. 增强连接的可靠性
　B. 增强连接的密封性
　C. 防止连接自行松脱
　D. 提高疲劳强度

8. 在螺栓连接中,有时在一个螺栓上采用双螺母,其目的是(　　)。

　A. 提高强度
　B. 提高刚度
　C. 防松
　D. 减小每圈螺纹牙上的受力

任务 8.3　联轴器和离合器的选用

知识目标

1. 了解联轴器和离合器的功用、分类及特点。
2. 熟悉联轴器和离合器的区别,掌握常用联轴器和离合器的结构及应用。

能力目标

1. 会辨别设备中联轴器的类型和工作原理。
2. 会根据常用联轴器的类型和特点正确选用联轴器。
3. 会对牙嵌离合器和摩擦式离合器的结构、特点进行分析。

素质目标

通过分析联轴器在机器中起到桥梁和纽带作用,学会在处理人际关系时建立良好的沟通桥梁。

任务引入

城市轨道交通车辆的转向架驱动装置中,牵引电机轴和齿轮箱输入轴之间需要用联轴器进行连接,如图 8.3.1 所示。请分析驱动装置中联轴器所起的作用,同时请了解常用联轴器的主要类型和特点,完成此处联轴器的类型选择。

图 8.3.1　城市轨道交通车辆转向架驱动装置

一、联轴器的选用

联轴器主要用于连接两轴,使两轴一起转动并传递转矩。用联轴器连接的两轴只有在机器停止运转,经过拆卸后才能将两轴分离。

联轴器所连接的两根轴,由于制造、安装等原因,常产生相对位移,如图 8.3.2 所示,这就要求联轴器在结构上具有补偿一定范围位移量的能力。

根据联轴器补偿两轴偏移能力的不同可将其分为刚性联轴器和挠性联轴器两大类。

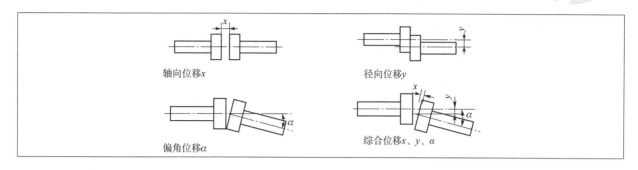

图 8.3.2　两轴之间的相对位移

（一）刚性联轴器的认知

常用的刚性联轴器有套筒联轴器和凸缘联轴器等。

1. 套筒联轴器

套筒联轴器是利用套筒，通过键或销等零件把两轴连接，如图 8.3.3 所示。图 8.3.3a) 中的螺钉用作轴向固定，图 8.3.3b) 中的锥销当轴超载时会被剪断。套筒联轴器结构简单，径向尺寸小，但传递转矩较小，装拆时必须做轴向移动。通常用于工作平稳，两轴严格对中，无冲击载荷的低速、轻载、直径不大于 100mm 的场合。当机械过载时，销被剪断，也可用作安全联轴器。此种联轴器目前尚未标准化。

2. 凸缘联轴器

凸缘联轴器是由两个带有凸缘的半联轴器用键及连接螺栓组成，如图 8.3.4 所示。其结构简单，能传递较大的转矩，对中精确可靠，但不能缓冲吸振。主要用于连接的两轴能严格对中，转矩较大，载荷平稳的场合。

凸缘联轴器的结构分 YLD 型和 YL 型两种，图 8.3.4a) 所示的 YLD 型是利用两半联轴器的凸肩和凹槽定心，装拆时轴需做轴向移动，多用于不常拆卸的场合。图 8.3.4b) 所示的 YL 型是利用铰制孔螺栓定心，装拆方便，可用于经常装拆的场合。

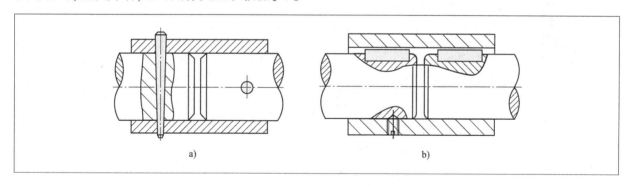

图 8.3.3　套筒联轴器

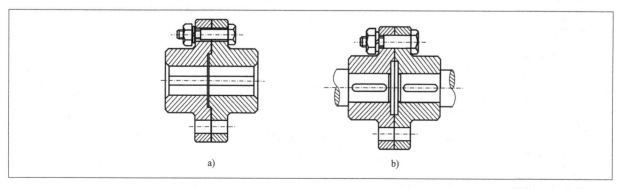

图 8.3.4　凸缘联轴器

图片:十字滑块联轴器

(二)挠性联轴器的认知

1. 无弹性元件联轴器

1)十字滑块联轴器

十字滑块联轴器由两个端面开有径向凹槽的半联轴器和一个具有相互垂直的凸榫的中间滑块所组成,如图8.3.5所示。由于滑块能在半联轴器的凹槽中滑动,故可补偿安装和运转时两轴间径向位移。

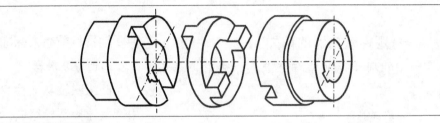

图8.3.5 十字滑块联轴器

十字滑块联轴器结构简单,径向尺寸小;但不耐冲击,易于磨损,适用于低速($n<300\text{r/min}$)、两轴线的径向位移量$y\leq 0.04d$(d为轴的直径)、传递转矩较大的两轴连接,如带式运输机的低速轴。

图片:齿式联轴器①

2)齿式联轴器

齿式联轴器由两个带有外齿环的半内套筒轴和两个具有内齿环的凸缘外壳组成的半联轴器通过内、外齿的相互啮合相连,如图8.3.6a)所示。两凸缘外壳用螺栓连成一体,外齿轮的齿顶做成球面(图8.3.6b),球面中心位于轴线上,故能补偿两轴的综合位移。齿环上常用渐开线齿廓,齿的形状有直齿和鼓形齿,后者称为鼓形齿联轴器。

图片:齿式联轴器②

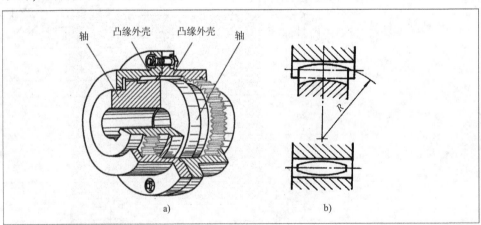

图8.3.6 齿轮联轴器

两齿轮联轴器内、外齿环的轮齿间留有较大的齿侧间隙,因此这种联轴器具有径向、轴向和角度等综合补偿功能,且补偿位移功能强,传递转矩大,常用于重型机械中,但结构复杂、笨重、制造成本高。

图片:万向联轴器

3)万向联轴器

万向联轴器是由两个叉形接头和十字销铰接而成,如图8.3.7所示。其主要用于两轴有较大偏斜角的场合,两轴间的夹角α最大可达35°~45°。但当夹

图片:城市轨道交通车辆中的万向联轴器

角过大时,传动效率明显降低,这种联轴器也称单万向联轴器。

单万向联轴器的主要缺点是当两轴夹角 α 不等于零时,如果主动轴以匀角速度 ω_1 转动时,从动轴的瞬时角速度 ω_2 将发生周期性变化,从而引起附加动载荷。为了改善这种情况,常将万向联轴器成对使用,组成双万向联轴器。但安装时应保证主、从动轴与中间轴的夹角相等,而且中间轴的两端叉型接头应在一平面内,如图 8.3.8 所示,这样便可以使主、从动轴的角速度相等。

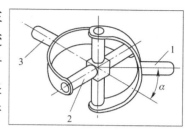

图 8.3.7 万向联轴器
1,3-叉形接头;2-十字销

万向联轴器的结构紧凑,维修方便,能补偿较大的角位移,它广泛用于汽车、轧钢机、工程、矿山及其他重型机械的传动系统中。

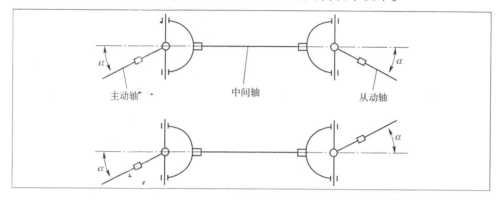

图 8.3.8 双万向联轴器的安装

2. 弹性联轴器

常用的弹性联轴器有弹性套柱销联轴器、弹性柱销联轴器、轮胎式联轴器等。

1) 弹性套柱销联轴器

图 8.3.9 所示为弹性套柱销联轴器,其结构与凸缘联轴器相似,不同之处是用带有弹性套的柱销代替了连接螺栓。

图片:弹性套柱销联轴器

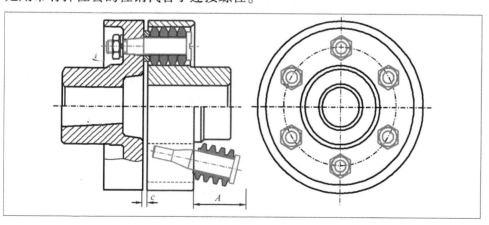

图 8.3.9 弹性套柱销联轴器
c-轴向位移预留间隙;A-预留安装距离

这种联轴器结构简单,装拆方便,易于制造,但弹性套容易磨损和老化,寿命较短。它适用于正反转变化频繁、载荷较平稳、传递中小功率的场合。

2) 弹性柱销联轴器

弹性柱销联轴器与弹性套柱销联轴器相似,如图8.3.10所示,只是用尼龙柱销代替弹性套柱销。它利用弹性柱销将两个半联轴器连接起来,使其传递转矩的能力增大。为防止柱销脱落,两侧装有挡板。柱销的材料用尼龙,也可用酚醛布棒等其他材料制造。

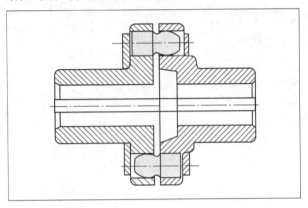

图8.3.10 弹性柱销联轴器

这种联轴器较弹性套柱销联轴器传递转矩的能力大,结构更简单,安装、制造方便,寿命长,有一定的缓冲和吸振能力,允许被连接两轴间有一定的轴向位移、少量的径向位移和角位移,适用于轴向窜动较大,正反转变化和启动频繁的场合。

3) 轮胎式联轴器

轮胎式联轴器如图8.3.11所示,用橡胶或橡胶织物制成轮胎状的弹性元件,两端用压板及螺钉分别压在两个半联轴器上,这种联轴器弹性变形大,具有良好的吸振能力,能有效降低载荷和补偿较大的相对位移。

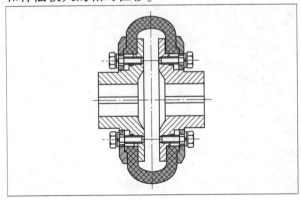

图8.3.11 轮胎式联轴器

轮胎式联轴器适用于启动频繁、正反转、冲击振动严重的场合。

图片:弹性套柱销联轴器

由于弹性联轴器装有至少一个零件是弹性元件,因而不仅可以补偿两轴间的相对位移,而且具有缓和冲击和减振的能力。广泛应用于转速较高,载荷较大、有冲击、频繁起动和经常反向转动的两轴间的连接。

(三)联轴器的选择

1. 联轴器类型的选择

联轴器大多已标准化,其主要性能参数为:额定转矩 T、许用转速 $[n]$、位移补偿量和被连接轴的直径范围等。选用联轴器时,通常先根据使用要求和工作条件确定合适的类型,再按转矩、轴径和转速选择联轴器的型号,必要时应校核其薄弱件的承载能力。

选择联轴器的类型可参考下述原则:

(1)对低速、重载、要求对中、刚性大的轴,可选用刚性联轴器,如凸缘联轴器。

(2)对低速、刚性小,有偏移的轴,可选用无弹性元件挠性联轴器或弹性联轴器,如十字滑块联轴器、齿轮联轴器或弹性套柱销联轴器。

(3)对高速、变载荷,启动频繁的轴,最好选用具有缓冲及减振性能的弹性联轴器。

2. 联轴器型号和尺寸要求

考虑工作机启动、制动、变速时的惯性力和冲击载荷等因素,应按计算转矩 T_C 选择联轴器。计算转矩 T_C 和工作转矩 T 之间的关系为:

$$T_C = KT \tag{8.3.1}$$

式中:T_C——计算转矩,N·mm;

T——工作转矩,N·mm;

K——载荷系数,见表8.3.1。

在选择联轴器型号时,必须同时满足:

$$T_C \leq T_n \tag{8.3.2}$$
$$n \leq [n] \tag{8.3.3}$$

式中:T_n——联轴器的额定转矩,N·mm;

$[n]$——许用转速,r/min,数值在相关手册中查取。

载荷系数 K 值　　　　　　表 8.3.1

原动机	工 作 机	K
电动机	皮带运输机、连续运转的金属切削机床	1.25～1.5
	链式运输机、刮板运输机、离心泵、木工机床	1.5～2.0
	往复运动的金属切削机床	1.5～2.5
	往复式泵、往复式压缩机、球磨机、破碎机、冲剪床	2.0～3.0
	起重机、升降机、轧钢机	3.0～4.0
汽轮机	发电机、离心泵、鼓风机	1.2～1.5
往复式发动机	发电机	1.5～2.0
	离心泵	3～4
	往复式工作机(如压缩机、泵)	4～5

※ **任务分析**

城市轨道交通车辆转向架驱动装置中,联轴器的主要作用是:①连接牵引电机轴和齿轮箱输入轴,将力矩传递给齿轮箱,最终传递给轮对。②适应轴间的径向、轴向及偏角三向变位。③提供驱动轴系必要的弹性,以降低传动噪声。

由于联轴器所连接两轴转速较高,且需传递的转矩比较大,同时,联轴器需要补偿两轴间的径向、轴向和角度等综合偏移,综合考虑以上因素,可选择齿式联轴器。

二、离合器的选用

离合器和联轴器都是用来连接两轴,使两轴一起转动并传递转矩的装置。所不同的是,联轴器只能保持两轴的结合,而离合器可在机器的工作中随时完成两轴的接合和分离。

离合器主要用于机械运转过程中随时将主、从动轴接合或分离的场合。根据工作原理不同,离合器可分为啮合式和摩擦式两类,它们分别利用啮合力和工作面间的摩擦力传递转矩。

(一) 啮合式离合器

图 8.3.12 所示的牙嵌式离合器是由两个端面带牙的半离合器 1、2 组成,一半离合器 1 用键紧配在主动轴上,另一半离合器 2 用导向平键与从动轴连接,并可通过操纵系统拨动滑环 4 使其做轴向移动,使离合器分离或接合。为了保证两轴能很好地对中,在主动轴上的半离合器内装有对中环 5,从动轴可在对中环自由转动。

牙嵌式离合器结构简单,外廓尺寸小,接合后可保证主动、从动轴同步运转,但只宜在两轴低速或停机时接合,以避免因冲击折断牙齿。

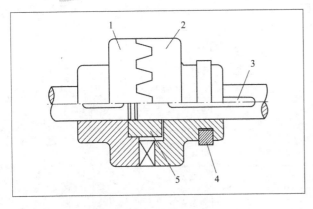

图 8.3.12 牙嵌式离合器
1、2-半离合器；3-导向平键；4-滑环；5-对中环

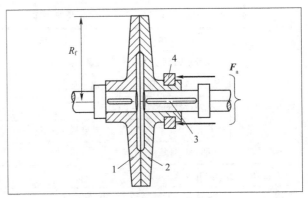

图 8.3.13 单片圆盘摩擦离合器
1、2-半摩擦片；3-导向平键；4-滑环

(二) 摩擦离合器

摩擦离合器是依靠主动、从动盘接触面产生的摩擦力矩来传递转矩的。它可分为单片式和多片式两种。

图 8.3.13 所示为单片圆盘摩擦离合器。半摩擦片 1 用平键与主动轴紧连接，半摩擦片 2 用导向平键与从动轴连接，并通过操纵系统拨动滑环使其轴向移动使离合器分离或接合。轴向压力 F_a 使两圆盘压紧以产生摩擦力。摩擦离合器在正常的接合过程中，从动轴转速从零逐渐加速到主动轴的转速，因而两摩擦面不可避免地会发生相对滑动，这种相对滑动要消耗一部分能量，并引起摩擦片的磨损和发热。因此，单片圆盘摩擦离合器多用于转矩较小的轻型机械。

摩擦式离合器利用主、从动半离合器摩擦片接触面间的摩擦力传递转矩。为提高转矩的能力，通常采用多片摩擦片。它能在不停车或两轴有较大转速差时进行平稳接合，而且可在过载时因摩擦片间打滑而起到过载保护的作用。

图 8.3.14 所示为多片圆盘摩擦离合器。主动轴用键与外壳连接，一组外摩擦片（图 8.3.14b）的外圆与外壳之间通过花键连接，组成主动部分。从动轴用键与套筒连接，另一组内摩擦片（图 8.3.14c）的内圈与套筒之间也通过花键连接，组成从动部分。两组摩擦片交错排列，当滑环沿轴向移动时，将拨动曲臂压杆，使压板压紧或松开两组摩擦片之间的间隙大小，以实现调节摩擦片间的压力。

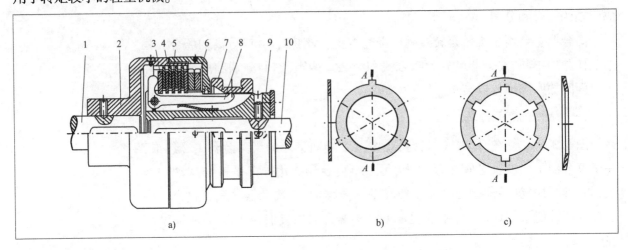

图 8.3.14 多片摩擦离合器
1-主动轴；2-外壳；3-压板；4、5-摩擦片；6-调节螺母；7-滑环；8-压杆；9-套筒；10-从动轴

巩固与自测

一、判断题

1. 十字滑块联轴器可用于轴转速很高的情况下。（　　）
2. 万向联轴器属于刚性联轴器。（　　）
3. 凸缘联轴器属于刚性联轴器。（　　）
4. 联轴器可以代替离合器的作用。（　　）
5. 联轴器和离合器都是将两轴连接成一体,以传递转矩,所以其作用完全相同。（　　）
6. 十字滑块联轴器中间盘上的凸牙,可在两侧半联轴器的凹槽中滑动,故可补偿安装及运转时两轴间的相对位移和偏斜。（　　）

二、选择题

1. 两轴的轴心线相交成40°,应当选用(　　)连接。
   A. 齿式联轴器 B. 十字滑块联轴器
   C. 万向联轴器 D. 套筒联轴器

2. 当被连接的两轴有较小的径向和角度偏移,转速 $n<250 \text{r/min}$,且无剧烈冲击时,应当选用(　　)连接。
   A. 齿式联轴器 B. 十字滑块联轴器
   C. 万向联轴器 D. 套筒联轴器

3. 对两轴位移有补偿能力的联轴器是(　　)。
   A. 凸缘联轴器 B. 安全联轴器
   C. 齿式联轴器 D. 套筒联轴器

4. 对被连接两轴对中性要求高的联轴器是(　　)。
   A. 凸缘联轴器 B. 十字滑块联轴器
   C. 万向联轴器 D. 齿式联轴器

5. 当在高速转动时,既能补偿两轴的偏移,又不会产生附加载荷的联轴器是(　　)。
   A. 凸缘联轴器 B. 套筒联轴器
   C. 十字滑块联轴器 D. 弹性联轴器

6. 齿式联轴器对两轴的(　　)偏移具有补偿能力。
   A. 径向 B. 轴向 C. 角 D. 综合

7. 联轴器与离合器的主要作用是(　　)。
   A. 缓冲、减振 B. 传递运动和力矩
   C. 防止机器发生过载 D. 补偿两轴的不同心或热膨胀

参考文献

[1] 陈立德,罗卫平. 机械设计基础[M]. 4版. 北京:高等教育出版社,2013.

[2] 陈长生. 机械基础[M]. 3版. 北京:机械工业出版社,2021.

[3] 吕烨,许德珠. 机械工程材料[M]. 4版. 北京:高等教育出版社,2014.

[4] 王运炎. 机械工程材料[M]. 3版. 北京:机械工业出版社,2009.

[5] 张定华. 工程力学[M]. 4版. 北京:高等教育出版社,2021.

[6] 杜建根,陈庭吉. 工程力学[M]. 北京:机械工业出版社,2004.

[7] 牟红霞,吕震宇. 机械设计基础[M]. 北京:高等教育出版社,2021.

[8] 邱志华,彭建武. 城市轨道交通车辆构造[M]. 2版. 北京:人民交通出版社股份有限公司,2021.

[9] 旷利平,黄艺娜. 城市轨道交通车辆构造与运用[M]. 成都:西南交通大学出版社,2019.

[10] 成大先. 机械设计手册[M]. 6版. 北京:化学工业出版社,2016.

[11] 闻邦椿. 机械设计手册[M]. 北京:高等教育出版社,2020.

[12] 朱霞. 电梯结构及原理[M]. 北京:机械工业出版社,2019.

[13] 翁瑶,朱鸣. 城市轨道交通概论[M]. 北京:人民交通出版社股份有限公司,2018.

[14] 杨可桢,程光蕴,李仲生,等. 机械设计基础[M]. 7版. 北京:高等教育出版社,2020.

[15] 朱龙根. 简明机械零件设计手册[M]. 2版. 北京:机械工业出版社,2005.

[16] 吴宗泽. 机械设计师手册:上[M]. 北京:机械工业出版社,2019.

[17] 彭福泉. 金属材料实用手册[M]. 北京:机械工业出版社,1987.

[18] 齐民,于永泗. 机械工程材料[M]. 10版. 大连:大连理工大学出版社,2017.

[19] 刘荣梅,蔡新,范钦珊. 工程力学:工程静力学与材料力学[M]. 3版. 北京:机械工业出版社,2018.

[20] 李国斌,侯文峰. 机械设计基础:含工程力学[M]. 2版. 北京:机械工业出版社,2018.